数学教师教学知识发展研究

黄友初 著

教育部人文社会科学研究青年基金项目(批准号:14YJC880022)

温州大学出版资助项目

科学出版社

北 京

内 容 简 介

教师的教学知识是教师专业化程度的重要标志,本书以数学学科为例,研究教师教育课程对职前教师教学知识的影响,以及如何在教师教育课程中更好地发展职前教师的教学知识.这对高等师范教育中教师教育课程的建设具有重要的参考意义.本书通过质性和量化两种方式,研究了教师教育中数学史课程对职前教师教学知识的影响,以及如何在课程的教学中通过课程内容的组织形式和教学方式的变化,更好的促进职前教师教学知识的提升.本书的研究方法在某种意义上具有了范式的价值,它为研究教师教育课程与教师教学知识的联系开辟了一个新的途径,这对职前和职后教师教育的研究也都有重要的借鉴价值.

本书可作为高等院校的师范生、相关专业的研究生、在职教师、教师教育研究者以及从事师范教育的教师的参考书.

图书在版编目(CIP)数据

数学教师教学知识发展研究/黄友初著.—北京:科学出版社,2015.9
ISBN 978-7-03-045618-2

Ⅰ.①数… Ⅱ.①黄… Ⅲ.①高等数学-教学研究-高等学校 Ⅳ.①O13

中国版本图书馆 CIP 数据核字(2015)第 212699 号

责任编辑:胡海霞 / 责任校对:邹慧卿
责任印制:徐晓晨 / 封面设计:迷底书装

科 学 出 版 社 出版
北京东黄城根北街 16 号
邮政编码:100717
http://www.sciencep.com

河北虎彩印刷有限公司 印刷
科学出版社发行 各地新华书店经销

*

2015 年 9 月第 一 版　开本:720×1000 B5
2018 年 11 月第四次印刷　印张:16
字数:300 000
定价:56.00 元
(如有印装质量问题,我社负责调换)

序

数学教师的教学知识一直是数学教育界十分关注的研究议题. 近年来,由美国学者 Ball 及其研究团队所提出、用来刻画教师教学知识的 MKT(面向教学的数学知识)理论逐渐取代了已盛行三十余年的 PCK(教学内容知识)理论,而成为新的研究热点.

HPM(数学史与数学教学之间的关系)是数学教育的研究领域之一,HPM 研究的一个重要主题是探索数学史对数学教学的价值(即通常所说的"为何"). 很多 HPM 学者都指出,对于数学教师而言,数学史有助于更好地理解数学和数学活动的本质、有助于预测学生的认知障碍、有助于制订恰当的教学策略、丰富教师的知识储备和教学资源. 实际上,他们不知不觉已经涉及 HPM 与 MKT 之间的关系了. 因为对于数学本质的理解属于 MKT 中的"专门内容知识"(SCK),学生的认知障碍属于"内容与学生知识"(KCS),恰当的教学策略属于"内容与教学知识"(KCT),而教师的教学资源则属于"内容与课程知识"(KCC).

那么,HPM 与 MKT 之间的关系到底为何? 能否得到实践的检验? 数学史究竟能否促进教师 MKT 的发展呢? 黄友初博士以数学史课程为载体,以职前教师为研究对象,通过量化研究和质性研究相结合的方式,试图对上述问题作出回答. 本书的重要工作有:

(1) 对职前教师的数学史课程做了精心设计;
(2) 对初中数学若干重要知识点(概念、定理)的 MKT 进行了刻画;
(3) 编制了 MKT 的测量工具;
(4) 对职前教师在数学史课程学习过程中 MKT 的变化情况进行研究;
(5) 对如何在数学史课程的教学过程中更好地发展职前教师的教学知识进行了探讨.

HPM 与教师专业发展之间的关系也是 HPM 研究的重要方向之一,本书从教学知识的角度揭示了这种关系,丰富了 HPM 的内涵,提升了 HPM 的学术性,为进一步的相关研究提供了借鉴;同时,为数学史课程的教学也提供了重要参考.

黄友初博士年轻有为,敏思好学,博采众长,成果迭出,是 HPM 领域的后起之秀. 我相信,本书的出版必将促进 HPM 理念的传播和普及,并引发 HPM 领域更多高质量的研究.

为庆贺本书出版,聊志数语,爰以为序.

华东师范大学 汪晓勤
2015 年 6 月

前　　言

　　为什么不同教师的教学效果会存在差异？为什么有的教师会被一致认为上课上得好？为什么有的教师有很多年的教学经历却还成为不了一名优秀教师？好的教师都具有哪些品质？如何缩短从新手教师到专家教师的成长时间？简单来说，导致这些差异的原因在于教师专业化程度的不同，他们在教学中所需要的知识也存在差别．教师的教学知识是教师的专业化程度的重要标志，已有研究表明教师所具有的教学知识与学生的学业成绩之间有直接的联系．因此，优秀的教师都具备哪些知识？教师的有效教学都需要用到哪些知识？如何发展教师的教学知识？这些问题一直以来都是教育研究的热点．

　　很多研究已经表明，专家与新手之间区别的一个最明显特征就在于专家拥有大量深层次、高水平的本领域知识．专家教师拥有良好的有关教学的知识基础，他们用学科知识的深度、广度和贯通度支持了其高认知水平任务的实施，从而能合理地组织教学过程，恰当地处理教学突发事件，使教学效果更为有效．那么，该如何获得专家教师所具有的那种教学知识？一般来说，主要有两种途径，一是通过教师的教学实践；二是通过教师教育．但是，这两种途径目前都存在一些问题．在教师的教学实践中，缺乏对教师教学知识提高方面的有效引导，更多的是取决于教师的观察、比较、自我反思，具有一定的盲目性；在教师教育中，课程的设置多基于经验，缺少实证检验，因此所开设的课程对教师的教学知识影响到底有多少？对于如何在课程的教学中更好地发展教师的教学知识等都缺乏关注．

　　本书以数学学科为例，就教师教学知识进行研究，研究问题主要分为两个方面：一是教师教育课程与教师教学知识之间存在怎样的联系；二是如何在课程的教学过程中更好地发展教师的教学知识．在研究方法上，以质性研究为主，量化研究为辅．在质性研究中，以10位职前教师作为研究对象，观察他们在教师教育课程前后对某些知识点进行教学的变化情况，并通过访谈了解他们发生这些变化的原因，以此来判断教师教育课程对教师教学知识的影响．在课程的教学中，通过不同的教学内容呈现形式和教学组织方式来观察何种课程教学最能促进教师教学知识的发展．在量化研究中，依据教学知识框架体系，编制测试问卷，在课程前后对实验班和控制班的教师进行调查，主要了解课程对教师教学知识的影响情况．

　　知识是一个复杂的体系，教师的教学知识虽然是间接影响课堂的教学，但却是影响教师教学的核心因素．它不仅涉及教师对所教学知识点在学科知识上的理解，也涵盖了教师对知识点在如何教学方面的认识，包括对学生的了解、对教学方式的选择,对知识点的前后联系,以及对难易程度的把握等.本书采用MKT理论中的教学知识框架结构,从"教什么"和"怎么教"入手,将教师有效教学所需要的知识分为学科内容知识和教学内容知识两个部分,进而再分为一般内容知识、专门内容知识、水平内容知识、内容与教学知识、内容与学生知识,以及内容与课程知识六个部分.在研究过程中,我们主要关注教师在课程学习过程中这几个教学知识类别的变化情况.

本书主要探索数学教师教学知识的发展,从教学知识的视角促进教师的专业发展.本研究对教师教育以及在教学实践中教师教学知识的提升都有参考价值.本书适合中小学教师、教育专业的本科生、硕士和博士生以及教育研究者阅读.

本书在撰写过程中得到了很多老师和同学的帮忙,在此对他们表示最真挚的谢意!本书的出版过程中还得到了教育部人文社会科学研究项目、温州大学学术著作出版基金和温州大学重点专业建设经费的资助,在此一并表示感谢!最后,感谢科学出版社胡海霞编辑辛勤的工作!

由于水平有限,本书还存在诸多不足,敬请读者批评指正.

黄友初

2015年6月

目 录

序
前言
第1章 引论 ·· 1
  1.1 研究背景 ·· 1
  1.2 研究目的和意义 ··· 12
  1.3 本书的框架结构 ··· 16
第2章 教学知识的内涵与发展研究 ·· 18
  2.1 教师教学知识内涵的研究 ··· 18
  2.2 教师教学知识的测量与发展研究 ······························· 38
  2.3 MKT的内涵及其发展研究 ·· 46
第3章 数学史与教师教育研究 ·· 59
  3.1 数学史对教师教育的价值 ·· 59
  3.2 数学史与教师教学知识 ·· 62
  3.3 职前教师教育中的数学史课程 ································· 65
  3.4 小结 ··· 71
第4章 研究的设计与过程 ·· 73
  4.1 研究方法 ·· 73
  4.2 研究工具 ·· 79
  4.3 研究对象 ·· 93
  4.4 研究过程 ·· 94
第5章 研究结果与分析(一) ··· 108
  5.1 课程前职前教师的教学知识 ··································· 108
  5.2 课程后职前教师的教学知识 ··································· 115
  5.3 课程前后职前教师教学知识的比较 ························· 124
  5.4 研究(一)的总结 ·· 129
第6章 研究结果与分析(二) ··· 132
  6.1 参与质性研究职前教师的基本状况 ························· 132
  6.2 职前教师在实数教学中教学知识的变化 ··················· 139
  6.3 职前教师在有理数乘法教学中教学知识的变化 ········· 154
  6.4 职前教师在勾股定理教学中教学知识的变化 ············ 169

  6.5 职前教师在一元二次方程解法教学中教学知识的变化 …………… 180
  6.6 职前教师在相似三角形的性质及其应用教学中教学知识的变化 … 191
  6.7 研究(二)的总结 ……………………………………………………… 202
第 7 章 研究结论与建议 ………………………………………………………… 213
  7.1 研究结论 …………………………………………………………… 213
  7.2 研究启示 …………………………………………………………… 219
  7.3 研究局限 …………………………………………………………… 224
  7.4 研究展望 …………………………………………………………… 225
参考文献 ……………………………………………………………………………… 227

第 1 章　引　　论

为什么优秀教师知道在课堂上该教些什么以及该怎么教？从本质上讲，这些都可以归结为有关教学的知识.优秀教师具备了丰富的教学知识，使得他(她)们能正确处理教学内容、恰当地组织教学方式.因此，提高教师的教学知识，对实现教师的专业化具有重要意义.近年来，社会上所盛行的"择校热"，根本原因就在于教师资源的不均衡，这也说明了一些教师的教学知识还存在不足.笔者所经历过的一件事情就说明了这一点.

几年前的一天，一位还在读小学的亲戚问我一道数学作业题，题目要求在式子的中间填上">""<"或"="符号.其中有一道题的空格两边的式子分别是 $10\div 3$ 和 $13\div 4$，我告诉他应该填">".但是，第二天，他告诉我做错了，他们老师的正确答案是"=".我觉得很奇怪，问他老师是怎么解释的.小孩回答，因为两边式子的商都是3，余数都是1，在商和余数都相等的时候，两边式子的大小是相等的.惊讶之余我问他，"三个人吃一个西瓜和四个人吃一个西瓜，吃到的西瓜一样多吗？"小孩虽然觉得我说的有道理，但是他更相信自己的老师.于是，我把我的疑问和解释写在了一张纸条上，让他带给数学老师.第二天，小孩交给我他老师的回信，上面写着：参考书的标准答案是"=".当时，我就呆住了！

多年来，这件事情一直刻在我的记忆里，它让我意识到在我们的教师队伍中，一些教师的教学知识亟待提高.影响教师教学的因素有很多，从本质上说这些因素都可以归结为教学知识的范畴，因此教学知识也被看成是衡量教师专业水平的重要因素，是教师专业化程度的重要标志.一直以来，我国的教育发展中都面临着如何在教师教育体系中有效地提高教师教学知识、发展教师专业水平的这一重要问题.本书将以数学学科为例，聚焦如何发展教师的教学知识.本章主要就研究背景、研究目的、研究问题、研究意义和本书的框架结构作简单论述.

1.1　研究背景

1.1.1　教师教育的重要性与困境

教师在教育体系中占有极其重要的地位，教师质量是决定教育质量的核心因素(唐一鹏，胡咏梅，2013)，提升教师的质量主要有两个途径：一是教师教育；二是教师在教学实践中的自我提高.相比较后者的随意性和时间上的紧迫性，在教师教育中提升教师的质量具有更重要的价值和意义.一直以来，我国各级政府对教师教育都十分重视,1985年5月,中共中央召开改革开放后第一次全国教育工作会议,颁布了引领中国教育发展的纲领性文件《中共中央关于教育体制改革的决定》,明确提出"把发展师范教育和培训在职教师作为发展教育事业的战略措施……从幼儿师范到高等师范的各级师范教育,都必须大力发展和加强".此后,在有关教育发展的各次会议以及颁发的有关文件中,对教师教育都给予了充分的重视.2009年1月,国务院总理温家宝在国家科技领导小组会议上提出了"百年大计教育为本,教育大计教师为本"的方针.2009年9月,国务委员刘延东在庆祝教师节暨全国教育系统先进集体和先进个人表彰大会上也发表了"国家发展希望在教育,办好教育希望在教师"的讲话(刘延东,2009).这些都充分说明了教师在教育中的重要性,也凸显了对教师教育研究的价值.

一般来说,可以根据教师的入职与否,将教师教育分为职前教师教育和职后教师教育两个部分,其中职前教师教育主要指师范教育,因此师范生也通常称为职前教师.在顾明远先生主编的《教育大辞典》中,将师范教育界定义为"培养师资的专业教育,包括职前培养、初任考核试用和在职培训"(张元龙,2011).师范教育有4年(或3年)的时间,是教师教育的重要阶段,与职后教师教育相比,职前的教师教育更具系统化和规范化,职前教师也有相对充裕的学习时间.因此,如何在4年的大学学习期间更好地促进职前教师的专业化成长,是教师教育研究中的一个重要课题.我国的教育部门对职前教师教育十分重视,国务院的《国家中长期教育改革和发展纲要(2010—2020年)》中提出"加强教师教育,构建以师范院校为主体、综合大学参与、开放灵活的教师教育体系.深化教师教育改革,创新培养模式,增强实习实践环节,强化师德修养和教学能力训练,提高教师培养质量".师范教育可以为职前教师将来的教学打下坚实的理论知识和实践能力基础,是培养合格教师的一个不可或缺的环节.因此,研究职前教师教育具有重要的意义.

经过多年的发展,目前我国的师范教育已逐步从"旧三级"(中专、专科、本科),走向了"新三级"(专科、本科、研究生);从20世纪增加教师数量为主的教师教育,逐步过渡到如今提升教师质量为主的教师教育.但是,长期以来,师范教育在高等院校中的地位并没有得到足够的重视,特别是在如今一些高等院校向综合性大学迈进的时候,师范教育更有被弱化的趋势.之所以会出现这种现象,主要有以下三个方面的原因.

首先,各高等院校在向综合性大学迈进的过程中,为了突出本校可见的"业绩",与社会经济发展紧密相关的专业,以及容易产生"高级别"科研成果的专业获得了优先的发展,而教师教育由于"见效"慢,受到的重视程度相对较低,这使得教师教育在各高等院校领导的决策中处于"弱势"地位.

其次,部分群体对师范教育的重要性认识不足,认为师范教育很难在根本上提升教师的教学水平.这种认识主要可以分为以下三种类型:

(1) 认为个体只要掌握了学科的知识,就可以当教师,无需再接受师范教育(郭良菁,1996;Clabaugh,Rozycki,1996),这种观点在早期十分流行;

(2) 认为一个人是否适合当教师是由个人的先天条件决定的,师范教育对其影响不大(Murray,1996);

(3) 认为学生在长期受教育的过程中,通过观察教师的行为已经积累了丰富的教学知识,并形成了牢固的教学信念,这种内隐性很难通过师范教育进行改变(Calderhead,1988;Kagan,1992).

在这种认识下,一些院校对师范教育抱着应付的思想,缺乏明确而长远的发展目标,各方面的投入也不足,这些都制约了师范教育的发展.

再次,师范教育自身存在的问题.近年来,虽然有一些研究(范良火,2003;朱晓民,2010)表明,职前教师教育对教师的帮助不大,但是这其中一个重要原因就是师范教育本身存在着不少问题.而最突出的问题,莫过于目前的师范教育存在着理论与实践相脱节的现象.例如,有研究表明师范教师中教育理论课程的效用比不上教学实践或现场教学经验,大学教师的作用不如临床指导教师(Calderhead,Shorrock,1997).也有学者指出,目前我国的师范教育课程培养目标不明,各师范院校各行其是,存在因人设课的现象;课程内容"旧、窄、杂、空",理论脱离实际;课程结构不合理,学科专业类课程比例过大,教育专业类课程比例过小等现象(廖哲勋,2001;郭朝红,2001).

事实上,师范教育中理论与实践存在脱离的现象,是一直存在的问题,其原因有内在的,也有外部的.内部原因在于教育理论的特质具有抽象性,有其自身的普适性与系统性,并且是以学科的方式存在的;而教育实践则是具体的,具有个体性与情境性的特点,它打破了学科的界限,是理论的综合运用,因此教师教育的理论与实践相脱离有其必然性.其外部原因在于一些教师教育过程中,将教师作为"技术人员"看待,进行"强制性"的灌输,而不是将教师看成具有反思能力和创新能力的"专业人员",这种培养方式也导致了教师教育的理论与实践的二元对立.

为了弥补师范教育中理论与实践相脱离的局面,很多学者从不同视角提出了解决方案.例如,有学者提出了案例教学(Mclean,1992;王少非,2000;郑金洲,2002)、以问题为中心的教师教育(Iglesias,2002)、发展职前教师的反思能力(Bain et al.,2002)及建立院校合作模式、强化实践环节(王建军,黄显华,2001)等.这些研究都是有益的尝试,但是除了教学方式的变革,也需要对目前师范院校所设置的课程进行研究,如课程的设置是基于何种目的、这种设置是否合理、能否很好地促进教师的专业发展、在课程内容和教学方式上有没有值得改进的地方等.而这方面的研究,尤其是在实证方面的研究,目前还是比较欠缺的.

1.1.2 数学素养与数学教师教学知识

从 20 世纪末开始,欧美发达国家相继进行了数学课程改革,我国也从 2001 年开始,出台了《全日制义务教育数学课程标准》和《普通高中数学课程标准》. 尽管各国的文化不同、教育背景差异也较大,但是在数学改革中都有一个共同特点,即十分注重学生数学素养的培养.

数学素养,在我国也被称为数学素质,在欧美常用 Numeracy, Mathematical Literacy, Mathematical Proficiency 以及 Matheracy 等词语来表示. 自 20 世纪末,数学素养成为我国数学教育研究的热点之一,但欧美国家对数学素养的关注却由来已久.

1957 年 11 月,苏联人造卫星升空,此举在西方发达国家中引起了震动. 在对本国的教育体制进行反思之后,欧美各国决定大力发展科学技术教育(刘喆,高凌飙,2011). 1959 年,英国发表题为"15—18 岁青少年的教育"的《克劳瑟报告》(Crowther Report),在该报告中,提出了 Numeracy 一词,意为 Numerate 和 Literacy 的综合,表示数学的读写能力,这被认为是最初数学素养的涵义. 此后,欧美学者逐渐重视数学素养的研究,出现了一些具有重要影响的研究成果,这也进一步促进了数学素养在教育实践中的发展. 但是,由于文化的差别,欧美不同的地区对数学素养的用词略有区别. 例如,英国及受英国文化影响较大的地区(如爱尔兰、澳大利亚和新西兰等国家)多用 Numeracy 来表示数学素养. 在丹麦,则用 Numeralitet 表示数学素养(Lindenskov, Wedege, 2001). 而在美国,则出现了用 Quantitative Literacy, Mathematical Literacy 或 Mathematical Proficiency 等词语来表示数学素养. 巴西学者 D'Ambrosio(1999)提出可以用 Matheracy 表示数学素养,意为 Mathematics 与 Literacy 的综合. 国际学生评价项目(Programme for International Student Assessment, PISA)(De Lange, 2006)则认为,从教育的视角来说,用 Mathematical Literacy 表示数学素养更为恰当.

一般来说,各词语所指的数学素养,有着各自的侧重点.

Numeracy

《克劳瑟报告》中的 Numeracy,主要是基于培养精英所需要的科学知识,侧重数学的读与写的能力. 而到了《考克罗夫特报告》,则认为具备 Numeracy 的个体应是能了解使用数学作为沟通的方式,并且着眼于个体日常生活所需的技能. 这种论述,明确了数学素养是个体在社会生活中所需要的数学,更为贴近普通大众而不是精英所需要的数学. 此后的文献中,Numeracy 的内涵越来越贴近实际生活. 1997 年,在澳大利亚 Perth 举办了数学素养教育策略发展研讨会,在会后所发布的报告中(Australian Association of Mathematics Teachers, AAMT),指出 Numeracy 的内涵应是指个体在面对家庭、工作以及参与社区和公民日常生活的时候,能有效地使用数学.报告还认为,学校教育中的 Numeracy 是指学生在数学课程中进行学习、体验、讨论和批判后所具备的一项基本能力,包括基本数学概念和技能、数学思维和策略、一般思维技能和有根据的欣赏情境,也包括在情境中使用数学的意向.在爱尔兰,Numeracy 也被认为不再局限于应用数字进行加减乘除运算,而是包含运用数学思维和数学技能来解决问题,以及满足在复杂的社会环境中日常生活需求的能力(Department of Education and Skills,2011).这需要个体具备思考和沟通数量的能力、对数据敏感的能力、认识空间的能力、了解模式和序列的能力以及分辨在什么情况下能进行数学推理来解决问题的能力.

因此,Numeracy 的内涵虽然依然强调数量关系以及数的运算,但是已经发展为个体在社会生活和进一步学习中所需要的数学,并强调应用数学能力的培养和个体使用能力的意愿.

Mathematical Literacy

1986 年,美国数学教师协会(National Council of Teachers of Mathematics,NCTM)在拟定学校数学课程改革任务的时候提出了数学素养这个概念,并用 Mathematical Literacy 来表示.但在当时,Mathematical Literacy 更多的是强调数学的价值(power),认为具备数学素养的个体懂得数学的价值,能有效地使用数学方法去解决问题(NCTM,1989).由于 NCTM《学校数学课程和评价标准》的影响力以及社会对数学素养的认同感,很多学者开始研究并发展 Mathematical Literacy 的内涵.其中,比较有影响力的是 Pugalee(1999)所提出的 Mathematical Literacy 内涵模型.该模型由内外两个圆环构成,外部圆环表示数学素养的过程,包括表述、运算、推理和问题解决四个部分;内部圆环表示数学素养的推动者,包括交流、技术和价值观三个部分.该模型也表明了 Mathematical Literacy 是个体适应未来科技与社会生活的基础条件.

在国际学生评估项目(Program for International Student Assessment,PISA)中,数学素养是评估的三个主要内容之一,从 1999 年到 2009 年 PISA 的四次数学素养测评中,都将 Mathematical Literacy 解释为个体认识并理解数学在社会中所起的作用,面对问题能作出有根据的数学判断,能够有效地运用数学,以及作为一个有创新精神、关心他人和有思维能力的公民,能应用数学来满足当前及未来生活中的能力(Organization for Economic Co-operation and Development,OECD,2004,2007,2010).而在 2012 年的 PISA 测试中,Mathematical Literacy 内涵的表述变成:个体能在各种情况下形成(formulate)、使用(employ)和解释(interpret)数学的能力,包括数学推理,使用数学的概念、过程、事实和工具来描述、解释以及预测现象;它能帮助作为一个创新、积极和善于反思的公民认识数学在世界中所扮演的角色,并能作出良好的判断和决定(OECD,2013).

由此可知,Mathematical Literacy 的内涵是基于个体终身学习的视角,是以人在社会中的生活和进一步学习所需要的数学为出发点,重视个体在社会生活中所需要的数学思维、基本沟通和演算技能.由于 PISA 的影响力,其对 Mathematical Literacy 所阐述的内涵,对各国数学素养的研究都有着较大的影响.

Mathematical Proficiency

对 Mathematical Proficiency 内涵的阐述比较有代表性的当属美国国家研究委员会(National Research Council,NRC)下属的数学学习研究委员会(Mathematics Learning Study Committee,MLSC)在 2001 年所发布的《加入进来:帮助儿童学习数学》的报告.报告认为具备 Mathematical Proficiency 是个体成功学习数学的标志,它包括概念性的理解、过程的流畅性、策略性的能力、合适的推理和积极的倾向这五个方面的能力(Kilpatrick,2001).这五种能力紧密相连,如绳索般交织(intertwined strands)在一起.由于 MLSC 的这个报告是基于学校数学教育提出的,因此,其对 Mathematical Proficiency 内涵的阐述,在美国及其他国家的数学教育领域有广泛的应用.例如,新加坡所制订的数学教育目标中,也将框架分为概念、技能、元认知、过程(或推理)和态度等五个组成部分(Stacey,2002).

由此可看出,Mathematical Proficiency 所指的数学素养强调知识、技能与信念,与数学教学联系较为紧密,可认为是个体的社会生活与学校的数学教育的一个结合体,对如何在数学教学中培养学生的数学素养具有重要的指导性.

Matheracy

随着信息时代的来临,传统数学教育中所强调的读、写、算,已经不能很好地满足社会生活对个体数学的需求,D'Ambrosio(1999)提出了用 Matheracy 来表示数学素养,认为 Matheracy 是 Mathematics 和 Literacy 这两个部分的综合体,其内涵包括进行推断、提出假设和下结论的能力.此外,D'Ambrosio 还认为 Matheracy 是一种对人类与社会的深度反思的结果,不应仅被限制在教育体制下的精英才能具有,也不应局限于数字的操作与运算.因此,在教育的系统中,教育应该务实化,重视社会文化经验,强化学生概念的、创造性的、批判性的,以及非常规性的表现.Skovsmose(陆昱任,2004)也认为,培养个体 Matheracy 的重要途径是反思(reflection),具体包括以数学为目的的反思、以模型为目的的反思、以情境为目的的反思和以生活世界为目的的反思四种类型.

综上所述,尽管各国表示数学素养的术语不同,提出数学素养的背景也有区别,但是这些数学素养的内涵都已经从特定的范畴逐步过渡到个体现实生活的领域,认为数学素养是个体、数学以及社会生活三者相结合的综合体(黄友初,

2014a). 我国的数学素养研究虽然起步较晚,但研究存在自发性,对数学素养内涵的认同也逐渐趋于一致,随着数学素养在数学教育中的日渐重视,对教师的数学教学也提出了新的要求,我们必须从数学素养视角审视教师的数学教学.

在如今的信息时代,用培养数学家的方式对学生进行数学教学是不恰当的,个体的发展离不开数学素养,在数学教育中培养学生的数学素养已是大势所趋. 目前世界各国的数学课程都沿着培养学生的数学素养方向进行改革,包括内容情境化、学生主体化、教学形式多样化、学业测评多元化等. 而这对数学教师提出了新的挑战,要求教师无论在教学内容还是在教学方式上都要做出改变. 在教学内容上,要少一些公式,多一些直觉;少一些抽象,多一些脉络;少一些符号,多一些具体. 在教学方式上,要少一些主讲,多一些讨论;少一些做题,多一些探索;少一些规定,多一些引导. 而要做到这些,需要教师具备较高的教学知识. 因此,随着时代的发展,对数学教师的教学知识提出了新的挑战,需要教师在教师教育和教学实践中不断地提升教学所需要的知识. 这既说明了发展教师教学知识的重要性和紧迫性,也是本研究的目的和意义所在.

1.1.3 教师教学知识的研究趋势

教师是一种专业性职业,与从事其他工作的人最大的区别就在于教师具有本专业特有的教学知识,既包括理论知识,又包括实践知识;既包括静态知识,又包括动态知识. 因此,要更好地提升教师的专业化水平,就必须对教师教学知识有深入的研究. 那么教师的教学知识都包含哪些内容? 如何在教师教育中发展教师的教学知识? 这些问题也就成为教育研究者最关心的主题之一.

但是,在很长的一段时间里,人们都认为只要具备了学科的专业知识,教师就能够很好地教授该学科,将教师的学科知识等价于教师知识. 随着教育重要性的日益突出,人们开始对教师知识进行深入的研究. 20 世纪 60 年代中后期,受行为主义和认知心理学理论的影响,学者主要采用"过程—结果"的研究模式,关注教师行为与学生学业表现之间的变量关系,把复杂的教学与学习简化为单一的线性关系,以获取教师所需要的教学知识(Fenstermacher,1994;Carter,1990;林一钢,2009;杨翠蓉等,2005;王艳玲,2007). 这种所谓"科学化"的研究方法,忽视了教育的多维性、即时性和不可预测性等特征,将教师的学科知识等同于教师的教学知识,这使得研究的有效性受到了普遍的质疑,也导致了教育理论与教育实践相脱离.

鉴于研究方法受到较多的批判,教育研究者开始重视教师教学知识的研究方法,逐渐从关注教学行为转向关注教师的决策与思维,知识的个体性、主观性、情境性引起了教育研究者的注意(Hiebert et al. ,2002). 1982 年,Smith 在美国教育学院协会(American Association of Colleges for Teacher Education,AACTE)年会上提出了教师的核心知识基础的概念,教师的专业知识开始引起更多学者的关注

(杨鸿,2010),学者开始注意教师教学知识的特殊性,而如何认清教师专业的这种特殊知识也引起了学者的广泛兴趣.此后不久,美国学者 Shulman(1986,1987)提出了教学内容知识(pedagogical content knowledge,PCK)的概念,并用 PCK 来描述教师在教学活动中应该具备的知识结构.由于 PCK 概念的新颖性和合理性,此概念很快被教师教育者所接受,并进一步推动了教师教学知识的研究.

此后,教师教学知识的研究主要集中在以下三个方面.

一是教师教学知识的重要性(Holmes Group,1986,1990,1995;Fennema,Franke,1992),这类研究在早期比较多,而随着这种重要性得到教育研究者的广泛认可,如今对教师教学知识价值性的研究已不多见.

二是教师教学知识的类型(Carter,1990;Tamir,1991;Grossman,1994),这类研究自 20 世纪 80 年代以来一直吸引很多学者的目光,也取得了较多的成果,特别是在具体学科的教学知识方面有了较为成熟的研究成果,如在数学学科方面,美国密歇根大学的 Ball 及其研究团队,经过多年的探索提出了教学需要的数学知识(mathematical knowledge for teaching,MKT)理论(Ball et al.,2008),该理论认为数学教师的教学知识可以由六个方面的知识组成,这成为当前数学教师教育研究中颇具活力的观点.

三是教师教学知识的发展(Calderhead,1988;Bromme,Tillema,1995),这类研究和教师教学知识类型的研究成果密切相关,因为只有对教师教学知识的内涵有较为清晰的了解,才能对如何提升教师教学知识进行深入研究.由于逻辑上的这种层次关系,所以目前对如何发展教师教学知识的研究文献还不多.但是关于如何发展教师教学知识的研究具有重要的现实意义,它不仅可以深入探析具体的教师教育工作是否有效,而且对规范和提升教师教育体系也是十分必要的.如今,随着对教师教学知识类型的研究有了相对成熟的理论,如何发展教师教学知识的研究将会成为今后教师教育研究的重点之一.

综上所述,可以看出教师教学知识的研究经历了从"为什么要研究教师教学知识"到"教师教学知识都有什么",又到了如今的"怎么获得教师教学知识".研究教师教学知识不仅可以深入了解教师发展过程中的内蕴性问题,创设更适合教师教学知识发展的教师教育课程,还能为在教学实践中发展教学知识提供更多的参考,从而更好地促进教师的专业发展.

1.1.4 教师教育中的数学史

1. 数学史的教育价值

数学史对数学教育的重要作用早在 19 世纪就已经被一些西方数学家所认识(汪晓勤,张小明,2006).一直以来,许多著名的数学家、数学史家和数学教育家都提倡在数学教学中直接或间接地利用数学史.Fauvel(1991)曾总结出 15 条数学史对数学教育有帮助的理由. Tzanakis 和 Arcavi(2000)从数学学习、关于数学本质和数学活动观点的发展、教师的教学背景与知识储备、数学情感、对数学作为文化活动的鉴赏这五个方面总结了数学史对支持、丰富和改进数学教学的作用. Jankvist(2009)通过研究,将数学史对数学教学的作用归结为"作为工具的数学史"和"作为目标的数学史"两类. 这些研究都证实了数学史融入数学教育可以促进数学的教与学.

1859 年,达尔文发表了进化论. 在此基础上,德国动物学家、哲学家 Haeckel 提出一个生物发生学定律,"个体发育史重蹈种族发展史",并将该定律运用于心理学领域,指出"儿童的心理发展不过是种族进化的简短重复而已". 该定律被运用于教育领域,称为历史发生原理(Radford, 2000). 法国社会学家孔德(1996)在《论实证精神》中认为"个体教育必然在其次第连续的重大阶段,仿效群体的教育,在感情上如此,在思想上也是如此". 著名心理学家、发生认识论的创始人皮亚杰也通过研究发现,儿童思维的发展和科学的发展之间存在着类似的过程,科学史上一个历史时期到下一个历史时期的转变的机制类似于主体认识中一个发生阶段到另一个发生阶段转变的机制(皮亚杰,加西亚,2005). F·克莱因、庞加莱、波利亚、弗赖登塔尔等学者也都十分赞同该原理,认为个体的数学学习也符合历史发生原理(汪晓勤,张小明,2006). 20 世纪 80 年代以来,很多西方学者对该原理进行了广泛的讨论,并通过实证研究验证了该原理在数学教育中的正确性. 例如,Harper(1987)对英国学生进行测试,发现学生对符号代数的认知发展过程与符号代数的历史发展过程(修辞代数—半符号代数—符号代数)具有相似性;McBride 和 Rollins(1977)通过实验研究发现使用数学史知识的课程在提高学生学习数学的积极性上是十分有效的;Keiser(2004)研究发现,学生对角的概念的理解与角的概念的历史是相似的,教材的编写和学生的学习都可以从前人理解角概念的困难中获得诸多启示.

由此可看出,历史发生原理从理论上阐述了个体对数学概念的认知发展过程与该概念的历史发展过程具有相似性,为数学史融入数学教育提供了坚实的理论基础,也进一步证实了数学史的教育价值性.

2. 数学史在教育现实的缺失

尽管数学史的教育价值得到了广泛的认可,很多文献都论述了数学史在教育中的重要性,包括我国的数学课程标准,也提出要在教育中体现数学史的价值. 但是,在中小学实际的数学教学中,融入数学史的课例还很少. 造成这种现象的原因是多方面的,既有教育功利性的挤压,也有教育伦理性的丧失(黄友初,2013),而数学史的教育在教师教育中的缺失也是一个重要的因素. 有研究者调查表明,很多一线数学教师的数学史知识储备不足,也不了解该如何在教学中融入数学史,甚至有的一线教师认为数学史对数学教学,特别是提高学生数学成绩的帮助不大,数学史对数学教学可有可无(徐晓芳,2010;包吉日木图,2007).张弓对49名中学数学教师的数学史知识进行了调查,发现很多教师缺乏对基本数学史常识的了解(李国强,2010);李伯春(2000)对50名初中数学教师进行了调查,发现数学史知识不及格者有11人,不及格率高达25%,最低分仅为10分;李渺等(2007)对中小学数学教师进行调查,发现只有18.6%的教师较好地掌握数学史知识,而访谈中,很多教师都承认对数学发展过程中的一些重要事件、重要人物与重要成果并不了解,也不能很好地了解数学产生与发展的过程,以及数学对人类文明发展的作用.在国外,也存在这种现象,例如,Russ(1991)指出,很多数学教师对数学的历史不了解,更不会在教学中使用数学史;Clark(2006)也认为,尽管有很多学者论证了数学史的教育价值,但是在教学中数学史还是被很多教师所忽视.这些现象都说明:目前中小学数学教师的数学史素养还比较缺乏,未能真正认识到数学史对教师成长、课堂教学以及学生数学学习的影响.

要改变这种局面,让数学史在教育的实践层面更好地促进数学教育的发展,除了外部环境的营造以外,还需要在教师教育中提升教师的数学史素养.在当前流行的教师教育样式,如校本研究、带徒弟式、经验学习、问题导向学习等中内蕴的一个危险就是忽视教育理论的学习、藐视教育理论的功能、怀疑教育理论的可靠性,这是导致教师教育活动蜕变降格、实践效能萎靡不振的实际原因之一(龙宝新,2009).理论来自经验,但又超越经验,数学史与数学教育的理论既包含了数学史的知识,也包含了挖掘教育形态数学史料的技能和如何在教学中融入数学史的实践设计,而这些都说明在教师教育中进行数学史教育是十分必要的.相关研究(洪万生,2005;苏意雯,2004)也已经表明,通过数学史学习,不但可以提升教师的数学史素养,还可以更好地促进教师的专业发展.因此,在教师教育中开设数学史课程,对数学史教育价值在教育现实的回归以及促进教师的发展方面都具有重要的意义.

3. 数学史的教师教育现状

我国的职后教师教育多以短期培训为主,但是培训内容中包含数学史的情况也不多见,因此,要在教师教育体系中提升教师数学史素养的职前教师教育是个重要的阶段,即在高师院校的课程中设置数学史课程,对提升教师的数学史素养具有重要的作用.

尽管在1994年召开的全国数学史学会学术年会上,发布了加强数学史教育、在高等院校中开设数学史课程的建议(俞宏毓,2010);2001年,在全国高师院校的《面向21世纪课程改革研究报告》中,指出应在高师本科院校开设《数学史与数学教育》的课程(严虹,项昭,2010),但是,如今开设数学史课程的师范院校的比例仍然不是很高,有的院校即使开设了数学史课程,也存在不少问题.总体来看,目前高师院校的数学史课程还主要存在以下几个方面的问题.

首先,各高师院校的数学史教学还基本上处于自发阶段.目前我国对高师院校的数学史课程教学既无规范的教学计划,也无统一的教学大纲(傅海伦,贾如鹏,2005).各校的数学史课程是否应该开设,开多少学时,讲授什么具体内容,完全因地、因人而定.这就造成各高校的数学史课程在教学内容、授课方式和学时方面都存在较大差异.这种较弱的规范性也造成各院校之间的数学史课程的教学质量存在较大差异.

其次,数学史课程在教育体系中未受到应有的重视.在1999年的《数学与应用数学专业教学规范》中,虽然明确将"数学史"列为专业必修课,也明确了教学的主要内容,但是现实的情况是很多高师院校没有开设数学史课程,而即使有开设的数学史课程也多为选修课,并非专业必修课,这说明了数学史课程在高师院校的教育体系中并未受到应有的重视.例如,由于是选修课,一些职前教师即使选修了数学史课程,其对待该课程的态度也不如必修课来的严肃、认真.

再次,各高师院校数学史课程任课教师的教育背景差异较大.大致说来,目前数学史的授课教师主要由三类背景的教师构成:第一类是具有数学史专业背景的教师;第二类是具有数学教育背景的教师;第三类是具有数学背景的教师.不同背景的任课教师在数学史课程教学中的理念存在较大差异.例如,第一类教师的授课理念倾向于向职前教师介绍较为严谨的数学发展历史,但是教育性不足,这会导致职前教师将数学史与数学教育两部分知识孤立看待;而第二类教师的授课理念偏向于教育性,对历史的把握相对缺乏,这也会导致职前教师对数学历史的了解存在偏差;第三类教师原来是数学专业课程的教师,因为对数学史感兴趣,所以后来从事了数学史课程的教学,这类教师在授课中对自己专业授课的历史会讲授得比较清晰,但对其他方面的数学历史则相对忽略,而且对数学史该如何与中小学的数学教学进行结合的引导也不足.由此可看出,数学史课程教师背景的差异将会影响课程的教学效果.当然,这也与目前各高师院校的数学史课程教师比较缺乏有关.

最后,目前缺乏适合数学教师的数学史教材.目前市面上有关数学史的书籍较多,但都不是很适合以数学教育为目的的数学史课程的教材.例如,有的数学史教材偏重于数学史料的考究,具有很强的学术性,但缺乏通俗性和教育性;有的数学史教材在史料的选择方面就不是很严谨,甚至有常识性的错误.总之,大部分的数学史教材和中小学教育的结合不紧密,这也影响了教师教育中数学史教育的深入开展.

综上所述,在目前的教师教育中,对数学史课程该不该设置,该怎么设置,课程的教学内容应该包含哪些等方面的问题都还没有清晰和相对统一的认识.因此,有必要对数学史课程在教师教育中的价值性进行研究.本研究将从教师专业发展的视角入手,研究数学史课程对教师教学知识的影响,以及如何通过教学内容(主要是内容的类型和内容的组织方面)和教学方式(主要是课堂组织形式方面)的变化,在数学史课程中更好地提升教师的教学知识.

1.2 研究目的和意义

1.2.1 研究问题和目的

从以上论述可以看出提升教师教学知识对教育有着必要性和紧迫性. 教师教育是提升教师教学知识的重要渠道,但在目前的教师教育体系中,课程的设置具有一定的经验性和随意性,缺乏实证层面的研究作为支撑. 因此,本研究将以教师教学知识为研究目标,就教师教育中具体专业课程对教师教学知识的影响进行研究,并探索如何在课程的教学过程中更好地发展教师的教学知识.

研究已表明,数学史具有重要的教育价值,但是目前部分教师的数学史素养还亟待提高,有必要在教师教育中进行数学史教育. 那么数学史课程除了提升教师的数学史素养外,对教师的教学知识有多大的影响? 如何通过数学史课程的教学更好地发展教师的教学知识? 由此可见,无论是在数学史课程建设上,还是在HPM(History and Pedagogy of Mathematics)研究的教育倾向上(黄友初,朱雁,2013),对数学史课程与教师教育的联系进行研究都是十分必要的.

一般来说,根据"教什么"和"怎么教",可以将教师的教学知识分为学科内容知识和教学内容知识两个部分,因此,本研究也将分别从学科内容知识和教学内容知识两个部分入手,研究数学史课程对职前教师教学知识的影响,包括在不同类型的数学史教学内容,教学内容的不同组织方式,以及不同的教学方式下,职前教师的教学知识变化情况是怎样的等方面进行研究,并分析怎样的教学内容和教学方式对职前教师的教学知识发展是最有效的.

综上所述,本研究的研究问题主要归结为以下两个方面:
(1) 数学史课程对教师教学知识有怎样的影响?
(2) 如何通过课程的教学内容和教学方式的变化,更好地发展教师教学知识?

1.2.2 研究意义

一项职业要称得上专业,就必须有一个相当坚实的专业知识基础,而教学知识就是教师职业专业化的必备特质(林一钢,2009),研究教师的教学知识是教师专业发展的重要途径. 而在发展教师教学知识的过程中,教师教育是一个重要的途径,但目前的教师教育课程设置和教学方式对教师教学知识的影响是怎样的,还缺乏必要的研究. 因此,本研究的意义可以从以下三个方面来阐述.

1. 基于教学知识的教师教育课程研究范式的构建

教师教学知识与学生的学业成就之间的联系已为大家所熟知,国内外的很多研究都证明了(Leinhardt,1988;Gudmunsdottir, Shulman,1989;徐碧美,2003;李琼等,2006),具有良好教学知识的教师比一般的教师在教学中更出色,学生的学业成绩更突出.美国学者Ball和Bass(2003)研究指出,要提升学生的学习,就必须提高教师的教学知识.NCTM(2007)也指出,教学的知识、数学的知识和学生的知识是一个成功数学教师所要具备的基本要素.因此,在师范教育中发展职前教师的教学知识,对提高教师专业素质、提升教学质量具有重要的意义.

但是,师范教育各课程对教师教学知识的具体影响是怎样的,如何在教师教育的课程中更好的发展教师的教学知识,这些研究到目前为止还是比较少的(Cochran-Smith,Zeichner,2005;廖冬发,2010;Yasemin,2012).尼克·温鲁普等(2008)指出,教师教学知识研究中的一个重要问题就是要探讨怎样让职前教师更好地获得教师教学知识,或如何更快地接近教师教学知识.因此,鉴于教师教学知识对教师教学的必要性和职前教师教育的重要性,本书将研究教师教育的具体课程对职前教师教学知识的影响,并探索如何在教师教育课程中更好的发展职前教师的教学知识,这对科学化的师范教育课程体系建设具有重要的意义,是一种有益的探索和尝试.

新中国成立以来,我国建立了独立的师范院校,而且参照苏联的教学计划拟定了教学科目(郭良菁,1996),但是经过几十年的发展,很多师范院校的办学规模和办学理念都发生了较大的变化,从总体上说,各高师院校都存在重学术性轻师范性的趋势,如有的师范院校变成了综合院校,有的院校的师范教育课程设置不尽合理.而在师范课程方面,存在课程内容陈旧、学科专业课程过多、缺乏横向知识联结、课程设置与综合大学相差无几等不足,所授课程重理论轻实践,有学者将其称为"旧、窄、杂、空"四子登科(郭朝红,2001).其实,这种现象早已引起了有关部门的注意,在1987年3月召开的高师工作座谈会上,国家教委副主任柳斌就重申"为基础教育服务是高等师范教育的改革方向,当前要采取有力措施,制止一些师范院校盲目地向综合大学看齐,保证各级师范院校沿着为基础教育服务的方向健康发展"(郭良菁,1996).

随着高校扩招以及计划生育政策的影响,目前我国基础教育领域教师数量缺乏的现象已经有了很大的改观,但是教师队伍的专业素养还存在不少问题,需要不断提高.因此,可以说如今我国的教师教育重点已经从培养教师的数量转移到了提高教师的质量上.在这种背景下,我们更应该更加重视师范教育,为此,政策的制订应该以研究为基础而不是经验性的指导意见,通过具体的研究了解课程对职前教师的影响,从而构建合理化的师范教育课程体系,尤其是在课程的设置、课程内容的选取以及教学方式的变革上进行探讨,以在师范教育中更好地促进教师的专业发展.本研究就属于这种探索的范畴.

教师教学知识是衡量教师专业化程度的重要标志,因此,师范院校对职前教师开设的各门专业课程都应以能促进职前教师的教学知识为重要目的.但是,目前不少师范院校为职前教师设置的课程都是基于经验性的,而且还存在因人设课的现象,这不仅导致了各院校为师范生所开设的专业课程都不尽相同,有的甚至还有较大区别.例如,据研究者了解,某省两所省属大学为数学师范生开设的全部数学教育类专业课程中,一所高校开设了 4 门课程,另一所高校则开设了 9 门课程[①].这种现象主要是由于教师教育课程设置缺乏具体的依据和标准,导致了职前教师教育课程设置存在一定的经验性和随意性.

在师范教育中,具体某一门课程对职前教师有多少价值?对他们教学知识的影响有多大?以及在具体的课程中该如何进行教学,才能更好地发展职前教师的教学知识?应该说,我们对这方面的信息还是都比较缺乏的,大多数情况下以经验代替了实证.曲欣欣(2011)以英语专业为例,研究认为师范院校的课程设置与职前教师的教学知识发展之间还不是很匹配,应该对现有的教师教育课程体系进行改革.目前,教育研究者虽然对教师教学知识的重要性已经有了足够的认识,但是对于如何在师范教育课程体系中发展职前教师的教学知识的研究还是不多(Kleickmann et al.,2013).本研究将以教师教学知识为衡量标准,研究教师教育的具体课程对教师教学知识的影响,并探索如何在课程教学中更好地发展教师的教学知识.

应该看到,随着教师教学知识研究的深入,从研究的理论层面转移到实践层面,探讨如何在教师教育实践中更好地发展教师的教学知识,是十分必要的.在数学学科内,已有很多学者(Grossman,1990;Fennema,Franke,1992;Ma,1999;范良火,2003;An et al.,2004)基于实证研究,对数学教师教学知识的内涵都提出了独到的见解.特别是美国密歇根大学的 Ball 及其研究团队所发展的数学教师教学知识(MKT)理论,近年来受到学者的广泛关注.

Ball 及其团队成员,采用扎根实践(practice-based)的研究方法,自下而上,从课堂分析入手,经过多年的研究,认为数学教师教学知识可以分为学科内容知识(SMK)和教学内容知识(PCK)两大部分.其中学科内容知识包括一般内容知识(common content knowledge,CCK)、专门内容知识(specialized content knowledge,SCK)和水平内容知识(horizon content knowledge,HCK)3 个部分;教学内容知识则包括内容与学生的知识(knowledge of content and students,KCS)、内容与教学的知识(knowledge of content and teaching,KCT)和内容与课程的知识(knowledge of content and curriculum,KCC)这 3 个方面(Ball et al.,2008;Hill et al.,2008).该理论目前已被较多欧美学者如 Keijzer 和 Kool(2012)、Jakobsen 等(2012)、Kleickmann 等(2013)所应用,并对本地区教师的教学知识进行研究.台湾地区也有学者(曾名秀,2011;陈亭玮,2011)采用 MKT 理论研究台湾教师的教学知识的内涵和发展.

---

① 数据获得时间是 2012 年 8 月.

因此,在教师教学知识的研究成果较为成熟的情况下,研究如何在课程教学中发展职前教师的教学知识是可行的.鉴于教师教育中课程设置的经验性,课程内容的选取和教学方式的选择也存在随意性,有必要从教师教学知识的视角研究师范教育中具体课程对教师教学知识的影响,本研究将以数学史课程为例,对该课程与教师教学知识的影响进行研究,从某种意义上说是引入了一种研究的范式.本研究的研究方法是可移植的,研究过程是可借鉴的,对研究其他课程与教师教学知识之间的联系也是适用的.这也是本研究的意义所在.

2. 在教师教育课程中发展教师教学知识的探索

在教师教育的课程教学中,常常会遇到这样一种现象,同样一门课程,在不同教师的授课下,学生的收获是不同的.这固然与任课教师的教学艺术有很大的关系,但是和教师是否有针对性地进行教学也有关系.例如,有的教师在授课中重点不突出,与职前教师的发展联系不大的论述过多;有的教师在授课中过于理论化,未能和职前教师现有的知识基础紧密结合.这些现象说明了在具体的课程教学中,不同的内容选择和不同的授课方式对职前教师的价值是不同的.那么,在具体的课程教学中,什么类型的教学内容和怎样的教学方式对职前教师教学知识的发展是最有效的,这就是本研究的目的之一.

本研究将秉持这种观点,即能提高职前教师教学知识的课程就是有价值的.而且,如何在教师教育课程中更有效地提升职前教师的教学知识,是一个十分值得研究的问题.因此,本研究将以教师教学知识为指导,研究在数学史课程的教学中,通过变化不同类型的教学内容,并对教学方式进行适当调整,职前教师的教学知识是如何变化的,进而获取数学史课程的教学内容、教学方式与职前教师教学知识之间的联系,并根据研究结果,对最能发展职前教师教学知识的教学内容和教学组织方式进行归纳.这是在具体的课程教学中发展职前教师教学知识的有益探索,与构建师范教育的课程体系相比较,这种探索更具有现实意义.

3. 以教学知识为发展目标的数学史课程建设的尝试

近年来,有关数学史与数学教育的研究文献逐渐增多,研究者于2012年6月通过华东师范大学的图书馆,将"数学史"分别为题名和关键词在中国知网进行检索,发现从2000年到2011年有关数学史的研究文献总体呈上升趋势,具体数量如图1.1所示.这些文献中的绝大部分可以归为两类:一是对数学史教育价值的阐述;二是对数学史料进行介绍,还有少部分文献是有关数学史教学案例的介绍、数学教师的数学史素养调查以及一些教师课堂教学中使用数学史的一些感想和体会.

从文献中可以看出,尽管有很多文献阐述了数学史的教育价值,但很少能从较

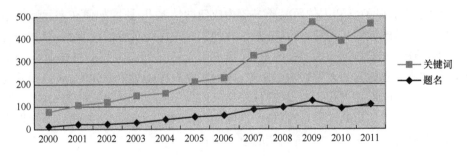

图 1.1 2000～2011 年有关数学史的文献数量

深层次来分析数学史在数学教育中的价值,而是大多停留在数学史可以激发学生学习兴趣,也可以培养学生的某种精神等角度来讨论.

在数学史与教师教育领域,虽然有不少的研究说明了数学史能提升教师的专业素养(汪晓勤,2013a;苏意雯,2004;蒲淑萍,2013),也能促进学生的数学学习(汪晓勤,2005;刘柏宏,2007;Liu,2009),但对教师教育中数学史课程的研究还是不多的,尤其是从教师教学知识的视角研究高师院校数学史课程的更少. 近年来,数学史与教师教学知识之间的联系,逐渐引起了学者的关注,国内外一些学者(洪万生,2005;黄云鹏,2011,2012;Jankvist et al. ,2012;Mosvold et al. ,2013)都撰文指出数学史可以提升教师教学知识,但这些研究更多的是一种研究方向上的探讨,并没有进行深入、实证性的研究. 本书将就数学史课程对职前教师教学知识的影响进行研究,对数学史课程中职前教师教学知识的变化过程进行跟踪,并探索如何通过教学内容和教学方式的变化,更好地在数学史课程中促进职前教师教学知识的发展. 这不仅有利于教师教育体系中数学史课程的建设,也从新的视角阐述数学史的教育价值.

1.3 本书的框架结构

本书共分为 7 章.

第 1 章是引论,分为研究背景、研究问题、研究意义、名词释义和论文的框架结构五个部分,其中研究背景包括职前教师教育的重要性、教师教学知识研究的必要性、数学史的教育价值与现状;研究意义包括了本研究对构建教师教育课程体系的价值、对在具体课程教学中发展教师教学知识的探索,以及进一步深化数学史课程建设等三个方面. 本章的主要目的是阐述本研究的恰当性和合理性,并简要说明研究的基本结构.

第 2,3 章是文献述评,根据本文的研究主题,分别从教师教学知识的内涵及其发展和数学史与教师教育的研究这两个方面对国内外研究文献进行梳理. 其中第

2章的教师教学知识的内涵及其发展包括教师教学知识内涵的研究、教师教学知识的测量与发展研究和 MKT 的内涵及其发展研究三个部分;第 3 章的数学史与教师教育研究包括了数学史的教师教育价值研究、数学史与教师教学知识研究和职前教师教育中的数学史课程研究这三个部分.

第 4 章是研究的设计与过程,主要介绍本研究的研究对象、研究方法、研究过程、研究工具、数据处理等情况,研究的结构关系如图 1.2 所示.

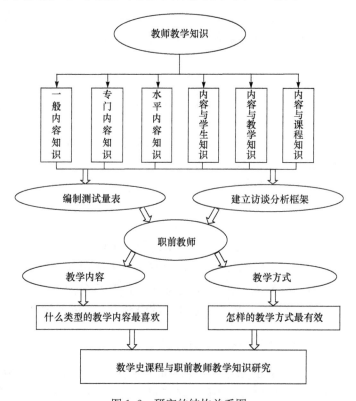

图 1.2 研究的结构关系图

第 5 章主要介绍本研究对于实验班和控制班的量化测量过程、测试结果,以及对测试结果的分析,该部分的研究结论与本研究的问题一一对应.

第 6 章主要论述本研究对 10 位职前教师的 5 轮质性研究过程,该部分的研究结论与本研究的问题二相对应,部分研究结果也与问题一一对应.

第 7 章是研究结论与建议,主要内容包括本研究的主要结论、本研究所带来的启示,以及研究的不足和对未来研究的展望.

第 2 章 教学知识的内涵与发展研究

教学知识作为教师专业发展的重要标志,是教师教育研究的热点之一,国内外很多学者就教师教学知识的内涵进行了研究,基于不同的视角对教师教学知识给出了不同的解读.本章就教师教学知识的内涵、测量、发展等方面的国内外研究进行简要述评.

2.1 教师教学知识内涵的研究

什么是知识?目前还没有被大家广泛认可的定义,因为这涉及不同的认识论,基于不同的哲学基础,就会有不同的知识观.理性主义者(如 Plato、Descartes 等)认为知识是客观存在的,是理性推演的结果;经验主义者认为知识与个体有关,是个体经验的结果(Conelly, Clandinin,1985;Elbaz,1991);以 Dewey 为代表的实用主义者认为知识是有机体适应环境刺激而作出探究的结果,是一种行动的工具(Carter,1990;Brown, McIntyre,1993);而激进建构主义者(如 Glasersfeld)更是认为知识在本质上是被创造的,而不是被发现的,是人脑内部主观创造的结果,而不是对客观事物的反映(阎光才,2005).与知识的研究情况类似,在教师教学知识的研究中,不同的研究视角,对教师教学知识的内涵也有不同的阐述.

2.1.1 对教师的学科知识和教学行为的研究

一直以来,教师所拥有的知识对教学的重要性都为大家所熟知,早在 1938 年,教育家 Dewey 就撰文探讨教师知识的重要性(Cannon,2008).但是,在很长的一段时间里,人们想当然地认为一个人只要具备了学科知识,就能够教授该学科(李琼,2009).进入 19 世纪后,虽然有些学者开始关注教师的知识构成,但他们的论述是零散的,还没有深入地研究(李长吉,沈晓燕,2011).随着教育的重要性越来越突出,人们也开始关注教师的有效教学都需要具备哪些知识,而最早对这一问题进行探讨的就是数学学科(李琼,倪玉菁,2006).进入 20 世纪 60 年代中期后,受到行为主义理论的影响,学者从教师的教学行为和学习学业表现之间的联系进行研究(杨翠蓉等,2005).这类研究秉持的是科学实证主义的研究范式,基于"过程—结果"(process-product)的研究模式,力图通过"科学化"的研究方法,为"好的教学"提供一个坚实的知识基础,希望在教师的教学行为和学生的学业成就之间建立起线性的因果关系,进而研究教师的教学知识(Hoyle, John,1995;Verloop et al.,2001).

这类研究取得了一定的成果,特别是在教师的教学行为如何更好地促进学生学习这方面.例如,教师在课堂教学中聚焦于活动而不是管理,以及教师能引导学生参与课堂等行为可以有效提高学生学业成就(Doyle,1977).但是,这类研究存在两个较大的问题,一是忽视了教育的复杂性,将教学和学习的过程归结为简单的线性因果关系;二是对教师的教学行为主要采用观察法,而对做出这种行为的原因则缺乏关注,这些不足也导致研究结果出现了较大的偏离,甚至出现了自相矛盾的情况.例如,有研究发现,教师积极的课堂教学行为(主要是组织学生参与课堂活动)可以提高学生的一些基本能力,但对提高学生的问题解决能力无益(Hill et al.,2005).

为了解决教师教学行为难以量化、不能满足"科学化"研究的缺点,一些学者开始转向研究教师所学习过的专业课程数量或者教师的学历与学生学业表现之间的联系.这类研究也取得了一定的效果.例如,Begle(1972)研究发现,教师的学科知识需要掌握到一定的程度,而超过了合理的门槛(如几门专业课)后则无关紧要.这可理解为在一定程度内,教师所学的学科知识和学生的学业成绩正相关,而超过了这个程度,则不存在这种相关性.Mullens 等(1996)运用统计模型将 1043 个三年级学生的数学成绩和他们的 72 位教师的学习经历的联系进行研究,发现教师学习专业课程的数量和教师的学历与学生的学习成绩显著相关.但从总体上说,这类研究得出的结果是多样化的,有的研究结果不但相互矛盾而且显得幼稚(Even,1993).例如,Begle(1979)认为,大部分的研究(82%)认为教师所学的课程、考试成绩、学历和学生的学业表现没有太大的关系;只有部分研究(10%)认为存在正相关;还有部分研究(8%)认为存在负相关.因此,这类研究的结果大多没有实际价值,也不能很好地解释教育现象,研究所得出的教育理论与教学实践之间存在较大的差异,受到了普遍的质疑.因为仅凭教师在大学所修课程的数量、学科专业课程的考试成绩,并不能真正反映出教师的教学知识.Ball(1990b)指出,教师所学习的知识与学生的学业成就并没有直接的联系,而是与教师在教学中所体现出来的知识直接相关.例如,一些教师虽然学习了很多专业课程,但是有效掌握的不多,而能在教学中转化成教学形态的知识更少,因此研究教师所学过的专业课程数量对学生学习的影响比较片面.

2.1.2 对教师的认知过程与教学特性的研究

鉴于研究结果和教育现实有着较大的差异,研究者逐渐意识到,教师在教学中所使用的知识和教师所学习的知识是有很大差距的(Hiebert et al.,2002).随着认知心理学的兴起,从 20 世纪 70 年代中后期开始,学者研究的焦点逐渐转向教师的认知过程,关注教师的决策和思维.知识的个体性、主体性、主观性和情境性开始进入教育研究者的视野(范良火,2003;杨翠蓉等,2005;王艳玲,2007;韩继伟等,2008;林一钢,2009).这说明对教师教学知识的研究,已经从单纯的教师学科知识的研究逐渐转移到对教学一般特性,如情境性、经验性的研究. 这类研究多以新手教师和专家教师的教学比较为主,如 Doyle(1986),Carter 等(1987)和 Leinhardt (1988)的研究. 这类研究的结果主要可以归纳为两个方面:一方面揭示了教师的认知过程和默会知识对教师教学行为的影响;另一方面则是提出了教师知识的实践观和情境观.

1. 教师教学的默会知识

专家教师比新手教师的教学更有效率,而导致这部分差异的原因是什么? 涉及了哪个部分的知识? 这是研究者十分关注的问题. 为此,很多学者从研究专家教师和新手教师的认知能力入手,揭示专家教师不同于新手教师的认知能力、认知品质和认知特征. 例如,Leinhardt(1987)从课堂表现入手,对小学的 3 名专家教师和 2 名新手教师的教学知识进行了研究. 这类研究受到信息加工理论的影响,关注的是教学不同阶段的认知过程. 例如,有些学者设计了实验室来诱导教师展示教学思维过程,而有些学者则采用刺激回忆的方式对教师进行访谈(徐碧美,2003). 这类研究表明,专家教师头脑里储备了大量的教学案例,能迅速地处理突发事件,能根据学生的差异寻找最合理的教学方式,而这类知识的获得是默会的,难以明确归纳和划分的.

这类研究虽然指出了专家教师和新手教师的知识差异,但是无法明确地甄别知识的类型,也无法了解专家教师的教学知识是如何有效获得的. 另外,这类研究更多的是关注教师在教学方法方面的知识,而对学科知识的关注不够.

2. 教师教学知识的实践观

早期的教师教学知识研究忽略了教育的复杂性,导致了研究的结论受到了广泛的质疑,有学者指出教学研究应该远离行为主义的研究取向,回归教学的本来面目;有学者认为教学是复杂情境下的专业实践,只有从实践性的视角才能更好地研究教师教学知识(林一钢,2009). 而这类研究所秉持的观点,是认为教师的教学知识是教师在专业实践活动中逐渐形成的. 其中,以 Elbaz 和 Schon 的研究影响最大.

基于对"教师只是个被动的知识传递者(transmitter)"这种观点的不满,Elbaz(1981,1983)提出了实践知识(practical knowledge)这一观点,他认为课程是理论的而教学是实践的,教师是从理论到实践的联结体,只有实践才能让教师成长,教师只有通过实践才能获得教学所需要的知识. Elbaz 也指出,教师教学知识是难以编码的,是经验性的、内隐的. 在通过对一位名为 Sarah 的中学教师进行两年的研究后,Elbaz 认为教师的实践知识包括 5 个方面的内容:学科知识(subject matter)、课程知识(curriculum)、教学法知识(instruction)、关于自我的知识(self)和关于学校背景的知识(milieu of schooling). Elbaz 认为这 5 种知识本身是静态的,只有通过实践才能把它们联系起来,组成实践的知识. 因此,在 Elbaz 的教学知识实践观中,认为教学知识是直觉的、缄默的. Clandinin 和 Connelly(1987,1995)也认为教师的教学知识是经验的,不是通过理论学习可以获得或者可以被传递的东西,而是存在教师过往的经验中、现时的心中和未来的行动中,只有通过教师个人的教学实践才能获得. 值得一提的是,我国学者对教师的实践性知识也有较多的研究,叶澜(2001)、钟启泉(2001,2004)、陈向明(2003,2009)等学者都论述了教师实践性知识的内涵、特征,并指出实践对教师知识发展的重要意义.

虽然与 Elbaz 一样,Schon 也认同教师教学知识的实践性,但是 Schon 同时也十分看重教师的反思. 在其代表作《反思的实践者》(*The Reflective Practitioner*)中,Schon(1983)分析了各种专业群体的工作,阐述了他的理念. 他认为教学活动是个复杂的、不确定的、不稳定的和存在价值冲突的情境,不可能完全规则化(rule-governed)的,需要教师在专业实践中利用自己的智慧,重构(reframing)教学所需要的专业知识. 为此,他还提出了行动中的反思(reflection in action)和对行动的反思(reflection on action)两种教学专业知识活动的模式. 但是,也有学者(徐碧美,2003)指出这种划分是理论性的,在真实情景中是很难明确区分反思类别的.

教师教学知识的实践观突出了教师教学知识的情境性、个体性和体验性,与之前的教学知识客体性有着本质的区别,更好地体现了教师教学知识的本质特征. 但是由于研究视角的不同,其对教师教学知识的内涵阐述也各异,有从缄默知识的视角,有从日常行为的视角,也有从实践哲学的视角. 另外,由于研究方法上的限制,该类研究更多的是观察教师在课堂上的语言能力与学生学习之间的联系;而且一些研究过于强调教学知识的主动性,忽视了客观情境对教学知识的影响,也未能揭示教师教学知识的内在表征.

3. 教师教学知识的情境观

教学知识的实践观主要从教师个体活动的视角阐述教师教学知识,但是有学者发现,在教学的实践中周围的环境对教师的教学知识有很大的影响. 这类研究认为知识是个体与社会情境和物理情境互动的结果,不仅受个体自身条件的制约,也受到特定情境的限制,因此在不同的环境下教师教学知识的内涵也是不同的(Brown et al.,1989). 教师教学知识的这种观点,也被称为教师教学知识的情境观.

Lave(1988)通过对人日常社会行为观察的研究,认为同一个人在不同的情景中会有不同的反应,因此他认为知识都是情境的,不是一成不变的,而是随着情境的变化而变化的. Leinhardt(1988)通过对专家教师的研究认为,教师知识是在学校的具体环境和课堂情景中形成的,而不是脱离于环境之外的、原则性的、可用于任何情境的那种"生成知识". Olson(1988)认为教师知识就是教学情境,是教师对所处环境反思的结果; Yinger 等(1993)研究认为知识存在于情境中,教师通过实践活动才能从情境中获取教学知识; Hamilton(1993)研究认为教师知识受学校文化的影响,而 Leinhardt(1988)也有类似的研究结论,认为教师教学知识是在学校的具体环境和课堂情境中形成的. Porter 和 Brophy(1988)从学生学习的视角研究有效的课堂教学需要教师具备什么知识,研究认为虽然教师需要掌握所要教学内容的学科知识、教学策略知识以及了解学生的背景和特点的知识,但是这些知识是复杂的,会受到各种情境因素的影响. 因此,这种观点也可以认为是属于教师教学知识的情境观. 教学知识的情境观说明了教学环境对教师教学知识的影响,拓宽了研究的视野,但是该类研究大多过于强调环境对教学知识的影响,过于重视教学知识在不同环境下的特殊性,而否认存在可适用于各种环境的教学知识,这导致了研究结果的多样性. 应该看到,教师教学知识尽管受到个人实践和环境等因素的影响,但是它存在一些基本的共性. 例如,对于一般学科知识的掌握情况是适合各种环境和教师个体的. 因此,只有从一般性和特殊性两个方面对教学知识进行研究,才能得出客观的结果.

教师教学知识的情境观和实践观类似的地方都在于说明了教学知识是个体在环境中活动的结果,所不同的是实践观强调个体的重要性,而情境观则侧重于环境对教学知识的影响力. 但是这两种观点所采用的研究方法基本类似,多为观察法,或者演绎性的案例研究,这虽然能较好地说明教师教学知识的相关要素,但是对教师教学知识都包含哪些内容,该如何有效的发展教师教学知识等方面的启示则较少. 而且从总体上说,这类研究都过于强调教学情境和教师的教学技能,对教学所需要的学科知识重视不足.

2.1.3 对教师的学科内容知识与教学内容知识的研究

进入 20 世纪 80 年代后,教师知识已经成为了欧美教育研究的一个焦点议题. 1982 年,A. Smith 在美国教师教育院校协会(American Association of Colleges for Teacher—Education,AACTE)年会上首次提出了教师的核心知识基础的概念,教师专业知识的领域引起人们的关注(杨鸿,2010). 而标志着教师教学知识进入快速发展时期的则是 20 世纪 80 年代后期时任美国教育研究协会(American Educational Research Association, AERA)主席、美国斯坦福大学的 Shulman (1986,1987)创造性地提出了教学内容知识(pedagogical content knowledge, PCK)的概念. 他认为 PCK 是教师在教学活动中应该具备的一种由学科知识和教育学知识融合而成的知识,该知识与学科专家所拥有的知识是不同的,而是直接与教师的教学相关,体现了教师的专业性. 由于 PCK 的概念能较好地描述教师教学所需要的知识特征,引起了学术界的强烈反响. 据不完全统计,在此后的 20 年间,

Shulman 的这两篇论文被引用次数超过了 1200 次(Ball et al.,2008). 此后,教师教学知识吸引了更多教育研究者的目光,1990 年,第 41 卷第 3 期的《教师教育杂志》(*Journal of Teacher Education*)还出了一期,主题为"教学的内容知识"的专刊.

早期的教师教学知识研究主要侧重教师所掌握的学科知识对学生学业成就的影响,但是忽略了教师的教学方式、教学技能等经验性、情境性的因素;此后,学者们虽然开始重视教学知识的实践性、情境性,但是更多的是注重教学技能、教学方式的研究,这不但忽略了学科知识对教学知识的影响,更未能将学科知识和教学知识综合起来考虑. Shulman 发现了教师教学知识研究所存在的这个问题, Shulman (1986)指出目前的教师教育中对学科知识教育和教育知识的教育是分开的,虽然教育学中的一些教学原则和技能可以适用于所有学科,但是大多数教学方式会受到学科内容的制约. 他同时也指出了当时教师教学知识研究与现实的两个极端现象,即大多数的教师教学知识的研究过于偏重教育教学知识的研究,而美国许多州的教师资格考试则过于偏重学科知识,Shulman 指出在一些州的教师资格考试中有 95% 的考试内容是测试学科知识,而只有 5% 的内容是涉及教学的理论与实践的题目. Shulman 认为这种局面是不利于教师教学知识发展的,他也把目前教学知识研究中忽视学科知识的问题称为"缺失的范式"(missing paradigm). Shulman 在文中指出教师教学需要的知识(原文用 content knowledge,但实际表达的是教师教学知识的意思)应该包括学科内容知识(subject matter content knowledge)、教学内容知识(pedagogical content knowledge)和课程知识(curricular knowledge)这三种类别. 1987 年,在他的经典性论文《知识与教学:新改革的基础》(*Knowledge and teaching: foundations of the new reform*; Shulman, 1987)中,他以资深英语教师 Nancy 为例,经过案例研究后指出,教师教学所需要的知识应该包括以下七个方面:

(1) 学科内容的知识(content knowledge);
(2) 一般的教学法知识(general pedagogical knowledge);
(3) 课程的知识(curriculum knowledge);
(4) 教学内容知识(pedagogical content knowledge,PCK);
(5) 有关学习者及其他们特点的知识(knowledge of learners and their characteristics);
(6) 有关教育环境的知识(knowledge of educational contexts);
(7) 有关教育目标的知识 (knowledge of educational ends).

Shulman 认为在这七个知识中,教学内容知识(PCK)是最特别的(special interest),因为它是确定教师教学所特有(distinctive)的知识,是学科知识和教育学的融合. 尽管 Shulman 所提出的概念不是革命性的,但是它对教师教学知识的研究产生了很大的影响,该概念表明了教师的教学不仅需要学科知识,也需要学科教学法的知识(徐碧美,2003).Ball 和 Bass(2003)认为 PCK 概念的提出是教师教学知识研究中的重大贡献,为研究教师教学中的学科知识指明了方向.Shulman 的研究,不仅解释了早期教师教学知识中只关注教师学科知识和学生学业成绩导致研究缺乏现实性的原因,也恢复了学科知识在教师教学知识研究中的重要地位.

Shulman 的 PCK 概念提出后,激发了人们对教师知识研究的极大兴趣,越来越多的研究者开始关注教师教学知识,很多学者在不同的领域以各种不同的方法对 PCK 进行了深入的研究(冯茜,曲铁华,2006).而在对 Shulman 的研究进行深化的过程中,Grossman 的工作最值得一提.他参考了各种教师教学知识研究的模式,尤其是 Shulman 的模式,并通过对 6 位中学英语教师进行案例研究后认为,教师教学知识可以具体分为以下四个方面知识:学科内容知识、一般教学法知识、教学内容知识和情境知识,而其中教学内容知识是教师教学知识的核心(Grossman,1990).该教师教学知识理论的具体结构如图 2.1 所示.

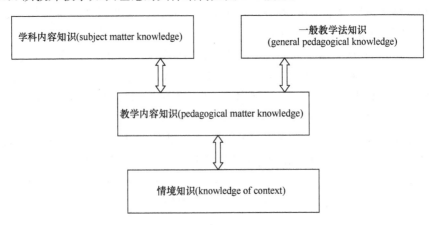

图 2.1　Grossman(1990)的教师教学知识模型

此后,Grossman(1995)又将教师教学知识细化为以下六个方面:

(1) 内容知识(knowledge of content):包括了 Shulman 分类中的学科内容知识和教学内容知识;

(2) 学习者与学习的知识(knowledge of learners and learning):与 Shulman 分类中的有关学生的知识对应;

(3) 一般教学知识(knowledge of general pedagogy):与 Shulman 分类中的一般教学法知识对应;

(4) 课程知识(knowledge of curriculum):与 Shulman 分类中的课程知识对应;

(5) 情境知识(knowledge of context):包括了 Shulman 分类中的有关教育环

境的知识和有关教育目标的知识;

(6) 自我知识(knowledge of self):指教师关于自我价值、优势、不足与教育目标、教育哲学等联系的知识,部分内容与 Shulman 分类中的有关教育目标的知识对应.

由此可看出,Grossman 的这个教师教学知识分类更为细致,不但吸收了 Shulman 的教师教学知识模式,也吸收了 Elbaz 和 Lave 等的研究成果,体现了教师教学知识与学科知识、教育学知识、教学环境、学生知识、教师信念等方面的联系.

尽管 Shulman 的研究也引起一些学者的质疑. 例如,McNamara(1991)认为,学科知识与学科教学法的知识是相互交织的,是无法明确区分的;Calderhead 和 Miller(1986)也认为,这种划分与其说是真实情况的反映,倒不如说是出于分析研究的需要. 但是更多的学者表示支持这一观点,认为这类研究可以表明教师的教学知识是能够被清晰识别的(至少在理论上),并易于构建理解教学的分析性框架. 在 Shulman 研究的基础上,很多学者对教师教学知识内涵进行了发展. 例如,Tamir (1991)将教师教学知识分为博雅教育知识、个人表现的知识、学科知识、一般教学知识、学科特定的教学知识和教学专业基础知识(林一钢,2009);Cochran 等 (1993)从建构主义的视角发展 Shulman 的教师教学知识模式,提出了教学内容认知(pedagogical content knowing,PCK)的概念,他们认为知识是静态的,在 Shulman 的教师教学知识模式中忽略了个体的主动性,而采用教学认知的称谓则可以更好地体现个体掌握知识的过程. 学科教学认知理论的内涵除了传统的学科教学内容知识和教育学知识以外,还增加了有关学生的知识和有关教学环境的知识这两个方面的知识,该理论的具体结构如图 2.2 所示.

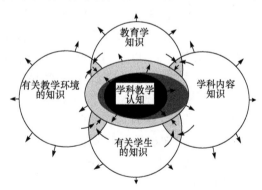

图 2.2 教学内容认知(PCK)的发展模式

Lappan 等(1994)认为,教师至少需要具备学科知识、学科教与学的知识和有关学生的知识这三种知识,才能确保他们有效地选取有价值的课题、组织讨论、创造一个学习的氛围以及对教与学进行分析. Bromme(1994)认为,数学教师应该具备数学内容知识、学校数学的哲学、一般教育学知识、特定学科内容的教育学知识以及不同学科认知的整合知识. 此外, Shulman 所提出的教学内容知识(PCK)能有效地体现教师的专业特质, 为人们进一步理解教与学开拓了广阔的视野.

综上所述, 从学者对教师知识的结构与内涵的讨论可知, 他们都认为教师知识应该包括"教什么"和"怎么教"两个部分, 因此可将其概括为学科内容知识和教学内容知识两个方面. 在这两个知识中, 哪个才是教师教学知识的重点, 不同学者持不同的看法, 这也吸引了更多的学者以此为基础, 对教学知识进行更为深入的研究. 其中以数学学科为基础对数学教师的教学知识进行研究的文献较多, 也得到了很多有价值的研究成果.

2.1.4 数学教师教学知识的研究

数学是一门基础学科, 在教师教学知识的研究过程中, 很多案例都以数学教师为背景. 应该看到, 在教师教学知识内涵的阐述中, 尽管很多知识的分类都是理念性的、人为的, 但是它也是很有必要的, 若能厘清教师教学需要哪些知识, 可以更有效地在教师教育中发展教师的教学知识. 从以上论述可以看到, 近年来学者对教师教学知识内涵的阐述, 基本可以将其归为学科内容知识和教学内容知识两个部分. 因此, 本节从学科内容知识和教学内容知识两个部分对数学教师教学知识的研究现状作简单梳理.

1. 学科内容知识

学科内容知识(subject matter knowledge, SMK)或者称为内容知识(content knowledge, CK)指学科内容方面的基本知识, 与 Shulman 划分的七种知识类别中的学科知识相对应. 在数学学科中, 学科内容知识就是指教学所需要的数学概念、定理、性质等概念性和程序性知识. 一直以来, 教师掌握的学科知识与教学的影响就被学者所关注, 数学教师应该掌握所要教学范畴内的学科知识, 这点已得到广泛的共识. 例如, Cochran 等(1993)、Fennema 和 Franke(1992)、Ma(1999)、An 等(2004)的研究中, 都将学科内容知识(学科知识)列为教师教学需要具备的重要知识. NCTM(2007)也指出掌握数学知识是教师成功教学的必备条件之一. 总体说来, 对学科内容知识的研究主要分为以下三个方面.

1) 学科内容知识重要性的研究.

在早期的教师教学知识的研究中, 有较多学者从教师学科内容知识对学生学业成就的影响进行研究, 得出了很多有价值的研究结果. 例如, Begle(1972)研究发现, 教师的学科知识与学生的学业成就并不总是正相关的, 即在超出一定程度以后, 教师的学科知识与学生的学业成绩不存在统计意义上的正(或负)相关性. 也有学者(Kahan et al., 2003)研究表明, 职前教师的数学学科知识越多, 教学越有效, 与其他知识的联结也越多.

20世纪90年代在美国推出"不让一个孩子掉队"的法案(No Child Left Behind Act)之后,发展教师的教学知识成为关注的焦点,尤其是在学科内容知识方面,一些研究机构,如加利福尼亚州的专业发展研究院(California's Professional Development Institutes)和国家自然科学基金会的数学科学合作小组(the National Science Foundation's Math-Science Partnerships)都希望能通过发展教师的学科内容知识来提高教师的专业发展(Hill et al.,2005).当然,也有学者认为美国之所以这么重视发展教师学科内容知识,一个重要原因是美国教师缺乏数学所需要的基本知识(Ball,1990;Ma,1999).

也有一些学者对职前和职后教师的学科内容知识进行调查,发现一些数学教师缺乏教学所需要的数学知识.例如,Mewborn(2003)研究发现,一些数学教师具有较强的程序性知识(如计算),但是对数学概念的认知还比较缺乏.Ball(1990b)的研究也发现,职前教师不能很好地解释分数的除法,也不能很好地解释为什么0不能当成分母,他们的数学知识是程序性(procedural)的,而且知识点是孤立的.Even(1993)在对职前中学教师进行函数知识的调查中也得到了类似的结论,他发现一些职前教师不能理解函数的高等数学定义,也不能解释函数定义中单值性(univalence)的重要性.Tirosh等(1998)也发现,一些有几年教学经验的在职中学教师也还不能意识到(unaware)学生在解方程时出现的常见错误.Li和Kulm(2008)也调查发现,职前教师在分数除法方面的学科知识还比较薄弱.

国内也有不少学者对教师的数学知识进行调查,调查显示,教师学科内容知识的总体情况不是很乐观.例如,吴卫东等(2005)对浙江省小学教师的教学知识进行调查,发现城乡教师有较大差异.李渺等(2007)对398名教师,从数学知识、教育学知识和心理学知识三个维度进行调查,将数学知识分为理论知识、本体知识、数学思想方法和数学史四种知识,发现中小学数学教师对数学理论知识和数学思想方法不存在显著差异,而在数学的本质和数学史知识方面存在显著差异.黄兴丰等(2010)对职前和职后中学数学教师的学科知识进行比较研究,发现职前、职后教师的学科知识存在显著差异,职后教师的学科知识水平明显高于职前教师.龚玲梅等(2011)对职前教师函数内容知识进行了调查,发现职前教师的学科知识比预期的要低,而且知识结构比较松散,缺乏相互联系.庞雅丽(2011)对职前教师教学知识进行调查,研究发现在学科内容方面职前教师的解题能力尚可,但是解释题目的能力,以及在理解知识点的联系性方面还较弱.

由此可见,这些研究都是基于教师的学科内容知识与教师的教学表现,或者学生的学业成就进行联系的,研究主要体现了学科内容知识对教学的重要性.国内外对职前和职后教师教学内容知识的调查,也体现了目前教师学科内容知识还不是很乐观.

2) 学科内容知识国际比较的研究.

为了获得更好的研究结果,一些学者对不同国家教师的学科知识进行研究,比较有影响的是华裔学者马立平和安淑华等对中美教师教学知识进行比较的研究,两者的研究结果都表明中国和美国教师的学科内容知识存在较大的差异. Ma (1999)对 23 位美国小学教师与 72 位中国小学教师的教学相关知识进行比较,发现中国的小学教师所展现的数学是有智力的、有挑战的且令人兴奋的领域,而不是外界所认为的是一个没有互相联结、只有计算组合的教学. 为此,Ma 提出了一个知识包(knowledge packages)的概念,认为教师的学科内容知识应该是以一个知识包的形式存在,其内涵包括概念的序列(sequence)、关键概念(key piece)和概念结(concept knot). 概念的序列是由几个概念形成一个概念发展的主轴,它位于知识包的中心,而其他相关的次级概念会联结到主轴上,并且相互关联着,因此在主轴外圈形成环状的组织. 概念间的地位是不相等的,知识包中一些比较核心的概念就是关键概念,但是它不一定在主轴上,有时也会出现在周边的环中. 概念结是由一个关键概念与其联结的概念所绑成的概念束,一次彻底的学习一个概念就如同打开了一个概念结. Ma 认为,教师知识包可以显示教学概念的组织方式,以及启发和培养学生智力的纵向过程. 作为数学教师,应该具备"对数学基础知识有深刻的理解(profound understanding of fundamental mathematics, PUFM)"的能力,在教学中能将知识包解压缩,并理解知识的深度、广度和全面性. 所谓深度就是要具备联系与所教学专题密切相关的专题的能力;所谓广度就是要具备与所教学专题相似或者相关性较弱的专题的能力;所谓全面性就是要具备联系所有专题的能力. 深度是联结到更强而有力的概念的能力,它越强大就有越多其他的概念支持,广度是联结到相似概念的能力,而全面性则是贯穿一个领域中所有部分的能力.

An 等(2004)的研究中虽然用了教学内容知识(pedagogical content knowledge)的概念,但是将其定义为有效教学所需要的知识,因此其内涵就是指教师的教学知识. 她们认为教师的知识包括学科内容知识、课程知识和教学知识这三个组成部分,其中学科内容知识指广泛的数学知识和教学所需要的特定知识;课程知识指选择和使用合适课程资源的知识,包括完全理解课程、教科书的目标(goals)和核心思想(key ideas);教学知识包括学生思维、教学准备和教学模式的掌握. 在通过对 28 位美国数学教师和 33 位中国数学教师的学科知识进行比较后,他们认为教师的教学知识这三个部分不是孤立的,在课堂教学中是相互融合的,而学科内容知识是教师教学的基础. 他们还认为教师只有具备了深刻的教学内容知识(profound pedagogical content knowledge)才能将内容、课程和教学知识有效地联结起来,并在教学任务中从一种形式转换成另一种形式. An 等指出教学是一个发散(divergent)和收敛(convergent)的过程. 如果只考虑内容和课程知识,而忽略学生的数学思考,则该教学是发散的过程;如果教学以学生为中心,教师时时关注学生的思考,则该教学是收敛的过程.并认为,一个优秀的数学教师会根据学生的需求准备教学,并实施符合学生理解程度的教学活动.此外,他们的研究也指出,教师的学科内容知识与教师的信念有关.

3) 学科内容知识结构的研究.

很多研究都表明,对一名教师来说仅仅具有扎实的学科内容知识是不够的,例如,Thompson等(1994,1996)研究发现,虽然职前教师具有扎实的利率(rate)方面的数学知识,但是他们并不能在教学中有效的帮助学生进行概念理解.因此,有学者(Cannon,2008)指出,如果不关注教师怎么使用教学知识,就不可能很好地了解教师的教学知识.也有学者指出,教师所需要拥有的学科知识与纯学术形态的数学教学知识是有区别的,例如,Krauss等(2008)认为,教师的数学教学知识和在高等教育机构中所学到的数学知识是有不同的;Shulman(1986)也指出教师不仅要知道是什么,还要知道为什么.这说明了,对教师来说,仅仅会解题是不够的,还需要能解释为什么可以这么做.因此,有学者就教师教学内容知识更为详细的内涵和结构进行深入研究,将教师教学所需要的学科内容知识与单纯的学科知识进行更为明确的区分.

需要指出的是,虽然在理论上对学科内容知识和教学内容知识有着明确的区分,但是通过实证研究发现,在实践中教师的教学知识是学科内容知识和教学内容知识相互交织而形成的,很难明确区分.因此,很少有专门论述学科内容知识的研究,而是从教师教学知识的整体视角,对学科内容知识和教学内容知识进行阐述.

Leinhardt等(1991)认为,教师的教学是由两个基本且相关的知识系统所决定,它们是课堂结构的知识(knowledge of lesson structure)与学科内容的知识(knowledge of subject-matter content).其中,学科内容的知识是指教师在教某学校课程所需要拥有及使用的知识,它不只包含数学知识,也包含课程活动知识、表征的有效方法以及评估的步骤.但是,他们也指出,学科内容的知识并非是决定教学行为的主要因素.

Fennema和Franke(1992)在分析数学教师教学知识的相关文献之后,提出了一个整合教师教学知识的架构,认为数学教师教学所需要的知识可以分为数学知识(knowledge of mathematics)、教学方法的知识(pedagogical knowledge)和学生数学认知的知识(knowledge of learner's cognitions in mathematics)三个部分.他们认为教师教学知识是持续改变和发展的,学科知识必须与如何为学习者表示的学科知识、学生的思维和教师的信念相联系.学科知识包含了所教单元的概念、程序和问题解决的过程,也包含了程序背后的概念、概念间的相互关联,以及概念和程序如何被使用到不同类型的问题解决当中.

Ma(1996)将教师对某一个主题的数学学科知识分为程序性理解(procedural

understanding)、概念性理解(conceptual understanding)、逻辑关系(logical relation)及学科结构(structure of the subject),并建立了一个具有四层结构的教师对数学学科主题理解的架构图.

第一层称为程序性理解,指的是教师能够依循正确的步骤得到正确的答案,较为简单,即使门外汉(layman)都可能会,所以它的特色是表面的、独立的,中美两国教师在这个部分的差异比较小.

第二层称为概念性理解,指的是教师对于第一层的步骤能够知道其支撑的概念为何,并给予解释.在这一层中,教师展现了步骤与概念间的联结,然而有的解释可能是简短的、初步的,所以它虽是表面的却也展现了一点理解的深度.

第三层称为知识包,指的是教师能够察觉到其他数学知识片段(knowledge piece)与现在要教的主题所产生的逻辑关系、有哪些片段在背后支撑,片段并不一定是概念,也可能是程序.不同知识片段之间会产生如同线状(line-like)或者环状(circle-like)的序列(sequence),这两种不同的序列彼此间相互关联,在序列中可看见一个概念如何在另一概念上伸展和演化.不同片段具有不同的地位,教师必须加以权衡(weigh),某些片段对学习主题是特别重要的,称为关键片段(key piece),教师必须要能够为关键片段提出理由.

第四层称为数学结构,指的是教师对学科结构的理解,其中,包含了基本原则(basic principles)与基本态度(basic attitudes).基本原则是指能够支撑起许多不同主题的数学概念,例如,交换律、分配律、结合律.基本原则并不会在每个主题中都出现,但是,基本态度具有渗透性(penetrating),它会展现在不同主题之中.Ma(1996)指出,能够到达第四层的教师必然能够到达前面三层,但是,反之则不然.在她的研究中,许多教师都无法达到第四层.

Ma(1999)认为教师应该具备"对数学基础知识深刻理解"(PUFM)的能力,有PUFM能力的教师就好像精通路线的出租车司机,在心里有一张数学教学相关知识的地图,可以根据教学的需要随时调整和变化.由此可见,与其他学者对学科内容知识的类别进行研究不同,Ma主要从学科内容知识的层次上进行分析.

范良火(2003)将教师的教学知识定义为教师知道的与他们课堂教学有关的教与学方面的所有东西.该知识包括三个方面,分别是教学的课程知识(pedagogical curricular knowledge,PCrK),即包括技术在内的教学材料和资源的知识;教学的内容知识(pedagogical content knowledge,PCnK),即表达数学概念和过程的方式的知识;教学的方法知识(pedagogical instructional knowledge,PIK),即关于教学策略和课堂组织模式的知识.范良火(2003)也指出,教学的课程知识是关于"知道事物",教学的内容知识是关于"知道怎样",而教学的方法知识是关于"知道什么"和"知道怎样"的结合.由此可见,范良火所提出的教学知识划分中,PCrK和PCnK与学科内容知识联系十分紧密,都需要教师了解所要教学知识点的具体内容、对教科书内容的解读,以及所要教学知识点与其他知识点的联系等内容.

密歇根大学的 Deborah Loewenberg Ball 从 20 世纪 90 年代开始就对教师教学知识进行了研究,她以数学学科为研究对象,采用扎根实践(practice-based)的研究方法,针对数学教师提出了"教学需要的数学知识"(mathematical knowledge for teaching,MKT)(Ball,Bass,2003;Ball et al., 2001)的理论,并认为 MKT 由学科内容知识(subject matter knowledge,SMK)和教学内容知识(pedagogical content knowledge,PCK)两个部分组成. 此后几年,Ball 及其研究团队对 MKT 进行了深入研究,并认为数学教师的教学知识可以分为六个,其中学科内容知识方面包括一般内容知识(common content knowledge,CCK)、专门内容知识(specialized content knowledge,SCK)和水平内容知识(horizon content knowledge,HCK)三个部分;而教学内容知识方面包括了内容与学生的知识(knowledge of content and students,KCS)、内容与教学的知识(knowledge of content and teaching,KCT),以及内容与课程的知识(knowledge of content and curriculum)三个部分(Ball et al.,2008;Hill et al.,2008),具体结构如图 2.3 所示.

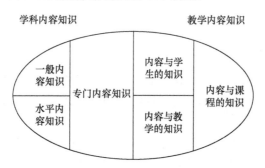

图 2.3　MKT 知识结构模型

在学科内容知识中,一般内容知识(CCK)指数学学科的基本知识和技能,是数学学科的本体性知识,如能让教师判断数学对错的知识;专门内容知识(SCK)指从事数学教学所需要的数学知识,其他非教学的工作中并不需要,如让教师解释所以然的知识. 在提出 MKT 理论初期,Ball 团队对水平内容知识(HCK)并没有过多的描述,对其是否属于学科内容知识也不是很确定,只认为水平内容知识是一个让教师意识到教学主题与课程中其他数学主题之间联系的知识(Ball et al., 2008). 此后,他们专门撰文探讨了水平内容知识(HCK),认为它主要是一种数学知识点周边的视野(peripheral vision),一种能从更大的数学视角看待知识点的视野(a view of the larger mathematical landscape),这是一种更深、更广的数学素养,但不一定展现在教学之中(Ball,Bass,2009). 在 MKT 理论的学科内容知识中,专门内容知识(SCK)最为引人注意,它表明了在学科知识的范畴内教师的学科知识与学科专家所具有的学科知识之间的区别.

MKT理论对学科内容知识的划分比较全面,对教师教学知识的研究具有重要的参考价值,受到广泛的关注.在第12届国际数学教育大会(ICME-12)上,有多位学者(Alpaslan,Ubuz,2012;Lai,Ho,2012;Jakobsen et al.,2012;Keijzer,Kool,2012;Kwon,2012;Liu,Kang,2012;Ribeiro,Carrillo,2012)采用该理论对本地区的教师教学知识进行研究.

2. 教学内容知识

教学内容知识(pedagogical content knowledge,PCK),有翻译为学科教学知识,或者称为教学知识(pedagogical knowledge,PK),指该如何对学科内容进行教学的知识.在早期的教师教学知识研究中,学者们最先研究教师的学科内容知识,此后又从教学环境、教师的个人经验、教学行为、教学实践等视角研究教师的教学知识,而忽略了学科知识与教育学知识相融合的知识,因此在Shulman(1987)提出PCK概念后,引起了广泛的关注,很多学者对教学内容知识进行了研究,不但进一步证实了教学内容知识的重要性,也对教学内容知识的内涵进行了广泛的阐述.大致说来,对教学内容知识的研究主要可以分为知识的重要性和知识的内部结构这两个方面.

1) 教学内容知识重要性的研究.

自从Shulman(1987)指出教学内容知识的特殊性和重要性以后,学者们开始关注教育形态的学科知识、教育背景下的学科知识,并认为这是教师教学所需要的重要知识.

Cochran等(1993)指出,"目前"很多学者的研究都是为了说明在教学中,教师的教学内容知识比学科内容知识更为重要,但是并没有在实质上进一步发展PCK理论.为此,Cochran等(1993)以Shulman的PCK概念为基础,提出了教学内容认知(PCKg)的理论框架.该理论框架认为学科内容知识是教师教学的基础,在这个基础之上教师根据教学环境和学生思维,在教育学知识的指导下,通过教师的教学实践活动不断的构建出教学所需要的知识(图2.1).在Cochran等看来,对教师来说知道"怎么教"比知道"教什么"更重要,即教学内容知识比学科内容知识更重要.

Fennema和Franke(1992)认为教师的教学知识中除了包括数学知识以外,教师还需要具备教学法的知识和学生数学认知的知识,其中教学法知识包括教学程序的知识,如有效的教学策略、课堂行为和教学组织等;学生数学认知的知识包括学生的数学思维和学习过程的知识.这两个部分都属于学科知识该怎么教更适合学生的范畴,属于教学内容知识.Fennema和Franke(1992)认为教师教学知识不能脱离情境,为此,他们提出了一个教师教学知识结构模型,详细结构如图2.4所示.

Fennema和Franke(1992)认为知识是在情境中互动(interactive)产生的,对

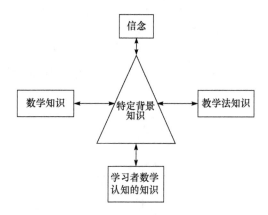

图 2.4 Fennema 和 Franke(1992)的教师教学知识结构模型

于特定的情境下,教师的教学知识是由教育学知识、学生的认知(cognition)在结合教师的信念下创造出来的,这种知识也决定了教师在课堂中的实践和行为(Petrou,Goulding,2011).由此可看出,Fennema 和 Franke 强调教师教学知识的情境性,其中,涉及教育学知识、学生的认知还有教师的信念,这些都与教学内容知识有关.因此,在 Fennema 和 Franke 看来,教学内容知识比学科知识对教师的教学更为重要.

Petrou 和 Goulding(2011)继承了 Fennema 和 Franke 的思想,认同教师教学知识的情境性,并提出了一个数学教师教学知识的综合模型,详细结构如图 2.5 所示。该模型认为教师教学知识包括了课程知识、学科内容知识和教学内容知识三个部分,它们之间是相互影响的.课程知识包括教学材料(例如,教科书)和教学的要求,学科内容知识包括本体性知识及其产生过程、数学信念等,这两者都是基础.在特定背景下,教师通过转换盒连接,生成教学方面的知识,包括能准确处理偶发性教学问题.

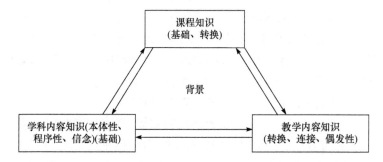

图 2.5 Petrou 和 Goulding(2011)的数学教师教学知识综合模型

An 等(2004)的研究中,直接使用教学内容知识代替教师的教学知识,虽然认为教师的教学知识可以分为学科内容知识、课程知识和教学知识这三个组成部分,而且这三种知识对教师的有效教学都十分重要,但是他们认为教学知识才是核心(core),详细结构如图2.6所示. An 等(2004)认为,在教学中,教师只有充分了解了学生的思维(students' thinking),才能在教学中更好地将学科内容知识转化为学生可学习的知识.

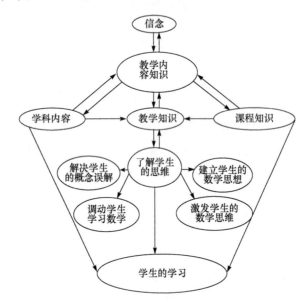

图2.6　An 等(2004)的教学内容知识网络

由此可看出,An 等认为教学内容知识对教师的教学是十分关键的. 很多学者也得出了类似的研究结论,如景敏(2006)和董涛(2008)分别对中学数学教师的教学内容知识进行研究,认为教学内容知识是教师特有的专业知识,直接影响着教学质量. Ball 和 Bass(2000)认为教学内容知识可以把数学、学习者、学习和教学这些知识捆绑(bundles)在一起. Kleickmann 等(2013)研究认为尽管学科内容知识和教学内容知识有很强的关联性,但是教师的教学内容知识对学生学习的影响更为直接,也更明显. 此外,也有一些学者对教师的教学内容知识进行测量,如孙颉刚和黄兴丰(2011)以试题的形式对职前教师函数的教学知识进行测试,发现职前教师的内容与学生知识(KCS)高于内容与教学知识(KCT).

值得一提的是,在 Shulman 提出教学内容知识(PCK)的概念后,引起了学者的广泛注意,大家都普遍赞同 PCK 对教师的重要性. 但是此后的研究也出现了一种误区,有学者将 PCK 等价于教师教学知识,如在 Cochran 等(1993)、An 等(2004)、景敏(2006)、董涛(2008)和周正(2012)等的研究中,对教师教学知识都采用了 pedagogical content knowledge(PCK)的称谓. 这种说法扩大了 PCK 的内涵,教师教学所需要的知识与 PCK 之间还存在较大的区别,PCK 更多的是从教育的视角探讨对学科知识的处理,但是教师的教学还需要具有扎实的学科基础,因此 PCK 应该只是教师教学知识的一个重要组成部分,而不是全部. 实际上,在 Shulman 所发表的两篇重要文献中,都只是把教学内容知识作为教师教学知识的一部分,如在 Shulman(1986)的文献中,除了 PCK 还包括学科知识和课程知识;在 Shulman(1987)的文献中,除了 PCK 还包括学科知识在内的六个方面的知识. 当然,出现这种概念认识上的误区,也从另一个方面说明了教学内容知识的重要性.

2) 教学内容知识结构的研究.

在教学内容知识被学者广泛认可以后,对其内部结构的探讨就成了研究的一个焦点,有学者探讨教学内容知识的定义,如 Mullock(2006)认为教师教学知识 (teacher's pedagogic knowledge)是作为教师积累所有知识的综合,包括在课堂教学实践中的目标、过程和策略;但是更多的学者主要探索教学内容知识的具体组成结构,也得到了一些有价值的研究成果,使得大家对教学内容知识有了更为清晰的了解. 在论述学科内容知识内部结构的过程中,已经顺便说明了一些教学内容知识的结构,如 Fennema 和 Franke(1992)、Ma(1999)和范良火(2003)都对教师教学知识的结构进行了论述,本节主要介绍其他学者在教学内容知识结构方面的研究.

Smith 和 Neale(1989)认为,教学内容知识应该包括学生概念的知识、教学策略知识、形成和阐述内容的知识和课程材料与活动的知识四个部分. Marks(1990)也认为教学内容知识由四个部分的内容组成,包括学科的教学目的、学生对学科的理解、教学媒介的知识和教学进程. Veal 和 Makinster(1999)根据 Bloom 等的研究理论,给出了两种教学内容知识的分类,分别是一般的 PCK 分类(general taxonomy of PCK)和基于属性的 PCK 分类(taxonomy of PCK attributes). 其中,一般的 PCK 分类主要将以往的 PCK 分类进行归纳,按照层次的高低依次分为一般的 PCK (general PCK)、具体学科的 PCK(domain-specific PCK)和特别专题的 PCK(topic-specific PCK);基于属性的 PCK 分类主要从教学内容知识发展的视角,构建了一个金字塔模型,具体结构如图 2.7 所示(柳笛,2011).

Hashweh(2005)对教学内容知识的研究历史进行了一个总结,认为以往对教学内容知识(PCK)结构的研究似乎进入了一个死胡同(impasse),为此他提出了一个教师教学结构(teacher pedagogical constructions, TPCs)的模式. 该模式认为教学内容知识的内涵包括了以下七个方面:

(1) PCK 是个人特有的知识;

(2) PCK 是教师教学结构的基本单元;

(3) 教师教学结构是有准备的教学活动后的结果;

(4) 教学结构是一个发明的过程,受不同类别知识和信念的影响;

(5) 教学结构既包括基于一般事件的,也包括基于故事的一种记忆;

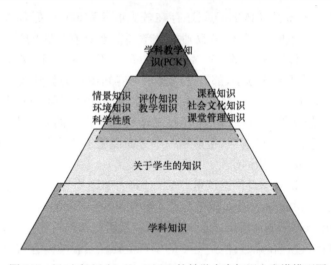

图 2.7 Veal 和 Makinster(1999)的教学内容知识金字塔模型图

(6) 教学结构是特定的主题;

(7) 教学结构是(或应该是)有多种有趣的方式,将它们联结到教师知识和信念的其他类别和子类别中.

为了更清晰地表示 TPCs(或 PCK)与各种知识的联系,Hashweh(2005)建立了一个关系图表来说明,该图的结构如图 2.8 所示,也有人称为"生态概念(conceptual ecology)图".

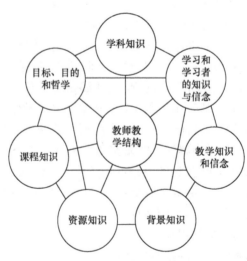

图 2.8 Hashweh(2005)的 TPCs 知识结构图

在 Shulman 的 PCK 模式基础上,黄毅英和许世红(2009)提出了一个数学教学内容知识(mathematics pedagogical content knowledge,MPCK)模式.该模式有

三个相互交织的圆组成,分别是数学学科知识(mathematics knowledge,MK)、一般教学法知识(pedagogical knowledge,PK)和有关数学学习的知识(content knowledge,CK),而 MPCK 是这三个基本集合的公共部分,详细结构如图 2.9 所示.

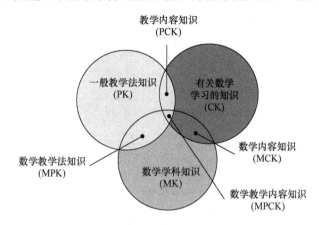

图 2.9　黄毅英和许世红(2009)MPCK 一般结构图

国内有一些学者对该模式进行了探讨分析,如李渺和宁连华(2011)分析了 MPCK 的表现形式和意义;也有一些学者利用该模式对教师教学知识进行分析,如张红等(2010)分析了一道初中数学题教学中教师的 MPCK.可见,MPCK 的模式和 Shulman(1986)所提出的教学知识包括学科内容知识、教学内容知识和课程知识的观点相类似,其优点是比较清晰地说明了教师成功教学应该具备的教学知识包括哪些方面;而不足则是该模式对教师教学知识的论述较为笼统,未能进一步说明各知识内部的结构和联系.

此外,一些国内学者也在教师教学知识内涵的研究中,对教学内容知识进行了不同的阐述.例如,刘清华(2004)通过对河南省开封市 66 名教师进行问卷调查、对 9 名教师进行了课堂教学观察并对 12 名教师进行了访谈,认为教师教学知识包括了学科内容知识、课程知识、一般性教学知识、教师自身知识、教育情景知识、教育目的及价值知识和学科教学知识这八个部分.由此可见,作者将教学内容知识分解为以上除学科内容知识以外的七个部分.李琼(2009)从学科知识和学科教学知识两个方面,对专家教师和新手教师的教学知识进行比较.其中,学科知识包括数学知识和数学观,而学科教学知识包括了学生的思维特点、诊断学生的错误概念、教师突破难点的策略以及教学设计思想等四个方面.

台湾学者许纹红(2003)在研究中,将教师教学知识的分类进行了归纳整理,并列表显示部分学者对教师教学知识结构的看法.本节对该表进行了改编,选取了较为代表性的教师教学知识分类,整理如表 2.1 所示.

表 2.1　部分学者的教师教学知识分类表

学者	教师知识类型
单文经(1990)	一般的教育专业知识(一般教学的知识、教育目的的知识、学生身心发展的知识、教育脉络的知识);与教材有关的专业知识(教材内容的知识、教材教法的知识、课程知识)
简红珠(1993)	一般教学法知识、学科知识、学科教学知识、情境知识
陈国泰(2000)	教育目标知识、学科内容知识、一般教学法的知识、学科教学法知识、受教者的知识、情境知识、自我知识
Goldman 和 Barron (1990)	学科教学知识、有关学习者的知识、班级组织与经营的技巧、教学生的计划与应变能力
Tamir (1991)	通识教育的知识、个人表现的知识、学科知识、一般教学知识、学科特定的教学知识、教学专业基础的知识
Sternberg 和 Horvath (1995)	学科知识、教学知识、学科教学知识、与教学有关的社会与政治情境知识
Pierson (2001)	学科教学知识、教学知识、内容知识、教育科技知识、教育科技之学科教学知识
Leys (2002)	内容知识、一般教学法知识、课程知识、教学内容知识、关于学习者及其特质的知识、教育脉络知识、教育目标及其价值的知识

综上所述可以看出,各专家对教师教学知识的分类虽然不尽相同,但是基本内涵都没有变化,可以认为仍然属于 Shulman 的分类模式的范畴.

而在 Ball 等(2008)所提出的 MKT 理论中,教学内容知识包括了三个部分的内容,分别是内容与学生的知识(KCS)、内容与教学的知识(KCT)和内容与课程的知识(KCC),具体结构如图 2.3 所示.其中,内容与学生的知识指教学内容与学生知识基础、思维习惯等方面的知识;内容与教学的知识指教学内容与教学原理方面的知识;内容与课程的知识指数学课程方面的知识,包括课程的生成与目的方面的知识.MKT 理论对教学内容知识结构的划分有别于以往教学内容知识的分类,所涉及的范围也比较广,其概念涵义与 Shulman 等的 PCK 有较大的差异.该理论对教学内容知识的阐述也较为清晰,有利于对教学内容知识的进一步分析和发展研究,近年来受到学者的广泛关注.

2.2　教师教学知识的测量与发展研究

如何测量一个人的知识水平一直是教育研究中一个重要的课题,但是由于知识的复杂性和广泛性,至今也还没有一个很好的、可以完整地测量出个体知识水平的工具.例如,即使在国际学生评价项目(Program for International Student Assessment,PISA)和国际数学与科学教育成就趋势调查(Trends for International Mathematics and Science Study,TIMSS)这样大型的国际比较研究中,至今也都是采用试题的形式测量学生的知识水平.这种测试虽然存在片面性,但是在现实情况下,也只有这种形式是最适合的,它既能在一定程度上了解个体的知识水平,又能对结果进行有效的分析和比较.

同样地,如何发展个体的知识水平也是教育研究的重要任务,而且这个任务具有重要的现实意义.与教师教学知识的测量不同,如何更好地发展教师教学知识的研究目前还不多,如何在师范教育体系中发展职前教师的教学知识的研究更少.本节将对教师教学知识的测量与发展的研究现状作一个简单回顾.

2.2.1 教师教学知识的测量

在早期的教师教学知识研究中,主要通过收集教师的学历、大学所学的课程、各门课程的成绩等方式来衡量教师的教学知识.这种方式,顶多只能说明教师的学科知识掌握情况,并不能衡量教师教学所需要的知识,因此这种教师教学知识测量形式只是昙花一现,并没有成为研究的主流.

总体说来,目前教师教学知识测量的方式主要有试题测试法、问卷调查法、访谈法、观察法(包括个案研究法和视频分析法)等几种形式,由于各种测试法都有优势和缺陷,所以在近年的研究中,很多学者采用多种方式测量教师的教学知识.

1. 试题测试法

由于试题测量较为方便,能在较大程度上反映个体在解决该题过程中所体现的知识水平,因此通过考试的形式,测量个体的知识水平的方式是比较常见的,这就是教师教学知识的试题测试法,测试题的结果多为开放式的.例如,Harbison 和 Hanushek(1992)让教师做四年级学生的测试题;Mullens 等(1996)让教师做小学毕业考试题.但是,受到试题数量的限制,这种测试的结果只能部分说明教师教学所需要的知识,而这其中更多地反映教师的学科知识水平,与教师的学科内容知识不同,更有别于教师的教学知识.

这类测试中大部分学者的测试题目与教师所教学的年级没有严格的联系,而是以知识点为背景,设置出有关的试题.例如,Even(1993)对 162 名职前教师进行了关于函数教学知识的测试,其中包含了 9 道试题;Baturo 和 Nason(1996)对 13 名澳大利亚的职前教师的面积测量知识进行测试.Li 和 Kulm(2008)拟定了一份测试题,对 46 名职前教师的知识进行了测试.Holmes(2012)认为可以采用"教师的数学和科学评价诊断"(diagnostic teacher assessment of mathematics and science,DTAMS)的理论框架,设置试题来测试教师的教学知识.德国柏林的 Max Planck 人类发展研究所,主持的课堂认知活动(the cognitive activation in the classroom,COACTIV)研究计划,编制了试题测试教师的教学内容知识,测试内容包括学科的内容知识(CK)和教学内容知识(PCK),其中,学科内容有 23 题,包括算术、代数、几何和方程,教学内容知识有 36 题,包括学生知识 11 题,教学知识 17 题,任务知识 8 题(Kleickmann et al.,2013). 李琼等(2005,2006)编制了有关分数的试题,对 32 名小学专家教师和新手教师的教学知识进行测量;吴骏等(2010)从李业平和黄荣金(2009)的研究中选取四道有关函数的题目,对职前教师的教学知识进行测试. An 等(2004)虽然是采用问卷调查的方式,对美国得克萨斯州的 28 位教师和中国江苏省的 33 位教师的教学知识进行了调查,但是所设置的四道题都是问答形式(各分成 3~4 道小题),答案是开放式的,因此也属于试题测试的范畴. 徐章韬(2009)的研究中采用试题测试为主、访谈和课堂观察为辅的方式测试职前教师的教学知识.

试题测试的形式往往只能反映教师的学科知识,还不能完整地体现教师教学所需要的知识,而且试题测试法的测试结果在分析过程中会出现难以量化、未能获取解题背后的思考等困难. 因此,目前的研究中单纯的试题测试方法已不多见,通常是将试题改编成选择题形式,列入问卷调查法的研究中,以便于统计分析,这类研究形式目前比较常见;或者将试题测试法与访谈法相结合,以便于了解教师解题背后的思考过程.

2. 问卷调查法

教师教学知识的问卷调查法,是指通过问卷调查的形式(多为选择题),获取教师教学知识的方法,测试题的结果多为封闭式的. 问卷调查法的最大优势在于测试简便、统计便捷、易于比较,因此至今仍被教育研究者所广泛采用. 问卷调查法与试题测试法还有一个较大的区别,就是它不仅可以看出教师对学科知识的应用是否正确,还可以设置问题调查教师对学科知识的态度、对学生情况的了解、何种方式更适合知识点的教学等信息.

Peterson 等(1989)在研究中也采用问卷调查,对 20 名数学教师的教学与学生知识进行调查;范良火(2003)编制了教师问卷调查表,对美国芝加哥地区的 77 名数学教师的教学知识进行调查,问卷内容包括背景信息、教学的课程知识、教学的内容知识、教学的方法知识、未分类别的教学知识. Yasemin(2012)在研究中也设置了问卷(均为选择题)来测试 21 位在职教师的教学知识. 但是总体上说,国外学者在教师教学知识的研究中很少将问卷调查单独采用,而更多的是将其和访谈法、观察法等相结合.

数学教师教育和发展研究(teacher education and development study in mathematics,TEDS-M)是一项针对小学和初中数学师资培育的比较性研究,此研究由国际教育成就评价协会(the International Association for the Evaluation of Educational Achievement,IEA)资助,由美国密歇根州立大学(Michigan State University,MSU)及澳大利亚教育研究委员会(Australian Council for Educational Research，ACER）共同执行．目前有包括美国、德国、意大利、新加坡、韩国和中国台湾等 60 个国家和地区参与（林碧珍，谢丰瑞，2011）．其前身是由美国密歇根大学牵头开展的"面向 21 世纪的数学教学"（mathematics teaching in the 21st century，MT21）（Kleickmann et al.，2013）．TEDS-M 主要专注于数学师资培养的政策、执行、成果之间的关联，目标是透过不同国家之间的比较，帮助各个参与国家建立师资培育政策教育学程的课程架构、运作机制及实习制度相关的研究资料，了解培育的数学教师质量为何，以了解自己国家在数学师资培育的优点及弱点，并提供给各参与国家作为下一阶段师资培育改革政策的参考．其中，一项重要的工作就是对职前数学教师的教学知识进行测量．在 TEDS-M 2008 中，将数学教师教学知识分为一般教学知识、数学教学知识和数学内容知识三个部分（林碧珍，谢丰瑞，2011）．TEDS-M 2008 的职前教师测试问卷包含了 A，B，C，D 四个部分，其中 C 部分为教师教学知识内容，共包含 124 道题，其中，大部分为选择题（占 72.8%），还有少部分（占 27.2%）的开放性建构反应试题（需要职前教师说明理由及解释的题目）．因此，可以看出 TEDS-M 对职前教师教学知识的测试还是以问卷调查方式为主，开放问答为辅，而且其所指的教师教学知识内涵与 Shulman（1986）所提的教师教学知识模型类似．

国内有较多学者采用问卷调查方式来研究教师的教学知识．例如，吴卫东等（2005）根据范良火（2003）的研究，编制了问卷，对浙江省 960 位小学数学教师的教学知识进行了调查．卢秀琼等（2007）从学科知识、教育教学知识和实践性知识三个方面，自编问卷对重庆地区 6 所小学的数学教师的教学知识现状进行了调查．汤炳兴等（2009）编制了调查问卷对苏南地区 5 所各种类型高级中学的 94 名数学教师函数的学科知识进行了测试，问卷由 24 个题目组成，内容包括函数概念、函数表征、函数图像、反函数、复合函数等内容．黄兴丰等（2010）编制了调查问卷分别对苏州某大学的 102 位大三、大四数学师范生和苏州地区的 94 位高中数学教师的函数学科知识进行测试，问卷由 24 题组成，内容包括概念表征、图像性质、反函数和复合函数这三个方面．龚玲梅等（2011）编制调查问卷，对苏州地区一所大学的大三、大四数学师范生的函数学科知识进行了测试，问卷由 24 个题目组成，内容包括概念表征、图像性质、反函数和复合函数等三个方面．

在一些博士学位论文的研究中，也有一些学者编制了问卷，对教师的教学知识进行了调查．例如，杨鸿（2010）采用问卷调查的形式，对教师教学知识现状（共 16 题）和教师对教学知识的内涵的认可度（共 4 题）进行了调查．庞雅莉（2011）也通过问卷的方式对 392 名职前教师的面向教学的数学知识（MKT）进行了测试，问卷由 16 道题构成，其中 12 道题为选择题，4 道为主观题，内容包括一般内容知识（CCK）、专门内容知识（SCK）、水平内容知识（HCK）、内容与学生知识（KCS）和内容与教学知识（KCT）这五个方面．庞雅莉的研究是国内第一篇专门研究 MKT 的博士学位论文,对国内学者进一步研究教师教学知识有着重要的意义,但是她的研究标题虽然为职前教师的 MKT 现状,不过研究中对职前教师 MKT 的调查仅限于"数的概念与运算"这一领域,显然这并不能反映职前教师 MKT 的整体情况;而且其 MKT 问卷中五个子类别的试题个数是不相等的(最少的 2 个,最多的 5 个),题目类型有选择题也有计算题,这将给调查结果的处理带来一定的困难.

马云鹏等(2010)所在课题组对教师专业知识的测查进行了探索,开发了一套中学教师知识测查工具,并应用该工具测查了东北三省的语文、数学和英语教师. 该工具以 Shulman(1986)的研究为基础,将教师教学知识分为一般教育学知识(教育理论知识)、课程知识、学科知识和学科教学知识这四个部分. 其中,教育理论知识的试题由高校教育学和心理学专业的教师确定,包含了教育史、教育基本理论、教育心理学、一般教学法等四个领域;其他三个部分由学科专家和学科教育专家确定,课程知识分为一般性课程知识和学科课程知识;学科知识指学科范畴内的程序性知识和陈述性知识,所包含的内容最为复杂;学科教学知识主要包括教师对学生知识基础以及可能遇到困难预判的了解和是否善于采用多样化的教学表征来帮助教学这两个方面. 问卷的题目以单项选择题为主,辅助少量的填空题、简答题和情境题. 该测试工具是国内为数不多的对教师教学知识的测试研究,但是课题组也指出该问卷还存在主观性过强(缺乏客观标准的参照)、某些特性的测试题目过少难以测出真实水平(但是题目过多又会导致测试时间上的矛盾),以及测查信度的影响(被测教师不见得会十分认真的答题). 韩继伟等(2011)的研究中,对该问卷略作调整,从教育知识、一般课程知识、数学课程知识、数学学科知识和学科教学知识这五个维度,编制教师教学知识测验问卷,对东北地区 150 位初中数学教师进行调查.

问卷调查法的实施虽然便捷,而且可以获得较多的研究样本,但是问卷题目的设置是一件十分困难的事情,这在目前还没有很好的解决办法,除了问卷设计者需要具备较高的研究素养,让题目尽量体现被测者的教学知识水平以外,在研究中还通常将问卷调查法和访谈法、观察法等教师教学知识研究方法相结合.

3. 访谈法

由于访谈法可以让研究者和被访谈者进行充分的交流,这不但可以让研究者了解教师的学科知识,还能了解教师的信念、教师怎么教等方面的知识,因此很多学者,特别是西方学者大多采用访谈法来测量教师的教学知识.

Ball(1990a)对 19 名小学和中学的职前教师进行访谈,了解他们有关除法的知识;Simon(1993)也对 33 名小学职前教师进行了访谈,结合试题测试了解职前教师关于除法的知识;Aubrey(1996)主要通过访谈的方法,并以课堂观察作为辅助,对 4 位小学教师的教学内容知识进行了测试. Ma(1999)采用美国国家教师教育研究中心(National Center for Research on Teacher Education,NCRTE)的教师教育和教学培训研究(teacher education and learning to teach study,TELT)计划的研究框架和访谈问题中对23位美国教师和72位中国教师的数学教学知识进行了比较研究．但是其对美国教师的访谈数据来源于研究计划中他人对教师的访谈录音，而不是研究者本人直接的访谈，因此可以看成是访谈法和观察法的结合．

一般来说，访谈法对了解教师怎么教的、对数学和对教育的信念、对学生的了解比较有效，但是在教师教学知识的研究中，研究者不但要了解教师的教学内容知识，还需要获取学科内容知识的有关信息．因此，在教师教学知识的研究中，访谈法往往和观察法及试题测试法相结合．国内外对教师教学知识研究的硕士和博士学位论文中，大多采用访谈法和其他方法相结合．例如，高珊(2008)除了采用试题测试法对北京市134位小学教师的数学学科知识进行调查以外，还对其中的3位教师进行访谈，进一步了解教师的真实想法．林一钢(2009)除了收集研究对象的反思日志和上课录像外，还对职前教师进行了访谈，了解他们在实习过程中教师教学知识的发展情况．朱晓民(2010)在问卷调查(22道封闭题、4道开放题)和课堂观察的基础上，对6位语文教师进行了访谈，了解他们的教学知识现状和来源．王秀芳(2011)除了采用问卷调查和课堂观察外，还对4位小学教师(分别为两位语文教师和两位数学教师)进行访谈，了解山东两所小学教师教学知识的现状．

4. 观察法

观察法主要通过研究者对教师课堂教学或者教学研讨的表现，来判断教师的教学知识．在早期的教师教学知识研究中，有较多学者通过观察教师的课堂行为来判断教师的教学，此后虽然重视了对教师智能和信念的研究，但是通过课堂观察还是获取教师教学知识的重要渠道．观察法还可以分为直接观察和间接(教学录像)观察．但是，由于第三方的观察，往往很难深入了解教师的想法和知识程度，因此观察法一般都和其他的教师教学知识研究方法相结合．例如，在个案研究中往往是访谈法和观察法相结合，一些访谈往往结合被测试者的解题或者问卷调查．

Ding(2007)通过观察6位教师的教学视频，采用老师对学生的错误和困难的反应(teacher responses to student errors and difficulties,TRED)模式，来判定教师的MKT水平．钱旭升和童莉(2009)利用课堂教学录像，对一位新手教师和一位专家教师的数学教学知识差异，以及数学知识到数学教学知识的转化方面进行比较．曾名秀(2011)以课堂观察为主，访谈为辅，对一位有16年教学经历的高中数学教师进行三个阶段的课堂教学观察，研究该教师的PUFM和MKT；陈亭玮(2011)也采用类似方法，对一位有30年教学经历的高中教师四个单元的课堂教学进行观察，并辅助访谈，了解该教师的MKT水平．

景敏(2006)、柳笛(2011)都采用个案研究的形式对中学数学教师的教学知识进行研究,两者都采用了观察法和访谈法,主要采用访谈和教学录像观察为主的方式了解高中数学教师的教学知识,景敏(2006)对教师的课前和课后都进行了访谈,而且还对其研究的教学的教研活动进行观察;而柳笛(2011)还采用问卷形式调查他们的知识与教学的信念.董涛(2008)将教师教学知识分为教师学科教学的统领性观念和特定课题的学与教的知识两个部分,通过对 15 位初中数学教师的 16 次课堂教学录像进行观察,从中判断教师的教学知识水平及与学生学习活动之间的联系.童莉(2008)从教师教学知识的发展和转化的视角对 6 位初中数学教师进行了个案研究,除访谈和问卷调查、试题测试等方式以外,还对教师的课堂教学进行了观察,从中分析新手教师和专家教师教学知识的差异和从学科知识向学科教学知识转化的差异.廖冬发(2010)也在问卷调查和访谈之外,对 9 位小学教师的课堂教学进行了观察,了解小学数学教师的教学知识结构现状.周正(2012)根据 Shulman 对教师教学知识的 6 种划分,采用随堂听课的方式,观察了 6 位上海初中数学教师的教学知识水平.

但是,观察法和访谈法都存在一个比较明显的不足,就是样本的量较少,限于研究者的时间和精力,研究者不可能像问卷调查法一样收集到成百上千个数据,因此研究的代表性有一定的局限.但是,从研究的深度来说,观察法和访谈法都能让研究者对教师的教学知识有较为深入的了解.

2.2.2 教师教学知识发展的研究

虽然教师教学知识的研究是近 30 年来教育研究的热点之一,但是大部分的研究都是探索教师教学知识的内涵、来源和测评,而对于如何发展教师教学知识的研究比较少.当然,要发展教师教学知识,需要对其内涵、来源以及如何测评有更多的了解,没有这些研究基础,不可能做到真正意义上的教学知识的发展.在这些基础研究中,对教师教学知识来源的研究与教师教学知识的发展有着较为直接的影响,这其中以范良火(2003)的研究影响最大,国内一些学者(刘清华,2004;吴卫东等,2005;董涛,董桂玉,2006;朱晓民,2009)也利用范良火的研究对教师教学知识的来源进行研究.而对如何促进教师教学知识发展的研究还不多,从现有文献上看,国外学者对职前教师教育中教学知识发展方面的研究相对多一点,而国内学者在研究在职教师教学知识的发展方面相对多一些.

Tirosh(2000)以分数的运算为例,在研究开始前对 30 位小学职前教师的有理数学科内容知识和教学内容知识进行问卷调查,在研究中要求职前教师对分数的加法和除法的有关性质进行讨论,教师进行必要干预,研究结束后对职前教师的教学知识进行问卷调查(开放式问答题),研究表明该活动有效地促进了职前教师教学知识的发展.Stump(2001)以斜率为例,要求职前教师在研究前访谈学生对斜率的理解,在教师的指导下职前教师撰写一份斜率的教案并亲自授课,研究者在课后对职前教师进行访谈,发现该活动提高了职前教师的概念性知识和程序性知识的敏感性,拓展了教学表征知识.Feikes等(2006)利用Likert调查法对职前小学数学教师进行实验研究,结果表明聚焦小学生在课堂中的数学学习和数学思维的职前教师,其数学教学知识和信念与其他职前教师有显著差异.Jenkins(2010)在研究中要求职前教师对中学生进行访谈,访谈内容从开放性的数学任务开始,主要目的是了解中学生的数学思维过程;经过一个学期3轮的访谈,发现职前教师对学生的数学思维有了更多的了解,促进了教学知识的提高.

景敏(2006)通过对4位初中数学教师进行个案研究,提出了"行动学习"的教师教学知识发展策略,在历时一年半的研究中通过组建行动小组、辨识新课程行为、建立新行为标准、行为与新标准协调等方式,发现4名教师的教学知识得到了较高程度的发展.该研究体现了教师团体之间针对某一主题的讨论、相互合作完成,可以有效提高教师的教学知识.童莉(2008)通过对6位初中数学教师的个案研究和对150位初中数学教师的调查,构建了"基于概念构图的行动学习"策略,来促进初中数学教师教学知识的发展.该策略以概念图为载体,认为通过教师的自我反思、同伴互助和专家引领,在实践中可以有效提高教师的教学知识.庞雅丽(2011)将15名职前教师分为两组,选取了五段无理数的课堂教学录像,实验组和控制组均在看过视频后要求独立撰写视频分析报告,研究者还组织了实验组的职前教师进行讨论,研究流程如图2.10所示;研究结果显示实验组职前教师的教学知识有了明显的提高,这表明通过视频分析的干预方案有效地促进了职前教师教学知识的发展.

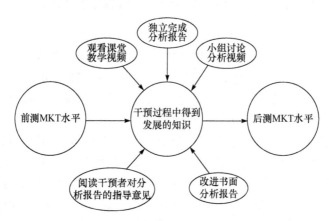

图2.10　庞雅丽(2011)的MKT发展框架

从总体上说,目前对如何发展职前教师教学知识的研究还不多,大多数研究的重点在于说明了教学知识的构成成分,在什么阶段获得最多的教学知识等,虽然一些研究(范良火,2003;刘清华,2004;朱晓民,2009)也指出职前教师教育不是教师教学知识来源的重要渠道,但是这并不意味着要取消或者弱化职前教师教育,相反,应该进一步强化职前教师教育,不断完善职前教师教育课程体系,改进教学方式,以更好地在职前教师教育中发展职前教师的教学知识. 而要达到这些目的,对职前教师教学知识进行实证研究是十分必要的.

2.3 MKT 的内涵及其发展研究

虽然早期的教师教学知识研究中十分注重教师的学科内容知识,但是自从 20 世纪 70 年代以后,教学内容知识更加受到研究者的青睐. 自 20 世纪 80 年代以来,有的研究认为学科内容知识包括教学内容知识,如 Hashweh(1985)的研究;也有的研究将学科内容知识和教学内容知识视为居于同等地位,都是教师教学知识体系中若干子知识的一部分,如 Shulman(1986)和 Grossman(1990)的研究;但是,更多的研究则认为教学内容知识包括了学科内容知识,如 Marks(1990)与 An 等 (2004)的研究. 这种现象说明了学者对教师教学知识的内涵有不同的理解和阐述,为此很多学者对教师教学知识进行了更为深入的研究,期望建立一种具有普遍意义上的理论体系.

近年来,美国学者 Ball 等在对数学教师教学知识研究的基础上,提出了教师教学知识的 MKT 理论,引起了学者的广泛关注. 下面,就 MKT 理论的发展过程作简单论述.

2.3.1 从重视教师的学科内容知识到关注学科教学知识:MKT 的酝酿期

与很多学者不同,Loewenberg Ball 有 15 年的小学教师经历,在教学过程中她对进行有效数学教学都需要哪些知识还比较困惑,于是她决定就数学教师的教学知识进行研究,并重新回到校园攻读博士(Ball,2000b). 1988 年,Ball 顺利通过了美国密歇根州立大学的博士学位论文答辩,在博士学位论文中,她研究了职前数学教师教学所需要的数学知识和信念. 但当时在文中并没有很好厘清教师教学知识的内涵,只是建立了一个数学教学所需要知识的框架,内容包括教师知识、信念、学科领域的处理、教与学、学生和背景,并认为数学教师教学的核心是要理解数学 (Ball,1988). 博士毕业后,Ball 任职于密歇根州立大学的"教师教学的教育与学习研究"(teacher education and learning to teach study,TELT)项目,继续对教师教学知识进行研究.

1989 年,她撰文对教师的学科内容知识进行了分析,认为"knowledge of mathematics"与"knowledge about mathematics"是有差异的,前者是指对数学中特殊主题、步骤、概念的理解以及它们之间的关系,后者则是对数学本质的理解以及关于数学的谈论;并认为教师要重视学科知识的本质,要了解它从哪里来、如何转变以及如何被建立起来(Ball,1989). 1990年,她撰文指出,若教师的学科知识只限于正确的事实、概念、理论和过程,这是不够的,教师还需要知道所教学科的性质、结构和认识论,以及它在文化和社会中的存在意义(Ball,1990b). 1991年,她又撰文分析了学科内容知识对教师教学的影响,注重阐述教师"理解数学"(understand mathematics)在教学中的重要性,论文的主要内容包括总结以往对教师学科知识重要性的研究、深入分析学科内容知识对教师教学的影响,以及举例说明学科内容知识对教师教学的影响这三个部分;Ball在文中也指出,目前对学科内容知识(SMK)的定义是多样化的,这会阻碍对教师教学知识的研究(Ball,1991). 由此可见,在早期的研究中,Ball更多的是将教师教学所需要的知识等同于学科内容知识,只不过这个学科内容知识中还包括了如何教学科知识方面的知识,如概念的不同表征对学生理解的影响、分析学生错误的原因等. 这些属于教学内容知识的范畴,但从总体上,这个时期Ball的研究中,重点关注的是教师的学科内容知识.

但是,此后Ball觉得将教师教学所需要的知识都归结为学科内容知识有欠妥当,如1993年她在文中指出,从以下五个方面对数学教学进行研究是十分重要的:

(1) 对数学内容进行更多理论和实证方面的研究;
(2) 对教学过程方面更多的思考;
(3) 教师理解数学内容在教师怎么教方面所扮演的角色需要更多的了解;
(4) 对学习者和教师教学能力对学习的影响方面需要有更多的实证研究;
(5) 怎样帮助教师更好的教学(Ball,1993).

在这里可以看出,Ball已经将教师应该知道什么知识(学科内容知识范畴)与知道怎么教的知识(教学内容知识范畴)两者处于同等重要的位置,但是对两者之间的内涵及关系还没有明确给出. Ball和Wilson(1996)在论文中用教学内容知识(PCK)来表示教师的教学知识,并认为可以从关注学科内容的知识和关注学生的知识两个部分来分析教学内容知识;但是在文中她也指出教学是一个复杂的过程,目前对教师教学知识的了解还是不够的. 1997年,Ball在介绍了近年来对教师教学知识的研究后,指出教师教学知识是教师的学科内容知识和教师有关学生学习知识的综合(Ball,1997). 而1999年,Ball和Cohen利用扎根实践理论(practice-based)对教师专业化教育进行研究,在文中他们指出教师应该知道的知识包括五个部分:

(1) 教学所需要的学科内容知识;
(2) 有关学生的知识,特别是什么是学生感兴趣的,什么是学生感到困难的;
(3) 尝试了解全体学生的知识;
(4) 有关学习的知识,包括学习意味着什么,怎么帮助学生更好的学习;
(5) 有关教育学的知识(Ball,Cohen,1999).

由此可见,这个划分是 Ball 对自己之前教师教学知识内涵所作的一个小小的拓展,其内容除学科内容知识和关于学生的知识以外,在教师教学知识中还增加了学习的知识和教育学的知识.

从 1996 年开始,Ball 和密歇根大学的数学家 Hyman Bass 合作,对教好小学数学教师需要具备哪些数学知识进行研究,主要研究内容包括教师所需要的数学知识和教师教学中数学与教育学知识之间的关联这两个方面.研究方法主要是"任务分析(job analysis)法",根据课堂教学录像,通过分析教师在课堂教学中的各种表现从而推断他们所需要的知识(Ball,1999).不过在文献中,Ball 只介绍了研究框架和研究方法,并没有介绍研究结果.

进入 21 世纪以后,Ball 开始关注教师的学科内容知识和教学内容知识之间的联系,Ball 和 Bass(2000)在文中指出教师的学科内容知识和教学内容知识应该相互影响,但是目前对学科内容知识的定义过于简单,它的含义应该不仅是学生所需要学的学科内容;而教学内容知识是一种特殊的知识,它是学习者的知识、学习的知识和教育学知识的综合,这种知识可以预测学生可能遭遇的困难以及可能处理的不同方法,但是还无法完全预测学生会如何思考、教学主题在教室中如何发展,或者如何对一个熟悉的主题给予新的表征等.同年,Ball(2000a)在《教师教育学报》(*Journal of Teacher Education*)上撰文,表达了类似的观点,并认为要做好教师学科内容知识和教学内容知识的融合,需要关注教学需要什么学科知识,教师怎么掌握这些知识,以及教师在教学中怎么转化这些知识这三个方面的问题.

基于 Ma(1999)所提出的知识包的概念,以及教师只有对"数学基础知识有深刻的理解"(PUFM),才能打开知识包进行更好教学的这一论述,Ball 和 Bass(2000)也提出了"教学中有用的数学理解"(pedagogically useful mathematical understanding,PUMU)的概念,并认为教师在教学过程中需要做到以下三个步骤:①解压缩(decompression),指教师必须解开他的数学知识,因为知识是"压缩"过后被教师存储的,而压缩的形式会让教师无法察觉学生如何思考,应当还原至学生可理解的基本样式;②重组(decompose),指的是教师重组数学任务,考虑多种可能的教学形式,让学生能够操作与投入到数学活动中;③松绑(unpack),指的是教师能够理解并倾听他人的观点,了解学生的错误或者欣赏学生异于平常的见解,松绑学生高度压缩后所展现的知识.从以上分析可以看出,这三个步骤还是理念上的分析,缺乏实践中具体操作层面的意见.

2.3.2 教师学科内容知识与教学内容知识的分割到融合:MKT 的形成期

在 2001 年,Ball 及其研究团队在文中正式提出了教学所需要的数学知识(mathematical knowledge for teaching,MKT)的概念.Ball 等(2001)认为 MKT 不是数学家所拥有的高等数学知识,不是职前教师在大学里学的教育学知识,也不是教师的教学经验,而是一种特殊的数学教学知识.但是在该文中更多的是阐述 MKT 研究的意义和研究方法,并没有具体阐述 MKT 的内涵.Ball 等(2001)认为,之所以会关注 MKT 的研究主要是基于以下三个方面的考虑.

首先,过去 15 年间,学者一直都很重视对教师知识和信念的研究,仅 1986～1998 年间 48 份教育研究期刊中就有 354 篇论文探讨数学教学和数学学习,这也说明了自从 Wittrock 主编的《教学研究手册》(*Handbook of Research on Teaching*)(第三版)以来,教师教学所需要的知识已经成为研究的热点问题;

其次,教师教学知识的现有研究缺少对内部的研究,也缺少专门的研究,一些研究仅聚焦于教师的知识和信念,而缺乏在教师教学实践层面的探讨,更少涉及教师教学知识是如何帮助学生学习方面的研究,这些将是今后研究的重点,也是研究的难点;

最后,选择这个研究方向是基于理论的考虑,现有对教师教学知识的研究多来源于调查,这是不充分的,而我们将选择理论、实践和实证调查相结合的方法研究 MKT.

在文献中,Ball 等还论述了 MKT 的重要性,结合以往美国教师专业化的调查结果,认为 MKT 将会是教师、决策者和研究者都关心的问题.而对于研究方法,Ball 等(2001)认为以往对教师教学知识的研究主要分为两种途径:一是从教师的特征入手;二是从教师的知识入手,这两种方式都存在不足,前者吸引了教育决策者,而后者被教育研究者和教师教育者所关注;而在 MKT 的研究中,不仅重视教师也重视知识,更注重教学和基于教学的数学知识,因此研究方法将会是这两种方式的综合,从教学实践入手,分析教师的教学活动,并以访谈和实证调查作为辅助,揭示教师进行有效数学教学所需要的知识.Ball(2002)也在文中分析了 MKT 的重要性,认为目前的教师教学知识研究中,无论是学者还是政策制定者都不能很好地说明数学教师有效地进行数学教学应该需要哪些知识,而只有了解了这些才能更好地进行教师教育.

此后几年,Ball 及其研究团队着力于 MKT 的实证研究.为了更好的明确数学教师有效教学所需要的数学知识,从 2000 年开始,美国密歇根大学的提高教学研究(study of instructional improvement,SII)计划对教师的教学知识进行测量研究(Schilling,Hill,2007).此后不久,Ball 及其研究团队也在美国密歇根大学设立"学习教学中的数学"(learning mathematics for teaching,LMT)研究计划,该研究用扎根理论分析各种数学教学数据,并编制试题在较大范围内测试了教师的 MKT,从而进一步发展 MKT 理论框架(Ding,2007).LMT 项目的成员包括了数学家、心理学家、数学教育者、教师等,以数学学科中的核心内容,如代数、数和几何等为基础,编制多项选择题形成 MKT 测试卷.为了检验该问卷的有效性,专家组还对被测教师的课堂教学录像进行分析.研究表明,所分析的该教师的 MKT 水平与该教师测试的 MKT 得分之间存在显著的相关性(LMT，2006). Ball 及其团队成员也撰文介绍了一些实证研究的过程和结果. 例如，2003 年，Ball 和 Bass 撰文介绍了基于扎根理论的 MKT 研究方法. 他们分析了以往教师教学知识研究的不足，并指出：MKT 的研究旨在说明要教好数学，教师需要知道什么，研究的方法将以分析教师的工作为主. 他们获取了一所小学三年级数学课堂的全部教学录像、语音、学生的作业、教师的备课素材等研究材料，建立了分析、测评框架，对教师在数学教学中所需要的知识进行研究. 研究有三个发现：首先，对数学教师的测试表明了教学可以被看成是涉及了大量数学的工作，教学的每一个环节都包含了数学问题的解决；其次，课堂教学中的数学知识具有一些本质特征，如数学知识的解压缩(unpacked)、知识的连通性(connectedness)等；最后，仅仅具备教学主题中的数学知识是不够的，教学中出现的一些问题不仅是教学主题内容的范畴(Ball，Bass，2003). 2004 年，Hill 和 Ball 撰文介绍了加州数学专业发展研究所(Mathematics Professional Development Institutes，MPDIs)在 MKT 研究方面的成果，主要是对 MKT 中数学内容知识的测试方面的研究进行介绍，文中也指出这种测试工具还在发展过程中(Hill，Ball，2004). 此外，Ball 和 Rowan(2004)也撰文介绍了相关测评工作，并指出这种测试还存在样本的数量、测试的理论框架、试题的有效性等 6 个方面的挑战.

值得一提的是，Hill 等(2004)所撰写的论文中，不但介绍了 MKT 研究过程中的对小学教师的测评过程，也介绍了测评的结果. 包括采用项目反应理论(item response theory，IRT)对小学数学教师教学所需要的内容知识进行测量，他们以数、运算、规律、方程、代数为知识点，编制了 138 道多选题对 MPDIs 的学员进行了测试. 测试结果表明，仅仅用教学内容知识(content knowledge for teaching)来涵盖教师教学所需要的知识是不够的，后者所包含的知识成分可以再进一步分为一般内容知识(common knowledge of content，CKC)、专门内容知识(specialized knowledge of content，SKC)、学生与内容的知识(knowledge of student and content，KSC)这三个部分，正式测试结果的因子分析也验证了这一点(Hill et al.，2004). 而 2005 年，Ball 等在研究中也将 MKT 等同于教学需要的数学内容知识，但是在文中已明确的将其分为一般数学知识(common knowledge of mathematics)和专门数学知识(specialized knowledge of mathematics)两个部分，其中一般数学知识是指受过数学教育的人都应该具备的数学知识，而特殊数学知识是指教师特有的数学知识. 他们还介绍了这两类知识的测试情况，以及测试成绩与学生学业成就之间的联系(Ball et al.，2005). 另外，Hill 等(2005)也对 334 位一年级教师和 365 位三年级教师的 MKT 水平进行测试. 对于每位被研究的教师，他们还选取了 8 位学生进行两个学期到三个学年的观察(期间对家长进行了电话采访)，以此来分析教师的 MKT 测试得分与学生的学业水平之间的相关性.

由此可见,自从 2001 年提出 MKT 概念后,Ball 及其研究团队对 MKT 的认识还局限于学科内容知识领域.在研究中,他们都以教学需要的数学内容知识来替代教学需要的数学知识.但是,随着研究的深入(尤其是在测量中),他们逐渐发现教师在教学中的知识不能简单地用数学内容知识来概括.

2005 年,Ball 及其研究团队开始从学科内容知识(SMK)和教学内容知识(PCK)两个方面构建 MKT 理论体系,Ball(2005)在分析了数学教师教学所需要的知识后认为,可以对学科内容知识和教学内容知识中所具有的知识类型进一步分类,其中学科内容知识包括一般内容知识(common content knowledge,CCK)和专门内容知识(specialized content knowledge,SCK);而教学内容知识包括学生与内容知识(knowledge of students and content,KSC)和内容与教学及课程知识(knowledge of content and teaching and curriculum,KCTM).作者还提出了一个椭圆形的结构图(图 2.11),这就是 MKT 理论框架的最初的结构模型.

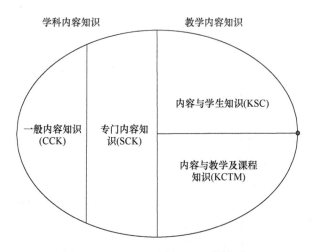

图 2.11　Ball(2005)的 MKT 结构图

由此可见,与 Hill 等(2004)的研究相比,MKT 中的一般内容知识、专门内容知识和内容与学生的知识这三个成分未变,但是写法和简称改变了,一般内容知识由 CKC 变成了 CCK,专门内容知识从 SKC 变为了 SCK,内容与学生知识的简写未变,还是 KSC.此外,还增加了内容与教学及课程的知识.但是,最大的变化是将 MKT 分成了学科内容知识和教学内容知识这两类.此后,Ball 及其团队就是在这个模型基础上,进一步完善 MKT 的理论.

不久之后,Ball 等(2005)将该模型中的内容与教学和课程的知识(KCTM)修改为内容与教学知识(knowledge of content and teaching,KCT),另外也将学生与内容知识改写为内容与学生知识(knowledge of content and student,KCS),简称从 KSC 变为了 KCS,具体结构如图 2.12 所示.

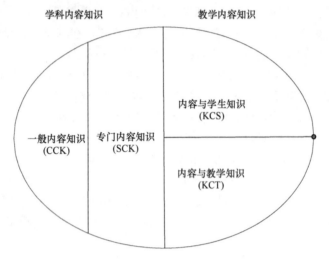

图 2.12　Ball 等(2005)的 MKT 结构图

Ball 等(2005)在文中还对各知识类别进行了解释,其中一般内容知识是指任何一个受过良好教育的成年人(any well-educated adult)应该具有的数学知识和技能,具备该知识的教师应能做到以下四个方面:

(1) 判断结果的正误;
(2) 发现教科书中定义的正误;
(3) 正确使用符号;
(4) 能完成布置给学生的工作.

专门内容知识是指在一般内容之上,从事教师工作的人应该拥有的数学知识和技能,具备该知识的教师应能做到以下三个方面:

(1) 分析学生的错误并评判学生的想法;
(2) 能对数学的表征做出数学解释;
(3) 能清晰地的表达数学语言和展示数学行为.

内容与学生知识指内容与学生联结的知识,具备该知识的教师应能做到以下三个方面:

(1) 预判学生的错误和概念迷思(misconceptions);
(2) 解释学生不完整的思考;
(3) 预测学生喜欢的任务和他们可能会遇到的挑战.

内容与教学知识指内容与教学联结的知识,具备该知识的教师应能做到以下三个方面:

(1) 按顺序展示教学内容;

(2) 认识到不同教学过程和教学内容会有不同的表征形式；

(3) 能将数学问题转化成通俗的形式对学生进行教学.

Ball 等(2005)还指出,MKT 中是否还包括其他知识还在进一步确认过程中；而对为什么需要该模式(尤其是不用 PCK 模型的原因)进行了解释,他们认为,其主要原因是该模型在某些方面能较好地体现教师数学知识与学生数学成就之间的联系,而且该模型也能更好地促进教师教育.

进入 2006 年后,Ball 及其团队对 MKT 模型进行了进一步修正. Ball 等(2006)在原来的模型中增加了两个成分,其中在学科内容知识中增加了水平数学知识(knowledge at the mathematical horizon),在教学内容知识中增加了课程知识(knowledge of curriculum),具体结构如图 2.13 所示. Ball(2006)对 MKT 中的 CCK,SCK,KCS 和 KCT 都作了解释(解释的内容和 Ball 等(2005)的解释一样),但是并没有对后来增加的这两个成分进行解释. 这说明 Ball 及其研究团队对新增加两个成分的研究还不是很深入,当然,这也从另一个方面说明了这两个成分的复杂性.

图 2.13 Ball 等(2006)的 MKT 结构图

此后,Ball 及其团队就 MKT 的测试方法进行了研究,力图通过对数学教师教学知识的测试,进一步明确 MKT 的成分. Hill(2007)编制了量化问卷,对中学数学教师的一般内容知识(CCK)和专门内容知识(SCK)进行测试. 为了更好地分析,中学教师教学知识水平的高低与教师特征之间的联系,作者在研究中也对收集的描述性材料进行了分析. Schilling 和 Hill(2007)撰文简单介绍了 CCK,SCK,KCT 和 KCS 测试的过程及其合理性. Hill 等(2007)从两个方面论证了 MKT 测试的有效性. 一方面,将教师的 MKT 测试得分与所教学生的数学成就建立联系；

另一方面,将教师书面的 MKT 测试得分与教师教学录像的 MKT 分析得分建立联系.研究小组从 SII 中获取了学生的学业成绩以及家庭背景信息,然后将学生学业成就与教师的 MKT 测试得分用项目反应理论(IRT)进行分析,发现两者相关率为 0.88;此外,还对部分被测教师的课堂教学录像进行分析,将通过录像途径分析的教师 MKT 得分与教师自己笔试测验的 MKT 得分进行项目反应理论分析,发现两者的相关性为 0.77.这些都说明了 MKT 测试问卷的有效性,研究也指出了,具备高 MKT 的教师能有效地进行数学教学,也能很好地促进学生的数学学习.

2.3.3 教师学科内容知识和教学内容知识的深化和发展:MKT 的成熟期

进入 2008 年以后,Ball 及其研究团队对 MKT 的研究更加成熟,其中一个重要的表现就是在 MKT 的测试方面越来越完善,特别是对 CCK,SCK,KCT 和 KCS 这 4 个子类别知识的测试.Hill 等(2008)用了 83 页的篇幅,比较详细地介绍了对 5 位教师(Lauren,Zoe,Anna,Rebecca,Noelle)的 MKT 得分(只选取了 CCK,SCK,KCT 和 KCS 四个维度)和课堂教学质量的关联;为了更好地分析教师的数学教学质量,他们开发了一个测量工具,称为"数学教学质量"(mathematical quality of their instruction,MQI),MQI 包含了六个维度,分别为数学错误、对学生错误的反应、课堂行为与数学的联系、教学方式的丰富程度、对学生的恰当判断、数学语言等.他们研究发现,MKT 在教师有效数学教学中扮演着重要的角色,MKT 得分越高的教师在教学中出现的错误越少,教学形式也越丰富;MKT 得分越低的教师,对课程资源的使用越弱,这也说明了内容与课程知识是教师进行有效教学的重要组成部分.Hill 等(2008)介绍了对教师的内容与学生知识(KCS)进行测评的过程,在预研究中,他们发现 KCS 是一种复杂的知识,和专门内容知识和课程知识都有联系.经过分析后,他们决定从学生普遍的错误、学生对内容的理解、学生的知识发展过程和学生普遍的学习策略这四个维度进行测评,并取得了部分成功.

标志着 MKT 理论走向成熟的,是 2008 年 Ball 等在《教师教育学报》(*Journal of Teacher Education*)上所发表的一篇论文,该文较为详细地介绍了 MKT 理论产生背景、发展过程以及具体内涵.该文对各国教师教学知识研究(尤其是数学学科)有着较大的影响,很多学者在研究教师教学知识中都借鉴了该理论.Ball 等(2008)首先说明了教学知识对教师教学的重要性,然后对现有的研究,尤其是 Shulman 的研究进行了评述,在肯定其成就的同时也指出 Shulman 研究的一些不足.例如,缺乏对特定学科教师有效教学需要的知识体系进行构建、教学知识的框架基于分析而非实证、对教师需要的学科知识和严格的学科知识并未作严格区分等.在 Shulman 框架的基础上,Ball 等通过理论分析,并经过扎根理论的实证研究,认为可以将教学知识分为学科内容知识(SMK)和教学内容知识(PCK)两个部分.并以数学学科为例,建立教学需要的数学知识(MKT)理论;同样地,MKT 也是由 SMK 和 PCK 两个部分组成,其中,SMK 包括一般内容知识(CCK)、专门内容知识(SCK)和水平内容知识(HCK),而 PCK 包括内容与学生知识(KCS)、内容与教学知识(KCT)和内容与课程知识(KCC). 与之前的 MKT 框架相比,Ball 等(2008)研究的最大变化就是在水平内容知识(HCK)和内容与课程知识(KCC)的表述方面. 他们将之前的水平数学知识(knowledge at the mathematical horizon)的名称,改为了水平内容知识(horizon content knowledge),将课程知识(knowledge of curriculum)调整为了课程与内容知识(knowledge of content and curriculum),具体结果如图 2.14 所示.

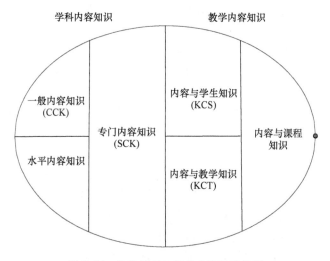

图 2.14　Ball 等(2008)的 MKT 结构图

这种调整与其说是在内容方面,不如说是在表达方面,调整后的 MKT 框架结构在视觉上更加平衡. 此外,值得注意的是在 MKT 的 6 个子类别中,除水平内容知识和内容与课程知识以外,其他 4 个子类别都使用了简写. 这或许与 Ball 团队对这两个子类别知识的研究还不是很成熟有关. 从研究者与 Ball 团队的邮件交流情况来看,对这两类知识采用简写也是可以的,而且从目前的研究文献上看,也有学者(Mosvold et al.,2014)是这么做的.

Ball 等(2008)以整数的减法为例,说明了为什么数学教学需要专门的知识,需要怎样的专门知识. 例如,对于 307－168,大部分的人是这么做的:

$$\begin{array}{r} 2\,9\\ \cancel{3}\cancel{0}7\\ -168\\ \hline 139 \end{array}.$$

但是，一些三年级的学生是这么做的：

$$\begin{array}{r} 307 \\ -168 \\ \hline 139 \end{array}.$$

因此，教师不但需要判别这个结果是错误的，还要指出是什么原因导致这个错误，并分析学生为什么会出现这种错误、如何可以让学生更好地理解减法的过程、怎样才能让学生避免此类错误等. 为此，Ball 等(2008)还对 MKT 框架下的六个子类别进行了说明.

(1) 一般内容知识(CCK)：这里的 Common 并非指大家都会有的知识，并非教学所特有的知识，而是指它会被广泛使用于其他领域，也可以被运用到教学以外的其他领域的数学知识和技能；在数学教学中要求教师必须知道所要教的教材内容，能识别学生的错误答案和教科书上不精确的定义，能正确使用专业术语和符号等.

(2) 专门内容知识(SCK)：指教学所特有的数学知识和技能，研究小组认为，教师要教给学生的数学内容都是经过压缩的，教师在教学中要经过解压缩，使得数学知识对学生而言更加直观和具体，适合学习；这使得教师在分析学生错误的时候，与数学家分析自己研究中的数学错误是不同的. 教师是为了教学而作错误分析，而且，在课堂上需要作出实时且迅速的判断，但是，数学家却没有这样的限制；如果学生的方法不合理，教师要能了解原因，如果学生创造出了一种新方法，教师还要考虑这个方法是否正确，是否有推广性，而这些是数学家不需要做的.

(3) 水平内容知识(HCK)：指一种了解数学主题在数学与课程之内存在怎样联系的知识；与其他几个类别不同，文中对 HCK 没有专门的阐述，而只是在"构建可使用的专业化学科知识结构图"环节中提到该知识；并在随后指出，研究小组对 HCK 是否属于 SMK，是否包含在其他知识之内还不是很清楚，需要后续的研究.

(4) 内容与学生知识(KCS)：指联结学生和学科的综合知识，包括教师要准确了解学生的思维、已有的知识基础，判断学生可能遇到的困惑；在准备例题时，教师要判断学生是否会有兴趣，能否吸引学生；在布置任务时，要能预判学生可能的做法以及任务的难易程度是否合适；教师要能倾听学生的解释，并领会学生用他们的语言所表达的想法.

(5) 内容与教学知识(KCT)：指联结教学与学科的综合知识，包括能合理安排学科内容的教学顺序、选择恰当的例子引入教学、能评估不同概念表征在教学上的优劣、识别不同的数学方法所产生的不同教学效果、能准确地判断教学的重点和难点. 包括哪些内容需要重点介绍、哪些内容可以忽略；在课堂讨论中，确定何时暂停讨论，对相关知识作进一步的澄清；怎样根据学生的谈论，归纳成数学结论；何时提出新问题或新的任务加深学生的学习等. 这些教学决策都需要在数学内容、教学方法与教学目标之间达成协调.

(6) 内容与课程知识(KCC):在文中并没有详细说明 KCC 的定义和内涵,只说明了该知识与 Shulman 所研究的课程知识类似;但是作者也指出,对 KCC 是否属于 PCK,是否可以包含在其他知识类别中还不是很清楚,需要后续研究.

由此可见,MKT 的框架是在 Shulman 的理论基础上发展起来的,但是 MKT 的架构是具有显著数学取向的,特别是专门内容知识(SCK)对教师的数学教学研究具有重要的价值. 此后,Ball 及其研究团队在此理论框架基础上,进一步完善了理论的建构和 MKT 的测试. 例如,Ball 等(2009)探讨了如何利用课堂视频分析提高职前教师 MKT 的研究. Sleep(2009)论述了如何从不同的视角,在课堂教学活动中分析教师的 MKT. Hill(2010)探讨了 MKT 的测评情况,及其教师教学知识水平的高低与教师的教学特征之间的联系. 此外,Ball 和 Bass(2009)撰文探讨了 HCK,认为 HCK 是一种更高级的数学素养,不一定会在教学中直接体现,它主要是一种数学的全局观,例如,能从高等数学视角审视教学主题,具备 HCK 的教师能察觉数学主题如何在课程中跨越,包括了解目前所学和之后要学知识的相关性、数学概念间的联结等. Ball(2010)指出,KCC 是某种 PCK,目前虽然难以给出准确的定义,但是可以举出一些例子,如哪个年级的学生应该要学分数的除法?在学校的课程中,如何将分数的除法与整数的除法相关联等. 但是从总体上说,对 HCK 和 KCC 的研究还是不如其他四个类别的研究成熟.

MKT 理论从萌芽到提出,到逐步完善,经历了 30 多年的发展,Ball 团队从关注教师的学科内容知识,到试图泛化学科内容知识的内涵,从将教学内容知识看成独立的个体,到将教学内容知识与学科内容知识视为教师教学知识中两个相互交融的重要成分. 该理论有诸多的合理性,能很好地诠释教师在教学中"教什么"和"怎么教"这两个最关键的问题. 而且,该理论的 6 个子类别,比较全面地概括了教师有效教学所需要具备的知识. 因此,近年来该理论受到教师教学知识研究者的普遍关注. 例如,Thanheiser 等(2009)根据 MKT 理论,对小学教师的学科内容知识进行了研究;Olanoff(2011)也利用 MKT 理论,通过访谈、课堂观察和听录音等形式对三位有经验的小学教师,在分数的乘除法教学中需要哪些学科内容知识进行研究;Yasemin(2012)通过问卷测试、访谈和课堂观察等方式研究了中学教师的 MKT 水平与学生的学习成就之间的相关性;庞雅丽(2011)在研究中开发了一份职前教师 MKT 测试问卷,并认为通过视频分析的活动可以提高职前教师的 MKT. 而在 2012 年召开的 ICME-12 上有很多文献都与 MKT 理论有关,有学者对 MKT 的理论框架本身进行了研究,例如,Jakobsen 等(2012)研究了 HCK 的内涵;但是更多的学者利用 MKT 理论,对本地区教师的教学知识进行了研究,例如,Alpaslan 和 Ubuz(2012)、Lai 和 Ho(2012)、Keijzer 和 Kool(2012)、Kwon(2012)、Liu 和 Kang(2012)以及 Ribeiro 和 Carrillo(2012)等.

当然,也有一些学者对 MKT 理论持有不同意见,例如,Ding(2007)认为,Ball

团队虽然在 MKT 的测评方面花了很多心血,但是测试工具(尤其是笔试)的题目和方式还是存在不足;另外 MKT 理论与学生的学习缺乏联系. Petrou 和 Goulding(2011)、Yasemin(2012)等都认为 MKT 的理论中缺乏体现教师的信念,而信念是被很多学者认为的对教师的教学知识有很大影响的因素. 章勤琼(2012)认为,MKT 过于静态地讨论教师知识,虽然该理论涉及了课堂教学中可能使用的数学知识,但并没涉及具体内容的课堂教学活动和教学设计. 而且,Ball 本人在对 MKT 理论的阐述中也指出,一些知识类别存在部分的交叉,是难以明确划分的. 例如,SCK 与 KCT,SCK 与 KCS,HCK 与 KCC 都存在某种程度的交叉. 但是,从总体上说,该理论对数学教师教学知识的研究具有很强的针对性,较为清晰地厘清了数学教师教学所需要的各种知识成分,尽管一些成分在教学实践中是相互交叉的,但是该理论对分析教师的专业化程度,以及如何在教师教育中有针对性地促进教师的教学知识发展都具有重要的意义.

第3章 数学史与教师教育研究

数学史对数学教育的重要作用早在19世纪就已经被一些西方数学家所认识(汪晓勤,张小明,2006),一直以来,许多著名的数学家、数学史家和数学教育家都提倡在数学教学中直接或间接地利用数学史,很多学者也用实证研究证实了数学史对数学教育的积极影响.相关研究的文献及其综述已较多,不再赘述,本章将主要就数学史与教师教育研究方面的文献作一个简单梳理.

3.1 数学史对教师教育的价值

1972年,在英国Exeter召开的第二届国际数学教育大会上成立了数学史与数学教学关系国际研究小组(International Study Group on the Relations between History and Pedagogy of Mathematics,HPM).通常,我们把数学史与数学教育的研究统称为HPM,从1976年开始HPM隶属于国际数学教育委员会(International Commission on Mathematical Instruction,ICMI),这也是ICMI最早的两个附属研究小组之一(另一个是国际数学教育心理学小组,Intenational Group for the Psychology of Mathmatics Education,PME).此后,HPM成了数学教育的重要学术研究的领域之一(汪晓勤,2013b),国内外有很多HPM的研究文献.但是,其中多数文献的内容是阐述数学史的教育价值或者对数学史料进行介绍,对数学史与教师教育方面进行探讨的文献相对较少,多数是从数学史有助于数学学习的视角来阐述数学史对教师专业发展的重要性.

几乎在数学活动国际合作的开始,数学史家和数学教育家就强调了数学史在教师培训中的重要地位,这也得到了数学界的支持.1962年,荷兰数学史和数学教育专家Dijksterhuis撰文指出,数学史不会成为数学研究必不可少的一部分,但是对数学教师来说数学史知识是不可或缺的,如果教师能精通今天的数学知识,又能自然地结合历史知识,就能令人满意地履行自己的职责(Schubring,2000).Arcavi等(1982)也撰文指出,数学教师可以从数学史中获益.萧文强(1992)对运用数学史于数学教育提出了六个理由,分别如下所示:

(1) 引发学习动机,从而使学生(及教师本人)保持对数学的兴趣和热情;

(2) 为数学平添"人情味",使它易于亲近,使学生明白前人创业的艰辛,并且明白不应把自己碰到的学习困难归咎于自己愚笨,同时,教师也可以从历史发展中的绊脚石了解学生的学习困难,并参考历史发展帮助教学设计;

(3) 了解数学思想发展过程,能增进理解,通过古今对比,更好地明白现代理论和技巧的优点;

(4) 对数学整体有较全面的看法和认识;

(5) 渗透多元文化观点,了解数学与社会发展的关系,并提供跨学科合作的通识教育;

(6) 数学史为学生提供了进一步探索的机会和素材.

其中前 5 个理由都可以看成是对教师有帮助的,教师可以从数学史中获得更多的学科知识和正面的数学情感,更重要的是有利于帮助教师的数学教学.

Schubring(2000)通过文献分析,认为数学史对教师教育的作用可以归纳为以下四个方面:

(1) 使教师了解过去的数学(通过直接教学数学史);

(2) 加强教师对所要教学的数学内容的理解(方法论和认识论的作用);

(3) 使教师掌握在教学中融入历史材料的方法和技巧(在课堂上使用数学史);

(4) 增强教师对专业发展和课程发展的理解(数学教学的历史).

Barbin(2000)认为,数学史能帮助我们理解数学是什么,从而更好地理解概念和理论知识;而历史首先改变了教师对数学的认识和理解,进而通过教师的教学改变学生对数学的认识和理解;数学史还可以丰富教师的教学方式,让教师更好地理解学生的想法.

Tzanakis 和 Arcavi(2000)认为数学史对教师教学背景具有五个方面的影响:

(1) 明确教学的行动方式,以知识点历史发展顺序进行教学,可以更好地帮助学生理解;

(2) 更好地预判学生在学习中的思维,现有的知识呈现方式掩盖了知识点精彩的发展过程,知识点在历史上的发展困境也可能再现到今天的数学课堂中,教师了解这些历史可以更好地把握学生的学习障碍;

(3) 更好地理解数学活动的本质,通过历史,教师可以更好地意识到"做数学"的创造过程,从而丰富数学素养;

(4) 增加教学知识储备,历史中包含了很多解决问题的方法、例子;

(5) 丰富教学方式,从历史中了解到现有的解决方法不是新的,而且也可以让教师对学生的非传统、非常规方法更加敏锐、宽容和尊重.

Gulikers 和 Blom(2001)分别从理论视角、文化视角和动机视角来阐述数学史对教师的价值,其中概念视角指教师能从数学的历史中,基于"历史发生原理",参照历史发展顺序组织教学,并从知识点的历史发展过程判断学生的认知障碍,分析学生的错误,错误历史还能丰富教师的知识储备,让教师更好地理解数学;文化视角指教师能基于历史,在课堂教学中发展(多元)文化的学习途径,以及通过数学史将数学与其他学科进行联系;动机视角指数学史能帮助教师创建一个活跃的课堂气氛,激发教师使用教学资源的动机,并为其提供新的视角.

Horng Wann-sheng(2004)研究发现,高中教师 Yu 参加了"HPM 与教师专业发展"计划,该计划要求教师在每周二下午集中进行数学史的学习和讨论,一共持续了 18 个月,分为三个阶段.结果表明,数学史促进了教师的专业发展,教师对数学的理解更加深入,教学的方式更加多样.Goodwin(2007)的研究中,对美国加利福尼亚州 193 位高中数学教师的数学史知识与教师对数学的看法之间相关性进行调查,研究表明,数学史测试得分高的教师能整体看待数学,而数学史得分低的教师多认为数学与现实的联系不大.Arcavi 和 Isoda(2007)以埃及数学为素材,以工作坊的形式对职前教师进行了 3 个阶段的研究,发现职前教师可以从历史材料中得到启发,学会倾听学生,并促进教师的专业发展.

在 Clark(2012)的研究中,80 位职前教师参加了四个学期"运用数学史"课程的学习,在课程中研究者让职前教师阅读历史材料、小组讨论、设计融入历史的教学案例等,结果发现,数学史可以让职前教师更广泛和深入地理解数学知识,此外,数学史也提升了职前教师的数学素养,改变了职前教师对数学的情感态度.汪晓勤(2013a)对中学教师在数学教学中融入数学史的过程进行研究,发现通过两个阶段的尝试,教师 J 初步形成了自己的教学风格,对学生的认知规律有了更深的理解,批判教材的能力也得到了提升,拓展课本知识的意识得到了增强,并且教学研究能力得到了提高.

还有一些学者从数学史与教师的信念、态度等角度研究数学对教师教育的价值,如 Hsieh(2000)以负数的历史为基础,对职前教师进行前后测试,发现在了解了负数的历史以后,在职教师的数学信念、对数学的态度等方面有了较大的改变;Bagni 等(2004)研究发现教师在了解了 3 位数学家(欧几里得、欧拉和埃尔德什)对素数的集合是个无限集的不同证明后,能消除对素数个数认识上的一些障碍;Furinghetti(2007)在一个为期两年的职前教师教育项目中融入了数学史,研究发现,数学史促进了职前教师对数学概念的认识,改变了职前教师的数学信念和教学信念;Charalambos 等(2009)在两年的时间内,对 94 位职前教师进行了融入数学史的教师教育,经过四次问卷调查和半结构访谈,发现在接触了数学史以后,职前教师的认识论信念、效能信念和对数学的态度都发生了较大的变化.

此外,一些学者在博士学位论文研究中,也从不同视角表明了数学史对教师教育的价值.例如,苏意雯(2004)对数学史与教师的专业发展的关联进行了研究.同一个学校的四位高中数学教师,每周二进行一次集中讨论,讨论内容是数学史融入数学教学的课程准备、心得体会以及下一步的改进等,经过两年的研究发现,四位教师都得到了不同程度的专业发展.李国强(2010)对高中教师的数学史素养进行研究,他首先分析了数学史对数学教师的 3 个作用:数学史为数学教师提供了丰富的教学资源、数学史有助于教师重组数学知识和开展课堂教学,以及数学史有助于教师对不同类型的数学知识开展教学.然后对高中教师的数学素养现状进行调查,结合调查结果选取两位教师进行个案研究,通过研究发现,在提升了教师的数学素养之后,教师的教学效果得到了较好的提升,教师对数学的情感态度、对数学史的认识都得到了较大的变化.蒲淑萍(2013)以一个数学教育工作室为例,对数学史与教师专业发展之间的联系进行研究,研究中工作室教师进行融入数学史的教学,然后工作室成员进行相互讨论,经过三轮的研究发现,教师的教学能力得到了提升,数学史丰富了教师的教学活动,教师的数学信念有了很大的改变,教学效果有了明显的提高.

综上所述,目前的研究多从数学教学的角度对数学史的教师教育价值进行研究,研究结果表明数学史丰富了教师对数学知识的理解,改变了数学信念,更重要的是数学史提升了教师的教学能力.从研究方式上看,目前针对职前教师的研究,多为通过数学史或者相关内容的讲授,结合案例分析,改变职前教师的知识和信念,从而间接地提升他们的教学技能;而针对在职教师的研究多为通过让教师在教学中融入数学史,并通过不断的讨论、反思、改进,数学史可以促进教师的专业发展.

3.2 数学史与教师教学知识

目前国内外对数学史与数学教育(HPM)研究的文献较多,对教师教学知识的文献也较多,但是从数学史视角研究教师教学知识的文献却还不多,从实证方面探索数学史对教师教学知识的影响,以及如何通过数学史发展教师教学知识的研究文献更少.一些学者从教师专业化的视角、教师课堂教学的视角对数学史与教师的教学进行了探讨,这些研究中涉及了一些数学史与教师教学知识联系的内容.

洪万生(2005)对两位高中数学教师(苏老师和陈老师)的 HPM 素养和 PCK 水平之间的联系进行了研究.两位教师都参与了洪万生老师的"数学教师专业发展与 HPM"研究计划,其中,苏老师有 7 年的工作经验,陈老师有 16 年的工作经验,苏老师在大学期间接受过正规的 HPM 训练.在研究中,两位教师都是通过"学习工作单"的形式将数学史与教学进行结合.研究发现,苏老师在过去六年的专业发展,大致可以分为两个阶段,在第一阶段时,她对 HPM 有相当高的期待,极力强调数学史的人文价值与功能,而比较不顾及学生对正规数学课程的认知与学习;而进入第二阶段后,她对 PCK 的察觉与反思,促使她在将数学史引进教学时,非常注意其内容与教材单元、学生认知之配合.而陈老师的专业发展可以分为三个阶段,第一阶段对 HPM 的"表面理解",而到了第二阶段能应用 HPM 来协助诠释教材与教法,乃至于利用 HPM 来补充教材与教法.第三阶段则可以将数学史融入教学活动之中,展现了 HPM 一贯的主张与诉求.因此洪万生认为,如果将 PCK 视为(数学)教师应有的一般素养,同时,将 HPM 视为(数学)教师的一种特殊素养,那么,在利用 HPM 推动专业发展时,其成效将会是 PCK 与 HPM 的一种线性组合:$\lambda PCK+\mu HPM$,其中 λ 和 μ 都是非负数,而且 $\lambda+\mu=1$. 苏老师一开始的 λ 值显然较 μ 来得大,而陈老师则恰好相反,但是到最后,他们两人各自找到这种线性组合的平衡点.

在研究中,洪万生(2005)采用 Jahnke(1994)所提出的诠释学理论,对两位教师进行基于 HPM 的专业发展分析. 在诠释学理论中,诠释本身会发生在一个形成假设与文本验证的循环过程之中,如此一来,尽管数学教师不一定拥有非常专业的数学史研究经验,然而,一旦他们想要在课堂中引进数学史,那么,他们将有必要了解数学史家的相关观点,以便他们自己在引述历史问题时,得以察觉并有能力进入 Jahnke 的"双圈"架构之中(图 3.1). 唯有如此,教师与他的学生才有可能从某教材单元的知识内容中获得某种解放,从而可以想象自己进入那些活在另一时代、另一文化中的数学知识活动参与者的心灵之中,如此一来数学史可能"松绑"或"颠覆"教材中较传统的方式.

洪万生认为随着教师 HPM 研究的深入,HPM 与 PCK 的融合会越来越紧密,在诠释学模型中会体现出 PCK 的活动,并包含了教材、课程标准等内容. 为此洪万生(2005)构造了一个四面体的模型,来说明基于 HPM 的教师专业发展,如图 3.2 所示.

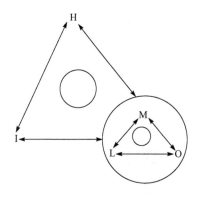

图 3.1 Jahnke(1994)的诠释
学"双圈"循环模式

H:数学史家;I:历史诠释;M:古代数学家
L:数学理论;O:数学对象. 其中"初圈"C_2
是指 M—L—O 所构成的循环,而另一
循环圈(即"次圈")是指 H—I—C_2

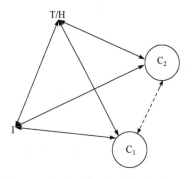

图 3.2 洪万生(2005)的诠释
学四面体模式

T:教师;H:数学史家;I:历史诠释
C_1:教科书编者与课程标准和教科书内
容所构成的初圈;C_2:古代数学家与数
学理论和数学物元所构成的初圈

由此可见,洪万生的文献虽然以"HPM 与 PCK"为题,但是其内容更多的是体现 HPM 与教师的专业化发展,只是从教师在教学上的思考和变化情况与教师的 PCK 建立联系. 但是,洪万生的这个研究却是"革命性"的,这个研究也是对 HPM

和教师教学知识的联系进行研究最早的文献之一,为 HPM 指出了一个新的研究的方向.

苏意雯(2004)在研究中,也以诠释学理论为工具,阐述 HPM 对教师专业发展的变化情况,认为在 HPM 的帮助下,教师的专业发展经历了直观期、面向扩展期、适应期三个阶段. 各阶段的专业化评判标准主要是教师对知识的理解、教学设计和教学效果,并提出了一个基于 HPM 的教师专业发展模型,结构如图 3.3 所示. 由此可见,苏意雯(2004)的研究和洪万生(2005)的研究类似,都从 HPM 对教师的知识理解、教学过程等方面的影响来进行研究,还不是真正意义上从教师教学知识的范畴来分析数学史的影响.

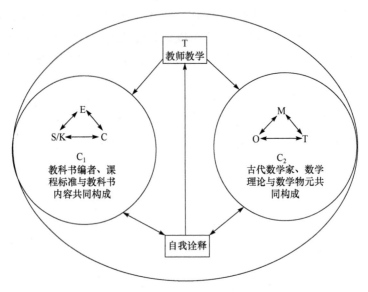

图 3.3　苏意雯(2004)的 HPM 教师专业发展模型

T:教师；E:教科书编写者；S:课程标准；K:数学知识；C:教科书内容
M:古代数学家；O:数学对象；T:数学理论；I:体会各循环之后的自我诠释

黄云鹏(2011)分别介绍了 PCK 的内涵和数学史的教育价值,认为如果职前教师在微积分的学习过程中了解了相关知识点的历史,将有助于改变他们对数学的情感态度,从而提升高等数学的学科教学知识. 此后,黄云鹏(2012)也提出了类似的观点,认为数学史可以融入师范生的各门专业基础课的学习中,从而提升职前教师的教学内容知识. 这两篇文献都是理论上的阐述,还没有通过实证或者举例说明,而且仅从数学史可以改变师范生对数学的情感态度,并可以丰富师范生对数学的了解这两个角度就认为能提升职前教师的教学内容知识,在理论上还缺乏深度. 吴骏(2013)对数学史融入八年级学生统计知识的教学进行研究,在研究过程中任课教师接触了与教学内容相关的统计历史知识,经过访谈发现教师了解了数学史知识,并在教学中融入数学史的教学实践后,他们教学需要的统计知识得到了提升,但是教学内容知识有所下降.

Valente(2010)介绍了巴西的数学史教育,他指出以前曾有学者批评巴西的数学史教育和数学知识联系不大,与教师的教学知识发展无关;此后巴西学者在这方面进行了深入研究,有学者研究发现,通过数学史的学习,教师在概念和教学知识的深度和广度的理解上获得了增长,而且这种增长比通过其他一些数学教育渠道所获得的要多.

Jankvist 和 Kjeldsen(2011)指出,相较于 PME,HPM 的实证研究还很少,HPM 研究与数学教育的一般研究之间还缺乏联结,无论在研究方法还是在理论建构方面,HPM 都需要从一般数学教育研究中吸取养分,在历史和教育中找到一个平衡点. 在 2012 年的 ICME 会议中,Jankvist 等(2012)指出 MKT 应该成为 HPM 研究的一个重要方向,并以负数和数系为例说明了数学史可以促进教师 MKT 的发展. Clark(2012)也认同这一观点,并指出目前最重要的是要从实证上研究数学史对教师的知识和教学是如何影响的. 在 2014 年,Mosvold 等撰文从 MKT 的六个方面分别举例说明数学史可以促进教师的 MKT 的发展;如从负数的历史中,教师可以了解更多负数以及负负得正相关知识(一般内容知识);从历史上一元二次方程的解法中,教师可以了解从面积的方式入手学生更容易理解和掌握方程的求解(专门内容知识);从指数和对数的历史中,教师可以从更高的视野看待知识(水平内容知识);从函数的发展历史中,教师可以更好地了解学生的元认知和困惑(内容与学生知识);从了解拉格朗日、柯西和凯莱在代数上的工作中,教师可以更好地了解代数的教学途径(内容与教学知识);从历史上角的概念中,教师可以更好的理解角在课程中的形式及其背景(内容与课程知识);在文献的最后,Mosvold 等还提出希望教师教育者和数学教育研究者能明确数学史对 MKT 的影响.

由此可见,目前已有学者开始关注数学史对教师教学知识的影响,但实证方面的研究还不多见,更多的是理论上的探讨和分析,而本研究将利用 MKT 理论,在实证方面尝试探索 HPM 对职前教师 MKT 的影响.

3.3 职前教师教育中的数学史课程

要增加数学教师对数学发展历史的了解,从而通过数学史来提升教师的教学知识,在职前教师教育中进行数学史教育是最佳的途径之一. 相较于职后教师教育在时间上的分散性,职前教师教育更为系统化. 但是,在目前的职前教师教育体系中,数学史还处于尴尬的地位,有的师范院校没有开设数学史课程;有的院校数学史课程更多的是讲授历史而缺乏与教育之间的联系;有的院校数学史授课教师自身对数学史与数学教育的了解还不多等. 总体上说,目前的教师教育中,数学史并没有引起足够的重视(Mosvold et al.,2014). 而且,从现有的文献上看,目前对职前教师教育中数学史课程的研究还不多,而在数量不多的文献中,大多数也是探讨数学史的价值,缺乏从更深层次的理论和实践方面探索数学史课程的授课模式,以及对教师教学知识的影响等.

3.3.1 国外职前教师数学史教育研究

在国外,有很多国家的教师教育中,都有对职前教师讲授数学史知识,但是教学形式比较多样. 在 ICMI 于 2000 年所推出的《数学教育中的历史》(*History in Mathematics Education*)中,对一些国家教师教育中的数学史教育进行了简单的介绍(Schubring,2000).

在摩洛哥王国,近年来有数学史家和数学教育家开始在一些高校中开设数学史课程,或者举办类似的研讨活动,但是都是选修性质的,在这方面还没有任何官方的指导意见. 在巴西,虽然巴西数学会早在 1979 年就建议历史课程作为数学学习的一个组成部分,但是至今数学史在教师教育中还没有官方的地位,由于数学史最近逐渐引起了学者的重视,特别是在巴西"民族数学"研究的影响下,近年来在很多大学开设了数学史选修课程. 在香港,虽然没有为教师教育开设专门的数学史课程,但是在教师教育中还是会加入数学史的元素,时间从几个小时到四十个小时不等.

在意大利的各个高校中,开设数学史课程比较普遍,数学教师的全国性考试中有一项"口试",涉及了数学史知识,但是各高校的数学史课程形式多样,如 Furinghetti(2007)的数学史课程形式是在一个教师培训计划中,向职前教师提供数学史料,组织他们讨论,并将其融入到教学设计中. 在德国,自从 20 世纪 70 年代以来,数学史讲座陆续出现在高等院校中,到了 80 年代,在一些大学中数学史成为了必修课,但是 1990 年两德统一以后,位于莱比锡的科学史中心也被撤销,数学史教学作为数学教育必修课的规定几乎被废除;目前,在现有的 16 个州,有一半都提到了数学史作为学习的选修课,但不考试,因此课程形式多以讲座为主. 而在奥地利,规定数学史是中学教师培训的一个组成部分,未来数学教师必须参加数学哲学方面或历史方面的口试,因此很多大学开设了数学史课程,也有两本专门为数学教师提供的专用的历史课本,但是内容多为历史素材,或者有关数学思想的演变,缺乏与教育的联系.

在荷兰,有个别大学开设了数学史课程,但是仅仅作为学习课程的选修部分,如在 Utrecht 地区的 12 所大学中有 5 所开设了数学史选修课. 而在法国,数学史的教学有悠久的历史,不过以前都是放在哲学系中而不是数学系中,1969 年数学教育研究所(Institutes for Research into Mathematics Education,IREM)建立后,这种局面得到了改变,一些高等院校在数学教师培训课程中相继加入了数学史课程,但是课程性质也是选修的.后来,法国教育部设立了一份能力列表(list of competences),提到数学史可以作为教师能力的一项研究课题,但并不参与评估.

在波兰,数学史教学有着广泛的实践,大多数大学都开设了数学史课程,有的是必修,有的是选修.虽然至今仍然没有任何针对未来教师课程的普遍规定,但是每一所大学都自行制定大纲,课程一般都包含一个学年中的30~60个课时,并在五年制学习的第三、第四、第五年以讲座的形式授课.此外,数学史的讲座课程通常还包括补充练习,一般需要一个学年中的30个课时.同波兰一样,葡萄牙在教师教育中也十分重视数学史素养的培养,1972年,当葡萄牙为数学教师设立特定的文凭和相关课程时,规定了数学史的内容.最初,数学史课程为期一个学期,但现在扩充到两个学期.所有的大学都开设此类课程,所有中学高年级教师的培训大纲中也都出现了这一科目,小学教师和低年级中学(一年级到六年级)教师的培训则一般不包括数学史课程.

在俄罗斯,政府不再对教师培训大纲统一要求(苏联时期是统一规定的),师范学院可以自行制定大纲,但是在许多师范院校,历史课程仍然是数学教师培训的组成部分,在某些学校甚至是必修课.在拉脱维亚20世纪70年代Daina Taimina在里加大学(现在的拉脱维亚大学)作讲座时,她建立了数学史课程,课程在一个学期内包含25小时的内容,是师范生完成学业前最后要学习的科目之一.1998年拉脱维亚最新的有关教师培训的规定称在"教育问题"研究领域的最后一个学期,也就是第九学期,数学史应是每周两小时的标准课程.在塞浦路斯,教师培训由塞浦路斯大学教育学系负责,在一些人的积极活动下,未来小学教师的培训中已经增加了数学史.

在英国很多大学都设有针对未来教师的数学史方面的课程,有的以讲授的形式,有的则是作为研究课题,英国数学史学会(British Society for the History of Mathematics,BSHM)在1990年建立了一个教育部门(History In Mathematics Education,HIMED),该部门组织年度会议并促进历史在数学教育中的运用;数学家协会和数学教师协会都可以通过发表杂志文章或参加会议活动促进数学史在教学中的运用.因此,包括主修数学和主修数学教育的学生,在开设数学史课程的大学中,大多学习了数学史课程.

在美国,同其他的联邦国家一样,各联邦可以自主决定教育政策,因此很难对整个美国的教育情况作出公平的一般性描述,尤其是就师范生对历史的接受程度而言.而且美国对教师资格的要求不仅由各教育委员会定义,也可以由其他的组织定义.但是有调查表明,大部分地区的中学教师要获得认证资格的必要条件就是无论是所学的数学教师教育课程还是认证考核中的自我展示,都要包括数学史课程的学习和研究(Katz,1998),而在小学则还没有政策方面的推动,这也许和美国的小学教师需要教授各门学科有关.

如今,不再是只有精英的人才能进入大学,随着大学升学率的提高,越来越多的学生对数学的厌恶感在增强,为此一些北欧国家开始重视数学史在教学中的作用.例如,丹麦政府在1988年颁布的高中数学课程大纲和1994年颁发的小学数学课程大纲中都对数学史作出了明确的要求.因此,从某种意义上说丹麦所有年级的学生都是要求学点数学史的,这与丹麦对数学史的研究有优良的传统有关.而这些都需要对职前教师进行数学史教育,数学史成了师范教育中的一门重要课程.在大学里,本科参加数学史课程的学生数量已大幅增加.例如,在哥本哈根大学,学习数学史的学生过去平均每年仅20人,但在中学新课程标准颁布之后那年这个数字达到了40,下一年则达到了80,因为老一届的学生意识到如果他们要成为中学教师就有必要学习数学史.现在,参加数学史课程的人数稳定在每年50人.不幸的是,更多的听众由于本科学习科目之间的部门调整,迫使该课程在规模和范围上都发生了缩减.同样,在培养未来小学教师的师范学院,数学史比起以往处于更重要的地位.关于中学教师的在职培训,数学课程的数量近几年有所增加.小学教师的在职培训则组织得更好,数学史课程频繁出现,通常是将其作为更一般的数学课程的一部分(Heiede,1996).

出人意料的是曾经的殖民地国家莫桑比克,他们在对职前教师开设的"民族数学课程"中也设置了数学史的内容,也被称为"数学史"课程,主要目的是使师范生有机会对数学建立起本质上的联系,并在日后能够以其自身的文化为根基,将数学作为一门有意义的学科教给学生.在非洲的其他一些曾经的殖民地国家也对职前教师开设了类似课程,课程目的是希望能加强教师对数学与社会文化史之间联系的了解,能从多元文化视角审视数学.

由此可见,很多国家的教师教育中都有了数学史的元素,但是从总体上说,数学史在教师教育中的地位还有待提高,大部分国家都是将其作为选修课程.数学史教育的形式也比较多样,有教师主讲的形式,有"史料+讨论"的形式,也有"史料+实践"的形式,也有"历史文化中的数学"等形式.

3.3.2 我国职前教师数学史教育研究

早在1925年,我国著名数学史家钱宝琮在南开大学任算学系教授的时候,就开设了中国算学史,并编写了油印本《中国算学史讲义》.抗日战争前,钱宝琮在浙江杭州、贵州贵阳等地,多次在中学教员讲习班上讲授中国算学史(蔡文俊,2009).20世纪50年代初期,数学史教育成了爱国主义教育内容的一部分,被列入中学教学大纲,当时曾计划把《数学史》作为高师院校的选修课程,但由于师资和教材的原因,没有得到实施.一些学者(如钱宝琮、李俨、程廷熙等)早期多以讲座的形式在高校中进行数学史教育.1977年制定的全国数学研究规划(草案)第一次把数学史研究列入规划,并在个别院校的数学系开设了数学史课程,20世纪70年代末到80

年代初,杭州大学、苏州大学、内蒙古师范大学、西北大学、上海师范大学、山西大学、北京师范大学等院校先后开设《数学史》必修课或选修课,有的编有讲义,但都未出版.20世纪80年代中期,国内几所著名大学共同发起编写了《中国数学简史》和《外国数学简史》,此后数学史开始陆续进入我国的大学课堂.截至1986年,国内约有40所大专院校开设了《数学史》选修课.1994年,全国数学史学会第四届理事会将"数学史教育"的工作作为一项重要的内容,起草并发布了加强数学史教育、在高等院校中开设数学史课程的建议书,引起了普遍关注,受到了有关部门的重视.国家教育部有关文件明文规定各高校数学系需要学生学一些数学史知识的要求.1999年,在昆明召开的数学专业课程会议通过了《数学与应用数学专业教学规范》,在"课程结构"部分已明确将《数学史》列入专业必修课(严虹,项昭,2010).

在有关面向师范生数学史课程的研究文献中,根据研究内容可以将其分为阐述数学史课程的必要性、指出目前数学史课程的问题与对策,以及介绍本校数学史课程的教学实施情况等3个方面,当然很多文献中都包含了这3个部分内容的全部或者部分.

1. 数学史课程的必要性

关于职前教师学习数学史课程的必要性的研究,在新课程改革初期有较多的论述,但是近年来已经不多,因为这种重要性已经成了共识,已经没有思辨性的论证的必要了.而在有关必要性的文献中,大多从数学史的教育价值来阐述这种必要性.例如,殷丽霞(2001)认为,师范生对学科知识的连续性缺乏必要的了解,并从有利于培养学生的创新思维能力、有利于学生掌握数学发展的纵横联系、有利于学生了解数学与其他学科之间的关系、有利于培养学生科学的世界观和正确的人生观、有利于增强学生爱国主义精神、有利于学生全面掌握中学教学教材等6个方面指出了对师范生开设数学史课程的必要性.

贾冠军(2001)认为,师范生学习数学史是十分必要的,但是如何在有限的教学时间内更好地进行数学史教育是一个很值得研究的课题,为此必须弄清楚高师院校数学教育专业开设数学史课程的目的及意义,并在教学内容的选择上要注意科学性、实用性、教育性和趣味性等原则.黄友初(2014b)也从数学文化的视角阐述了数学史对教育的价值,并指出要让以数学史为基础的数学文化回归到数学课堂教学中.

2. 数学史课程的问题与对策

由于数学史课程至今仍然没有较为完善的课程内容、较为明确的教学目标,更没有合适的教材和充足的师资,数学史课程还处在不断完善中,因此有关数学史课程的问题和对策的文献比较多,当然这类文献指出数学史课程问题的居多,而提出切合实际的对策的较少. 例如,李永新(2004)认为目前的数学史课程缺乏规范建设,随意性较强,随着各方面对数学史的重视,有必要对数学史课程建设做深入研究;他还从3个方面分析了对职前教师开设数学史课程的必要性,从5个方面概括了数学史的教学目的,并从5个方面指出教学中需要注意的要求.

傅海伦和贾如鹏(2005)介绍了我国高校中数学史的开设情况,指出虽然如今的数学史研究和教育已经有了很大的提升,但是也存在教学自发、较多学校没有开设、师资不足等问题.

蔡文俊(2009)认为,早期的数学史教育多以情感性目标为主,此后加入了知识性目标,如今发展到了三维目标,包括情感性目标、知识性目标和人文性目标;并指出今后数学史课程的改革和发展中数学文化理念是数学史课程建设的基础、理性精神培育是数学史课程目标重要的追求、探求数学心路历程是数学史课程内容选择的依据.

李伟和郭亚丹(2010)在介绍新高中课程标准"数学史选讲"内容与要求的基础上,分析高师院校数学史教学的现状,并就数学史教学改革提出了若干建议,包括提高数学史课程的地位、加强师资培训、恰当运用或编写数学史教材、注意教学史教学内容的中外比例与历史人物的男女比例、开展以数学史知识为载体的多姿多彩的课外活动等.

严虹和项昭(2010)对国内部分高校的数学史课程情况进行调查,发现国内大部分师范院校都有开设数学史课程,但是多为选修课,而且课程名字各式各样,课程内容随意,课时少的30学时,多的达到90学时,针对性教材偏少,合适的授课教师也缺乏等不足.

卢钰松和林远华(2012)认为,传统的数学史教学存在内容多课时少的矛盾,为此必须发动学生参与到教学中,通过对学生的分组、下达教学任务、课前研究、课中陈述、师生评议、课后整理、成绩评定等环节实施"参与式数学史课程的教学".

罗红英(2013)指出,目前师范院校的数学史课程存在重视程度不够、缺乏专业师资等不足,很多师范院校没有开设数学史课程,如目前在云南的本科师范院校中只有曲靖师范学院有开设数学史课程,并提出应该提高数学史课程地位、大力加强数学史师资队伍建设、加强数学史与中学数学的整合、编写适宜的数学史教材、改进数学史课程的教学模式等5个方面的建议.

3. 数学史课程的实施情况

还有一些文献就本校的数学史课程实施情况进行介绍,并简要分析这么做的一些背景和原因,以供大家参考. 例如,朱学志(1984)分析了数学史的价值及其对教师的重要性,然后介绍了自己所开设的数学史课程的内容,分为古代数学思想与初等数学史、变量数学和现代数学思潮等三篇,一共18章.

是伯元和王仕永(1990)介绍了在本校对师范生进行数学史授课的情况,并阐述了对师范生进行数学史教育的必要性和可行性,并指出数学史课程教学存在教材、师资和缺乏交流等方面的问题.

肖绍菊(2001)介绍了自己面向师范生的数学史教学过程,每周 2 学时,时间为一个学期,内容包括了数学的起源和早期发展、中世纪的数学、近代数学和现代数学四个部分. 研究表明通过数学史课程的教学,职前教师的数学史知识有了很大的提高.

周红林(2011)以湖北咸林学院的数学史为例,介绍了地方院校面向职前教师开设数学史课程的内容安排、课程目标和课程价值等方面的情况,也指出了数学史课程存在无章可循、目标平铺直叙分类模糊、内容千头万绪难舍难分、教师专业不精捉襟见肘、方法墨守成规拙于创新和学生心猿意马效果欠佳等不足,并分别给出了建议.

严虹等从案例研究的角度,分别以"中学导数概念引入"(严虹,2011a)"概率论的起源"(严虹,2011b)和"三等分角问题"(严虹,项昭,2012)为例,对数学史课程教学进行了探讨,从研究的问题、案例选材、实践探索、反思等几个方面介绍了面向师范生的数学史课程的教学情况;认为可以对学生进行分组,通过课前布置小组任务、课中各组汇报、课后评定成绩的方式进行数学史课程教学.

严虹等(2012)对面向师范学生开设数学史课程的目的和价值作了阐述之后,对如何在 36 学时中安排数学史教学内容进行了介绍;前面 28 学时按照历史顺序介绍数学的发展历程,利用 6 学时讲授中学数学核心概念专题史,2 学时讲述数学史与数学教育;该文罗列了所讲述的数学史和高中数学课程之间的联系后,还从三个方面介绍了教学心得,分别是由点及面,运用案例促进教学、潜移默化,关注数学文化价值、改善教法,引导学生主动探究.

从以上论述可以看出,目前国内对数学史课程的研究还是比较缺乏的,数学史课程还未能引起各师范院校足够的重视,课程内容与教学形式多为自发、无章可循. 因此,从选取教学知识的视角研究数学史课程建设是十分有意义的.

3.4 小　　结

第 2 章和第 3 章分别从教师教学知识的内涵及其发展和数学史与教师教育的研究两个方面,对国内外的研究文献作一个简单梳理. 从文献中可以看出,在教师教学知识研究方面对教师教学知识的内涵有了较多的研究,从早期的研究教师的行为与关注教师的认知过程,到进入 20 世纪 80 年代后教师教学知识研究的全面兴起,如今在数学教师教学知识研究方面主要从学科内容知识和教学内容知识两个方面了解教师的教学知识. 而基于 Shulman 的 PCK 模式基础上发展的 MKT 理论,受到数学教学知识研究者的广泛关注,尽管还存在一些不足,但是在目前阶段是较好地刻画教师教学知识的理论,有较多的学者基于 MKT 理论研究本地区教师的教学知识情况. 该理论是美国学者 Ball 及其研究团队基于扎根理论,逐步发展而来的,将数学教师的教学知识分为从学科内容知识和教学内容知识两个方面,并进而分为一般内容知识、专门内容知识、水平内容知识、内容与学生知识、内容与教学知识、内容与课程知识等 6 个方面. 当然,知识是一个复杂的系统,对知识的任何分类都是人为的,其价值主要体现在分析上,而在实际的教学中,教师所表现出来的教学知识往往是综合的.

与教学知识的内涵相比较,教学知识的测量与发展的研究相对滞后,主要原因在于知识的复杂性. 目前对教学知识的测量形式主要有试题测试法、问卷调查法、访谈法和观察法等 4 种类型. 各种测评方法都有其优势和不足,因此在研究中通常是几种方式相结合. 教师教学知识的发展与测评是紧密结合的,从总体上说目前的教师教育中专门采用教师教学知识来衡量教师教育发展状况的研究还比较少,研究如何在教师教育中促进教师教学知识发展的研究也不多.

而在数学史与教师教育的研究中,相较于数学史对学生数学学习影响及其价值的研究文献,从教师教育视角探讨数学史的文献是比较少的,这也从另一个方面说明了数学史与教师教育的研究是今后研究的重点之一. 国内外已有一些文献探讨了数学史对教师专业发展的重要性,但是真正从教师教学知识的视角研究数学史的并不多,实证方面的研究更少. 国内外对职前教师数学史课程的研究也较少,从总体上看,大多数国家的数学史课程是选修性质的,教学内容和教学形式也很多样化. 虽然国内高师院校中开设数学史课程已经有 30 多年的历史,但是目前的数学史课程还不普及,教学内容比较随意,教学形式多样化,师资方面也比较缺乏.

因此,有必要对职前教师的数学史课程建设进行研究,本研究将从数学教师教学知识的视角,研究数学史课程对教师教学知识的影响,以及如何以教师教学知识的发展为衡量标准,更好地建设数学史课程,从而在数学史课程教学中促进教师教学知识的发展.

第 4 章 研究的设计与过程

研究设计是研究者对所要研究问题拟就的设想,包括具体的研究方法和手段、研究的步骤和进程、所期待的结果等内容(陈向明,2000).本章将对研究方法、研究的理论架构和分析框架、研究对象、研究工具、研究过程、研究的数据收集和分析等内容进行阐述.

4.1 研 究 方 法

研究者在选用研究方法时,必须考虑研究问题的类型、研究者对研究对象的控制程度,以及研究焦点是过去的或者当时的事件或者现象这三个因素(郭玉霞,1996).一般来说,教育研究可以分为以下三类:一是强调科学精神和客观规律的实证研究方法;二是偏向于人文关怀的人类学研究方法;三是传统的"思辨方法",即哲学思辨(张红霞,2009).鉴于教师教学知识的复杂性,有研究者指出应该运用多元的研究方法以获悉教与学的复杂性与多面性(Driel et al.,2001).

本研究的主要目的是要了解数学史课程对职前教师的数学教学知识有没有影响?若没有影响是什么原因?若有影响,都在哪些方面有变化?是怎样引起这些变化的?因此,本研究的重点为数学史课程对职前教师的数学教学知识有没有影响、有什么影响、是怎样影响的这三个方面,所采用的研究方法是依据这三个方面的研究而设计的.

4.1.1 准实验研究策略

无论是自然科学研究还是社会科学研究,其本质都是基本相同的,都是要认识和解释自然界或社会现象的活动.对科学研究方法而言,认识的基本方法是观察,通过观察者的感官直接或间接地获取外界的信息,并回答"是什么"这类问题.但是,在自然条件下的观察往往需要花费很长的时间,而且通过自然观察获得的数据资料不仅庞杂、冗长,而且缺乏逻辑性,会给下一步的整理和分析工作带来很大的问题(张红霞,2009).由此,研究者常通过一定的人为设计进行观察,这就是实验研究.实验是一种研究情境,在此情境中实验对象尽量不受实验变量以外因素的干扰,然后对其施以处理,以观察研究对象某种特性的变化(袁振国,2000;王林全,2005;张红霞,2009).但是,受客观因素的影响,教育研究很难像心理学实验那样选择具有一般性的被试和一般性的情境.而且,在有些教育实验研究中,尽管变量控制得十分精确,但若实施的环境过于理想化、抽象化,这也容易导致实验结果很难直接应用到具体实际的教育情境中.因此,在教育研究中出现了一种类似实验方法而设计的研究,称为准实验研究.

与真实实验相比,准实验设计的最大标志就是不等组,其对变量的控制也不如实验研究严格.但是准实验研究的情境自然,更接近教育现实,因此研究结果更适于推广.Cronbach 等(1980)甚至认为,控制好的准实验会比一些完全随机分组的实验具有更高的内在效度和外在效度.一般来说,可以将准实验研究分为不等组前-后测多组设计、不等组仅施后测多组设计、单组前-后测时间序列设计,以及多组前-后测时间序列设计这五种设计模式(袁振国,2000;张红霞,2009).多组前-后测时间序列设计不仅关心研究对象在不同时间的变化,还关心不同处理方式之间的差异.

由于本研究的问题中,需要了解在数学史课程前后教师教学知识是否有变化,以及在数学史课程中,不同类型数学史内容和不同的教学方式对职前教师教学知识存在怎样的影响.并且,基于以下两个方面的考虑,决定在本研究中采用准实验研究.

(1) 基于研究视角的因素.在本研究中,研究者希望从全体参与课程学习的职前教师的视角,了解教学知识变化情况.由于样本较大,采用逐个观察是不现实的,采用量化方式,对参与课程学习的全体职前教师进行教学知识的前后测量,以获得变化情况.

(2) 基于研究情境的因素.在研究过程中,由于职前教师在同一学期中要参与多门课程的学习,这种情况下,若在数学史课程前后职前教师的教学知识出现了变化,是否是由于数学史课程的因素,这是在研究中需要理清的.因此,采用准实验研究中的多组前-后测时间序列设计,为实验班寻找一个情况类似的控制班,通过两组数据的对比,可以突出自变量和因变量之间的对应关系.

本研究根据 Ball 的 MKT 理论编制了教学知识测试量表,通过学期前后分别对实验组和控制组的职前教师进行测量,进行比较后,所得到的结果可以说明数学史课程对职前教师教学知识的总体变化情况.

此外,在数学史课程的教学过程中,研究者将选取 10 位职前教师进行重点研究,在数学史课前,让职前教师就某初中数学的知识点进行教学,而在听取了相关数学史内容之后再对该知识点进行教学.研究者结合这两次教学的录像(或者教学设计)对职前教师进行访谈,了解职前教师的教学过程为什么会有变化,这种变化是否和数学史课程有关,是数学史课程中的哪些因素导致了职前教师在教学上的变化等.这种研究方式属于准实验研究的范畴,它以不同类型的数学史内容和不同的教学方式为自变量,研究者在访谈中尽量排除各种无关变量,探索职前教师教学知识的具体变化情况.这对今后如何在课程教学中更好地发展职前教师的教学知识具有重要的价值.

4.1.2 质性研究策略

本研究中的准实验研究中包含了定量研究,定量研究具有精度高、信息量大、便于对比等优点.但是,并不是所有的信息都可以量化,尤其是心理的变化过程,对于这种复杂的情形,一般可以选择定性或者质性的研究方法.从研究设计的角度看,定性研究指研究者运用文献研究、历史回顾、访谈调查、参与式观察等方法获得文字为主资料,并运用非量化的手段对研究对象的性质进行描述、分析和推理,从而得出研究结论的研究类型(张红霞,2009).简单说来,定性研究主要用思辨的方式对研究现象进行解释.从范式与研究方法上来说,质性研究主要属于"解释主义"的范式,它与定性研究一样,都是对研究现象进行意义解释.但是定性研究只具有"思辨"和"解释"的要求,没有"实证"的要求,因此是"前科学的",不具有"科学"研究的基本特征;而质性研究不完全是"思辨的",还要求"实证的",即不仅需要思考,还需要有实地调查和一手资料的支持.而且,质性研究更加规范化、系统化和相对精确化.

质性研究与量化研究最根本的区别在于后者认为人世间的事物之间存在相关关系(特别是因果关系),通过数据分析能够相对精确地揭示这些关系,并能预测未来的发展趋势;而前者认为,有人存在于其中的社会世界是非常复杂而又充满意义的,而且意义的解释是地方性的、多元的,必须通过研究者的主观参与才能被理解(陈向明,2008).显然,这两种研究方法都是教育研究所需要的,而且是相辅相成的.

由于本研究的问题中,需要了解在数学史课程中职前教师的教学知识的变化情况,因此,基于以下两个方面的考虑,决定在本研究中采用质性研究.

(1) 基于研究问题的性质.在本研究中,研究者需要了解职前教师在数学史课程中,教学知识有了哪些变化,是怎么变化的.这些因素是很难通过测试量表体现出来,是单纯的定量研究方法所难以获取的.因此,根据研究问题的特性,采取质性研究是合理和恰当的.

(2) 基于研究环境.在本研究中,研究者作为课程的授课教师,全程参与了职前教师的学生过程,这既便于观察职前教师的变化情况,又便于获取质性研究所需要的第一手素材.

在本研究中,研究者在实验班中选取了部分职前教师,在课程过程中,对他们进行了定期的访谈,并要求他们上交教学设计、微格教学录像、学习心得等素材.在分析框架的指导下,研究者对这些材料进行分析,以获取职前教师教学知识的具体变化过程.

4.1.3 行动研究策略

严格说来,行动研究并不是一种独立的研究方法,而是一种教育研究活动,是由实际工作的人员在实际的情境中进行研究,并将研究结果在同一个情境中应用,至于研究的设计与进行,仍需采用其他各种研究方法(贾馥茗,杨深坑,1988).例如,很多的行动研究都采用质性方法,因为质性研究设计灵活,可在研究过程中视情况而改变,符合行动研究的不确定性和结果的不可预测性.

"行动研究"作为一个术语出现,最初始于20世纪30年代的美国,而比较系统的阐述则归功于40年代美国社会心理学家Lewin,50年代行动研究的思想被介绍到教育领域.70年代以后,行动研究在全世界教育领域得到了广泛的发展,如英国学者Stenhouse在70年代中期提出了教师即研究者(the teacher as researcher)的思想为行动研究的发展提供了重要的理论背景(袁振国,2000).教育行动研究最大的特点是教育行动者即教育研究者,它以教学相关活动为研究题材、以日常的教学情景为研究情境、以教学活动的改进为研究目的,有利于理论与实践结合,能有效解决教学过程中出现的问题.因此,行动研究在探究建立科学性与艺术性并存的实践知识体系方面提供了新的方法论,其思想对于指导教师知识和行动研究具有重要的意义.

Stephen Kemmis认为教育行动研究主要包括"计划、行动、观察、反思、再计划"的自我反思循环,如图4.1所示.这其中行动和反思是该循环中最重要的两个活动,而持续循环是行动研究最重要的特色,由于前一循环的研究解决了部分原有问题,也因此产生了新的问题,在这样的循环中教学行为可以不断得到改善(杨小微,2002).

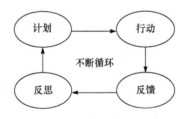

图4.1 行动研究过程图

由于本研究的问题需要了解在数学史课程中,教学内容和教学方式对职前教师教学知识的影响是怎样的,该如何更好地发展职前教师的教学知识.因此,基于以下考虑,决定在本研究中采用行动研究.

(1) 基于研究所关注的焦点.在本研究中,研究者在了解了数学史课程对职前教师教学知识是如何变化之后,还将根据这些变化研究如何通过课程内容的选取、课程教学方式的变化,以及在课程中更好地发展职前教师的教学知识.而这需要研究者根据职前教师在课程中教学知识的变化情况,通过反思、制定新的教学计划,并进行新一轮的行动以及信息反馈等循环的过程.这种研究模式与行动研究是相符的.

(2) 基于研究者的条件.研究者是实验班所在高校的教师,并担任数学史课程的主讲教师,这符合行动研究中行动者即研究者这一特征,研究者在教学行动过程中,从教师教学知识的视角,根据职前教师的反馈,不断地调整教学内容和教学方式,以摸索基于发展职前教师教学知识的数学史课程教学内容与教学模式建议.因此,在本研究中采用行动研究是合理和恰当的.

在本研究中,研究者在实验班中担任数学史课程的授课教师.在研究期间,研究者选取部分职前教师,每次课后都对这些职前教师进行访谈.研究者还要求他们几乎每两周就上交一份教学设计或者微格教学录像,研究者在课程前后针对职前教师上交的教学设计进行访谈.根据职前教师的各种反馈,研究者在教学内容、教学方法等方面进行变化,并通过具体教学后,再次收集反馈信息,以获得教学上的变化对职前教师教学知识影响的具体信息,从而探索在数学史课程中更好地发展职前教师教学知识的教学模式.

需要指出的是,针对某个研究问题时,以上三种研究策略并不会全部采用.对某个具体的研究来说,采用何种研究策略与该研究问题的性质以及研究的环境有关,对某问题的研究往往采取一种研究方法为主、其他研究方法为辅的方式.

4.1.4 收集资料的方法

在教育研究中,资料的收集是必不可少的环节,而根据不同的研究目的和研究环境需要采取不同的资料收集的方式.本研究中,主要收集资料的方式有以下四种.

1. 量表测试

测量是定量研究的基础,是在定性观察的基础上对观察现象进行数字化的量度.其实,数字化的数据是存在于每一种现象中的,而是否可以量化则取决于人类的认识水平.因此,从这个意义上说,社会科学与自然科学的根本差异就在于测量的精度(张红霞,2009).教育测量起源于18世纪初,但是直到19世纪中期,教育测量的主要形式还是单一的学习能力的测试,而进入20世纪后,在心理学家的推动下,教育测量有了很大的发展,虽然还不如自然科学般精确,但是已能基本反映教育现象中的一些因果关系.

在本研究中,研究者根据Ball及其研究团队关于数学教师教学知识的MKT理论,以及她们团队(尤其是Hill等的工作)在MKT测试量表方面的研究工作(包括LMT,2006,2008和2011年的测试题),并参考庞雅莉(2011)的研究,编制了本研究的职前数学教师教学知识测试量表,在学期前后分别对实验班和控制班进行测试.通过数据对比、分析,获取数学史课程对职前教师教学知识的变化情况.

2. 访谈

量表测试的研究方式具有样本多、易于比较等诸多优点,但是也存在不少缺点,如难以发现和分析深层次的问题,而且对多变量问题、开放性问题的测量效果也不佳. 此时,访谈就成为了一种有效的调查方式. 尽管访谈需要花费更多的时间,样本数量也相对较少,但是通过访谈,可以更好地获取研究对象在情感和态度上的变化、可以更好地获取研究对象深层次的认知及其变化的缘由等有价值的研究信息.

在本研究中,为获取职前数学教师教学知识的变化情况,研究者选取了 10 位参与数学史课程学习的职前教师,对他们进行了 5 轮(因为选取了 5 个教学知识点继续研究)半结构性访谈. 访谈地点都是在研究者的办公室,访谈时间从 10~30 分钟不等. 每轮访谈,职前教师均为独自一人. 为了避免访谈教师讲客套话,也为了让其尽快处于放松状态,以更好地表达自己的真实想法,研究者往往从一般的聊天入手,逐步过渡到访谈的议题中. 大多数访谈过程都会结合职前教师所提交的教学录像或者教学设计,若在访谈过程中,研究者发现未能获得新的信息,就停止进一步地访谈. 访谈过程都进行录音,并在后期转化为文字,这是研究者获取资料的重要来源,研究者从中获取职前教师教学知识的变化情况.

3. 刺激回忆

刺激回忆法指重播教学活动的录像或录音,刺激教师以回溯的方式重新想起当时教学的想法和理念,并说明当时选择该种教学策略的理由,并由此获取教师教学行为背后的知识(林一钢,2009). 刺激回忆法不但可以收集研究信息,还有助于职前教师知觉该种知识的存在,并进一步比较自己信奉的理论和使用中的理论之间的差异. 该方式可以刺激职前教师的反思与修正,从而进一步构建职前教师的教学知识.

刺激回忆主要有两种形式,一是让研究对象看他人的课堂教学或者录像,另一种是让研究对象看自己的教学录像. 在本研究中,研究者采用后一种方法. 研究者选取了初中数学教科书中的 5 个知识点,向参与研究的 10 位职前教师布置了作业,要他们在规定的时间前上交这 5 个知识点的教学设计或者微格教学录像. 研究者在数学史课程内容中,包括了与这 5 个知识点相关的数学史知识. 在相关数学史内容的教学之后,研究者对参与研究的 10 位职前教师分别进行访谈. 访谈中就职前教师所提交的教学设计或者教学录像进行刺激回忆,以获取职前教师在学习了与该知识点相关的数学史课程之后,教学知识有没有变化、都发生了哪些变化、哪些变化和数学史有关、数学史课堂教学中的哪些内容对职前教师教学知识的变化最大等方面的信息.

4. 反思日志

反思是成长的重要环节,个体将感性的认识或者感受,经过反思可获得更深刻的理解,而将个体的反思从思维过程变成文字,又能使个体对现象的认识从经验的层次上升到理性层次.因此,反思日志是促进教师专业发展的重要途径.一些研究也表明运用反思日志已经成为当前发展及研究教师教学知识的重要手段.

在本研究中,反思日志的来源分为研究者和职前教师两个部分.其中,研究者在每次课程结束以后都撰写反思日志,记录课堂教学中所观察到的职前教师的反应、研究者自己的授课反思以及心得体会.职前教师的反思日志,指参与本次研究的10位职前教师根据研究者的要求,定期上交的反思日志.由于学习繁忙,研究者只要求他们在学期开始、学期中期以及学期结束这三个时间,提交三份学习反思.为了避免职前教师的反思内容过于宽泛,研究者在每次布置作业前,特别强调要从教师的教学知识、数学史与数学教学等方面进行反思.此外,其他职前教师在课程结束后对课程的感想也发到研究者的电子邮箱中.

需要指出的是,上述这些收集资料的方法并不是对所有研究问题都采用.不同的研究问题,需要不同的素材,也会有不同的资料来源.

4.2 研究工具

研究工具,就是在研究中帮助研究者获取观察资料的工具.总体说来,本研究的研究方法可以分为量化研究和质性研究两个部分,因此研究工具也从这两个方面来说明.

4.2.1 理论指导

在设计研究工具之前,需要对研究所依据的理论作深入探讨,了解研究对象的特性,构建研究平台,将研究落到实处.因此,以下对研究工具的理论指导作进一步的阐述.

1. 教师教学知识理论的再诠释

教师都需要掌握哪些知识,即教师的教学知识中都包含了哪些具体的内容,一直以来都受到大家的关注,也是教育研究的热点之一.从早期的教师教学知识等价于教师的学科知识,到后来教师教学知识是学科知识和教育学知识的综合,人们对教师教学知识的了解不断深入.

从教师教学知识内涵的研究来看,Shulman 的研究工作无疑是影响最大的,他首先认为教师教学知识应该包括学科内容知识、教学内容知识和课程知识这 3 个部分(Shulman,1986);此后又将其拓展为 7 个部分,分别为学科内容知识、一般教学法知识、课程知识、教学内容知识、有关学生的知识、有关教育环境的知识、有关教育目标的知识(Shulman,1987).但是,前者过于简练(尤其是教学内容知识和课程知识的内涵并未具体化),而后者过于宽泛,在研究中难以有效把握(如这 7 个知识之间的联系是怎样的、该如何有效测评等).

在 Shulman 工作的基础上,Grossman,Cochran,Fennema,Ma,An 等都对教师教学知识的具体内涵进行了研究,而在数学教师教学知识的研究中,以 Ball 及其团队所提出的 MKT 理论最有影响. Ball 等认为,在教师教学知识的研究中Shulman 的工作无疑具有里程碑式的意义,但是 Shulman 对教师教学知识具体内涵的阐述研究还存在一些不足,如缺乏对特定学科教师有效教学需要的知识体系的构建,其教学知识的框架是基于分析而非实证的、对教师需要的学科知识和严格的学科知识并未作严格区分等(Ball et al.,2008).Ball 等还指出了以往教师教育研究中的一些不足,认为以往的研究多以案例研究或者问卷调查为主,缺少对教师实践层面的分析,很少涉及教师教学知识对学生学习影响的研究,而且研究多聚焦于教师的信念和知识结构,缺乏对学科的针对性(Ball et al.,2001).于是,Ball 及其团队,在 Shulman 等工作的基础上,利用扎根研究的方式,针对数学教师的教学知识提出了 MKT 的理论.

MKT 理论将数学教师的教学知识分为两个层次,其中第一层次包括学科内容知识(SMK)和教学内容知识(PCK)2 个部分,而每个知识又细分为 3 个子知识类别构成了第二层次,具体结构如图 4.2 所示.

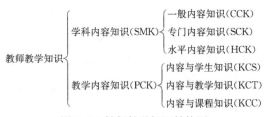

图 4.2 教师教学知识结构图

由于 MKT 理论是基于数学学科发展的,且对教师教学知识的阐述较为清晰,在本研究中,研究者采用该理论来研究职前教师的教学知识,基于 MKT 理论框架进行量化研究和质性研究的设计.为了对 MKT 理论有更深入的了解,研究者根据相关文献对教师教学知识内涵进行了再诠释,详细如表 4.1 所示.

表 4.1　MKT 理论中教师教学知识内涵的诠释

分类		内涵	要求	举例
SMK(Subject Matter Knowledge) 学科内容知识	一般内容知识(content knowledge for teaching, CCK)	指数学知识和技能,是数学学科的本体性知识,学过数学的人都应该具有的知识,是一种纯知识和教法知识、学生知识无关,是静态的	对教给学生的知识自己很熟悉;能够正确地完成布置给学生的作业;能够辨识数学定理、定义和题目的正误;能正确地使用数学符号和术语	$(-2)\times(-3)=6$;$\sqrt{2}$是无理数;$\begin{array}{r}307\\-168\\\hline 139\end{array}$
	专门内容知识(specialize content knowledge, SCK)	指从事数学教学所需要的数学知识,其他非教学工作中并不需要.如果说 CCT 是描述"是什么""是怎样",那么 SCK 就是解释"为什么".它比 CCK 更丰富,是动态的知识	能分析学生错误的原因;能判断学生的方法是否合理,是否值得推广;能选择合适的数学表征;能为常规的法则和程序提供数学解释;能解答学生在所学过程中的问题	为什么$\sqrt{2}$是无理数?$\begin{array}{r}307\\-168\\\hline 139\end{array}$错在哪里?怎么解释才能让学生更好地接受$(-2)\times(-3)=6$
	水平内容知识(horizon content knowledge, HCK)	指不同数学专题在课程中的联系.拥有 HCK 的教师能够用联系的视角看待课程中的数学内容,这是一种更深更广的数学素养,但是不一定会表现在教学中	教师要了解现在所学的知识和以前、以后所学知识之间的联系;能从更高层次审视所教学的内容	负负得正和负数有何联系?如何从高观点下理解无理数?一元二次方程和一元一次方程、一元二次函数有什么联系
PCK (pedagogical content knowledge) 教学内容知识	内容与学生知识(knowledge of content and students, KCS)	指教学内容与学生思考、学习这一特定内容的方式这两种知识的交织,这需要教师既关注具体数学知识的理解,也要关注学生的学习特点、思维方式	能够估计学生可能的想法;预测学生可能出现的困难和错误,能知晓学生最可能出现的错误;所选择的教学内容的难度要适合学生	为什么学生不能理解$\sqrt{2}$是无理数?为什么学生对负数乘以负数等于正数的认识会出现困难
	内容与教学知识(knowledge of content and teaching, KCT)	指教学原理与教学内容知识的综合,这需要教师既要理解具体的数学内容,又要了解不同内容最优的教学方式、表征方式	能够选择恰当的例子;能为知识选择最恰当的教学方式;能判断不同教学方式的优缺点.能恰当地组织知识的教学顺序;能判断哪些知识是需要重点掌握的	怎样解释负数乘以负数等于正数能让学生更好地理解?无理数应该怎样教学才最合适

分类		内涵	要求	举例
PCK (pedagogical content knowledge) 教学内容知识	内容与课程知识 (knowledge of content and curriculum, KCC)	指数学课程方面的知识,包括陈述数学框架和课程从预设到实施再达成的转换过程	什么年级适合教什么内容?某数学内容在某个年级应该教到什么深度	负负得正知识放在七年级是否合适?八年级的勾股定理应该掌握到什么程度

2. 具体教学内容与教师教学知识的关联

要研究教师的教学知识,必须落实到具体的教学知识点中,通过了解教师对该知识点教学的过程,研究者才能获得教师的教学知识的有效信息.在 MKT 理论中,将教师所需要的教学知识分为六种类型,但是应该看到,对于不同的知识点,同一教师所体现的教学知识水平是有差异的,在六种知识类型中的表现也是不同的.例如,有的教师比较擅长代数知识,学习代数知识比较有心得,对代数的各种解法也比较熟悉,而对几何知识就不是特别擅长,那么该教师在讲授代数知识点时所体现出来的教学知识,就会比讲授几何知识时体现出来的教学知识丰富.因此,对于不同的知识点,教师所具有的教学知识也是不同的,即教师的教学知识与教学内容之间存在较强的联系.

从研究的视角,测试的知识点越多,越能体现被测试教师所具有的教学知识的总体水平,但是限于时间和精力,在本研究中不可能对职前教师所有知识点的教学知识逐一进行测试.鉴于本研究对象是职前教师,毕业后大部分的就业去向是初中,因此在本研究中,研究者决定选取一些初中数学教学知识点.经过访谈,以及对教学文献和史料文献的分析等一系列研究过程,研究者在浙江教育出版社出版《以下简称"浙教版"》的初中数学教材中选取了 5 个知识点,在 MKT 理论的指导下,参阅了国内外的相关研究,设计了本研究所需要的量化测试工具和质性分析工具.

这 5 个知识点的内容分别是有理数的乘法、实数、勾股定理、一元二次方程的解法、相似三角形的性质和应用.之所以会选择这 5 个知识点的具体原因以及选择过程,会在后面的研究过程中具体阐明,下面从三个方面说明选择具体教学知识点进行研究的原因.

一是必要性.只有教师的教学知识和具体的教学知识点有很强的关联,落实到具体的知识点层面,才能更好地测量和观察教师教学知识水平和变化情况,因此选取具体知识点作为研究平台是十分必要的.

二是代表性.在研究初始,研究者根据相关原则选取了浙教版初中数学教材中的 10 个知识点,但是由于测试量表的容量有限,若设置过多的题目则会影响测试的效果. 因此,经过研究者对 4 位在职初中数学教师的访谈,并与相关专家进行讨论后,决定在本研究中选取 5 个知识点. 所选取的这 5 个知识点分别分布在七、八、九 3 个年级,而且既包含了代数内容也包含了几何内容,因此具有一定的代表性.

三是知识点与本课程的相关性. 这 5 个知识点都具有较为丰富的数学史素材,且和本课程的教学内容存在一定的相关性,因此通过课堂教学可以激发职前教师对数学史与初中知识点之间联系的思考,进而观察职前教师教学知识的变化情况,有利于本研究的顺利开展.

4.2.2 量化测试工具

在以上理论的指导下,研究者设计了职前教师教学知识的量化测试工具. 量表的编制参考了 Ball 及其团队所编制的测试量表(learning mathematics for teaching project,2006,2008,2011)、庞雅丽(2011)的研究工作,以及第 12 届国际数学教育大会(ICME12)中有关 MKT 的研究这三个部分. 之所以会重点参考这三个部分的文献是因为 Ball 团队是 MKT 理论的提出者,研究是最权威的;庞雅丽的博士学位论文是我国第一篇研究 MKT 理论的博士学位论文;ICME12 中的 MKT 研究是目前该方向最新的研究成果.

1. 厘清研究知识要点

在确定所要研究的 5 个知识点之后,研究者访谈了 4 位在职初中数学教师、2 位初中学生(一位初二,一位初三),并查阅了和这 5 个知识点相关的大量研究文献,厘清了这 5 个知识点在教学过程中的重点或者难点:

(1) 七年级上册 2.3 节有理数的乘法,教学难点是有理数负负得正的乘法;
(2) 七年级上册 3.2 节实数,教学难点是无理数;
(3) 八年级上册 2.6 节探索勾股定理,教学的重点是勾股定理的证明;
(4) 八年级下册 2.2 节一元二次方程的解法,教学的重点是解法的推导过程;
(5) 九年级上册 4.4 节相似三角形的性质及其应用,教学的重点是相似三角形的应用.

2. 量表初稿

研究者在 MKT 理论和知识点教学要点这两个方面的指导下,阅读了相关的文献,编制了测试量表的初稿. 由于量表容量的限制,对于每个知识点,根据 MKT 理论对教师教学知识所划分的 6 类知识,分别设计了 6 道测试题,因此测试量表共包含了 30 道题目,详细如表 4.2 所示. 在每一道题目的边上,研究者都注明了对应的初中教材中的知识点、测试的教学知识类型以及题目的来源和编制理由.

表 4.2 量表初稿中各题分布情况

题目	1	2	3	4	5	6
测试类型	CCK	CCK	CCK	CCK	CCK	KCS
对应知识点	有理数的乘法	实数	勾股定理	一元二次方程的解法	相似三角形的性质与应用	有理数的乘法
题目	7	8	9	10	11	12
测试类型	KCT	KCC	SCK	HCK	HCK	SCK
对应知识点	有理数的乘法	有理数的乘法	有理数的乘法	有理数的乘法	实数	实数
题目	13	14	15	16	17	18
测试类型	KCC	KCS	KCT	HCK	SCK	KCT
对应知识点	实数	实数	实数	勾股定理	勾股定理	勾股定理
题目	19	20	21	22	23	24
测试类型	KCC	KCS	HCK	SCK	KCC	KCS
对应知识点	勾股定理	勾股定理	一元二次方程的解法	一元二次方程的解法	一元二次方程的解法	一元二次方程的解法
题目	25	26	27	28	29	30
测试类型	KCT	KCT	KCC	SCK	KCS	HCK
对应知识点	一元二次方程的解法	相似三角形的性质与应用	相似三角形的性质与应用	相似三角形的性质与应用	相似三角形的性质与应用	相似三角形的性质与应用

3. 量表的修正

量表初稿编制完成后,研究者本人经过了几轮的修改,并去掉所注解的信息后,形成了可以用于测试的量表初稿,开始进行预研究. 预研究的工作主要包括两个部分,一是对实验班的 2009 级职前教师进行教师教学知识测试,并在测试后对参与对象进行两次访谈,一次是在测试刚结束的时候;另一次是在统计了所有预研究的测试结果之后. 访谈的目的主要是为了解参与预研究的职前教师对量表的感受,量表题目中是否存在干扰因素,以及测试所需要的用时等. 二是将量表初稿提交给 5 位数学教育研究学者,请他们对量表初稿提出意见和建议,并进行专家认证.

根据预研究所出现的一些问题,研究者对测试量表的初稿进行了调整,主要工作包括对某些题目进行了替换、对某些题目的位置进行了调整、对某些题目的语句表达进行了修改这三个方面的工作. 最后形成了正式的量表,各题的分布情况如表 4.3 所示.

表 4.3 量表测试问卷中各题分布情况

题目	1	2	3	4	5	6
测试类型	CCK	CCK	CCK	CCK	KCT	SCK
对应知识点	有理数的乘法	实数	勾股定理	相似三角形的性质与应用	有理数的乘法	有理数的乘法
题目	7	8	9	10	11	12
测试类型	KCC	HCK	KCS	SCK	HCK	KCC
对应知识点	有理数的乘法	有理数的乘法	有理数的乘法	实数	实数	实数
题目	13	14	15	16	17	18
测试类型	KCS	KCT	HCK	SCK	KCT	KCC
对应知识点	实数	实数	勾股定理	勾股定理	勾股定理	勾股定理
题目	19	20	21	22	23	24
测试类型	KCS	KCT	HCK	SCK	KCC	KCS
对应知识点	勾股定理	一元二次方程的解法	一元二次方程的解法	一元二次方程的解法	一元二次方程的解法	一元二次方程的解法
题目	25	26	27	28	29	30
测试类型	KCS	KCC	KCT	SCK	HCK	CCK
对应知识点	相似三角形的性质与应用	相似三角形的性质与应用	相似三角形的性质与应用	相似三角形的性质与应用	相似三角形的性质与应用	一元二次方程的解法

由于本研究需要在课程的开始和结束两个时间作前后两次的测试,为了尽量减少职前教师对前测答题的干扰,研究者在后测量表中,对前测量表的题目顺序进行了调整.前后测量表中题目对应关系,如表 4.4 所示.

表 4.4 前后测量表中各题对应情况

前测	1	2	3	4	5	6	7	8	9	10
后测	30	5	7	9	2	11	20	4	29	13
前测	11	12	13	14	15	16	17	18	19	20
后测	1	15	28	8	12	17	19	22	10	18
前测	21	22	23	24	25	26	27	28	29	30
后测	24	3	26	14	21	16	27	23	6	25

4. 职前教师对数学史认识量表

在数学史课程前,研究者通过职前教师的作业以及对研究对象的访谈了解了职前教师对数学史的了解情况、对数学史教育性的认识情况等.在数学史课程结束时,根据职前教师对数学史教育性的认识、对数学史的喜好程度以及数学史与教师教学知识之间的联系,研究者编制了职前教师数学史认识调查表,在最后一次数学史课堂中对实验班职前教师进行问卷调查.

为了更真实地了解职前教师的想法,本次调查采用无记名形式.问卷由16道题组成,内容如下:第1~3题为基本信息;第4~9题为职前教师对数学史教育性的认识;第10题为职前教师对本课程的满意度,第11~16题为职前教师对数学史与教师教学知识了解情况的调查,每一题和MKT的一个子类别对应.问卷全部为选择题,除基本信息外,其他12道题都采用Likert五点法编制.

4.2.3 质性分析工具

在本研究中,质性研究策略所涉及的研究问题包括数学史课程中职前教师教学知识有哪些变化? 是怎么变化的? 这些变化与数学史课程的教学内容和教学方式之间有什么联系? 所涉及的研究途径包括访谈、刺激回忆和反思日志.因此,质性分析工具分为访谈工具和职前教师教学行为分析工具两个部分.

1. 访谈提纲的生成

本研究的访谈模式为半结构访谈(semi-structured interview),因此访谈中有部分问题是封闭的,有部分问题是开放的.本研究的访谈对象是10位参与数学史课程学习的职前教师,除第一次访谈以外(第一次访谈的主要内容是职前教师对数学史的了解情况),其他几次访谈的重点是针对某个知识点,数学史课程前后职前教师教学知识的变化情况和职前教师对数学史课程的感受两个方面.因此,经过预研究的检验之后,研究者将访谈的主要问题列为以下两个.

1) 与某知识点相关的数学史课程前.
(1) 对某个知识点你准备怎么教?
(2) 为什么这么教?
(3) 你觉得这个知识点的教学中哪个环节最重要?
(4) 你觉得这个知识点的教学中哪个环节最难教?
2) 与某知识点相关的数学史课程后.
(1) 刚才上课后,你对某知识点的教学设计有变化吗?
(2) 为什么会有这种变化(为什么没有变化?)?
(3) 你觉得哪部分知识对你影响最大? 为什么?
(4) 你觉得你的教学设计的哪个部分变化最大? 为什么?
(5) 以后备课会去找一下相关的数学史材料看吗?
(6) 在刚才课中你还想听到什么知识?
(7) 还有什么建议?

为了提高访谈信息的准确性,研究者在访谈时候尽量创造自然的环境,以便让职前教师放松,了解职前教师的真实想法,而不是教条性的回答.因此,在以上提纲的基础上,研究者在具体的访谈过程中尽量用口语化语言来进行对话,并多从一般的谈话开始入手,逐渐进入到访谈的正式内容.每次访谈都有录音,访谈结束后,研究者将有价值信息进行摘录、整理.

2. 基于数学史的职前教师教学知识水平分析框架

为了更好地观察并分析职前教师教学知识的变化情况,就必须建立教师的教学设计、教学行为、教学信念与教师知识水平变化之间的联系.这方面主要通过文献分析法,着重参考国内外相关的研究.为此,研究者除参考欧美 MKT 的研究文献以外,还重点参考了大陆和台湾地区在相关领域的研究,尤其是庞雅丽(2011)的视频评论编码框架(分为 4 个维度、3 个水平)、苏意雯(2004)基于三个面向的诠释学分析法(分为 3 个阶段)、李国强(2010)基于 SOLO 理论的教师素养分类框架(分为 5 个水平),以及徐章韬(2009)的面向教学的数学知识水平分析框架(分为 4 个等级).因为本研究主要侧重于数学史课程对职前教师教学知识的影响,即从职前教师教学知识的变化与数学史有无直接或者间接的联系这个视角,所以,本研究中有关职前教师教学知识变化的分析框架是基于数学史视角而构建的,详细内容如表 4.5 所示.

表 4.5 基于数学史的职前教师教学知识水平分析框架

教学知识类别		具体表现	水平
学科内容知识(SMK)	一般内容知识(CCK)	对所要教学的知识点不了解;不能正确地使用数学符号和术语	0
		对所要教学的知识有一些了解,但是知识点是孤立的,能辨识和使用少数数学符号和术语	1
		对所要教学的知识有一定的了解,能辨识一些数学定理、定义和解答的正误,但还不能自如运用;能使用大部分的数学符号和术语	2
		掌握所要教学的知识点,能正确的解答问题,能辨识数学定理和解答的正误;能准确使用数学表征和术语	3
		对所要教学的知识及其相关背景十分熟悉;能迅速准确地辨识与教学知识有关的数学定理、定义和解答的正误;能正确无误地使用数学符号和术语	4
	专门内容知识(SCK)	不清楚该如何教数学知识,不能解释解题或证明的过程	0
		掌握一种解释数学知识的方法,但对学生错误的原因还不能正确分析	1
		掌握至少一种解释数学知识的方法,能正确分析并解释常见的学生错误及其原因,但分析还不够深入	2
		掌握多种解释数学知识的方法,能为数学法则作出正确解释,能正确、到位地分析并解释学生常见的错误及其原因	3

续表

教学知识类别		具体表现	水平
学科内容知识（SMK）	专门内容知识（SCK）	了解并能分析学生错误的原因；能选择合适的数学表征和教学方式，且能解释教学设计缘由；能为常规的法则、程序以及数学解答提供多种数学解释，能做到一题多解	4
	水平内容知识（HCK）	不了解知识点与前后知识的联系，对知识点的演变历程一无所知	0
		知道知识点与前后知识的存在联系，但了解得不深入也不全面，还不能从更深的层次审视知识点	1
		对知识点与前后知识的联系有一定的了解，但还不够全面，知道初等知识和高等知识存在联系	2
		能较为准确和全面地了解知识点与前后知识的联系，对初等知识和高等知识的联系有一些了解，但还不能从更高层次审视教学内容	3
		了解该知识点和以前学过知识点，以后要学习的知识点之间的联系，了解初等知识和高等知识间的联系，能从更高层次审视所教学的内容	4
教学内容知识（PCK）	内容与学生知识（KCS）	不了解教学内容与学生原有知识之间的联系，也不了解知识点与学生的学习特点、思维之间的联系	0
		对教学内容与学生已有知识之间的联系有一定的了解，但对学生在学习该知识点时候的学习特点和思维还缺乏了解	1
		了解所教学的内容与学生已有知识之间的联系，能初步估计学生的想法，但对学生可能出现的困难和错误估计不足	2
		了解所教学的内容与学生已有知识之间的联系，能预估学生的想法，能基本判断出学生可能出现的困难和错误，但对学生最可能出现错误的判断可能会失焦，所选择的教学内容和难度能基本突出重难点	3
		了解所教学的内容与学生已有知识之间的联系，也能预估学生的学习特点和思维方式，能预估学生的想法，判断出学生可能出现的困难和错误，能知晓学生最可能出现的错误；所选择的教学内容的难度要适合学生	4
	内容与教学知识（KCT）	不了解所要教学的知识点该如何教	0
		对知识点该如何教学有一定的了解，但对不同教学方式有何优缺点缺乏了解，教学的重难点把握得还不准确	1
		能根据知识点的特点选取教学方式，理解知识点的重难点，但是对重难点的体现不足，对例子的选取、内容呈现顺序和方式等教学细节缺乏深入的思考	2
		能根据知识点的特点选取教学方式，重难点的把握比较到位，能选取相对恰当的例子、教学内容呈现顺序和方式等也较为合理，但是这些教学行为多基于自身的经验或者模仿，缺乏深层次的教学原理作为解释的依据	3
		能根据知识点的特点选取合适的教学方式，重难点把握到位，能采用恰当的例子、教学内容呈现顺序和方式等教学设计合理，并了解这种教学方式的优势，也能判断不同教学方式的优缺点，以及判断哪些知识是需要重点掌握的	4

续表

教学知识类别		具体表现	水平
教学内容知识(PCK)	内容与课程知识(KCC)	不了解哪个年级的学生应该学习哪些数学知识点	0
		知道所要教学的知识点出现在哪个年级,但是对其他知识点安排在哪个年级并不清楚	1
		大致了解各年级都包含哪些数学知识点,但是并不清楚这么安排的理由以及是否合理	2
		知道各年级的数学知识点安排,也了解相互之间的逻辑架构,但是对知识点的这种设置是否合理还不清楚	3
		知道各年级的数学知识点安排,也了解相互之间的逻辑架构,能判断并知晓知识点的这种设置是否合理,对哪个年级的知识点应该教到哪种深度也有清楚的认识	4

3. 职前教师数学史素养水平分析框架

由于在数学史课程中,职前教师的数学史素养将会得到改变,为了研究职前教师的数学史素养变化与教学知识变化之间的联系,研究者通过参阅国内相关的研究文献,设计了职前教师数学史素养水平分析框架,该框架的建立参考了苏意雯(2004)、洪万生(2005)和李国强(2010)等的研究成果,详细如表4.6所示.

表4.6 职前教师数学史素养发展阶段分析框架

阶段	具体表现
前认识阶段	对数学史不了解,对数学史有没有教育价值不清楚,或者知道一些数学史内容,但是对数学史的教育价值并不认可
认识阶段	在调查数据、专家的研究及其言论下,认识到数学史的教育价值.这个阶段的职前教师对HPM充满了新奇感,有进一步学习的欲望
了解阶段	主动或者被动地去学习数学史知识,通过教师、读物、网络去了解自己感兴趣知识点的史料,并通过融入HPM的教学案例,学习如何将数学史融入教学.这个阶段的职前教师开始正式接触HPM,首先提升自己的数学史素养,然后学习数学史在教学上的融入方式;学习阶段会一直在持续
尝试阶段	任何学习都具有目的性,职前教师在学习了一定的数学史以及HPM案例之后,开始自己尝试设计融入HPM的教学.根据自己所收集的数学史素材,在现有数学史融入教学设计案例的参照下,自己设计融入HPM的教学案例,并尝试在教学设计或者微格教学中使用.但是开始会出现史料的大量堆积,知识点和史料结合度不强,材料在教学设计中出现的时机不合理等问题

阶段	具体表现
反思阶段	能在备课过程中主动去搜寻知识点的有关史料,尝试在教学中融入数学史,但是尝试会有成功也会有失败,一些融入的教学案例并不如其他同事的教学方式来的成功,职前教师就开始进行反思,有的甚至开始否定自己,打退堂鼓. 这是个关键的阶段,如果自己能通过反思,在教师和自我的帮助下,找到关键点,或者融入的形式更为丰富,则在经验上有了质的提高,自信心也会有极大的增强
稳定阶段	这个阶段的职前教师已经将 HPM 融入了自己的教学,碰到所教的知识点都会先去搜索相关的数学史知识,即使不会直接用到课堂教学设计中,对教师而言也对该知识点有了更深入的认识,这实际上是间接的、隐性的融入. 此时的职前教师有了稳定的 HPM 观,能自觉的提升数学史素养,在教学设计期间能不断地尝试、在思考知识点、学生情况和史料三方面因素后,又能不断的否定和反思,呈现最终的教学形式. 总之,就是融入到骨子里了

由于研究时间和研究环境的限制,本研究质性分析工具中的基于数学史的职前教师教学知识水平分析框架和职前教师数学史素养水平分析框架未能在预研究中进行检验. 为此,研究者除在编制过程中,参考了较多相关的研究文献,在已有研究中获取较为可信的支撑以外,还就这两个分析框架的初稿分别拜访相关专家,邀请他们就这两份框架的合理性进行鉴定和修改. 最终,研究者根据专家的建议对初稿作了局部的修正,得到了以上两份分析框架的正式稿.

4. 三角分析法

在质性研究资料的分析环节,研究者采用了三角形检验法(triangulation),该方法源自三角学(trigonometry),指的是当我们在地图上无法确定自身与目标的位置关系时,可以利用与另一个物体的角度或者距离来确定自身的精准位置(曾名秀,2011). 教育研究中的三角检验法指的是研究者为了构建事实,需要多种的资料来源. 一般来说,三角检验法可以分为资料三角检验、调查者三角检验、理论三角检验和方法论三角检验四类(Patton,2002). 在本研究中,主要采用资料三角检验法,在分析职前教师教学知识产生了哪些变化、是怎么变化的、与数学史课程的教学有何联系的时候,研究者同时采用了职前教师的访谈、教学设计或者教学录像、反思日志三个方面的资料,并兼顾到一致性.

4.2.4 研究信度与效度

一般来说,通常用信度与效度来衡量研究的质量. 本研究中既有量化研究,又有质性研究,但是这两种研究的信度和效度方法是不同的. 量化研究依据的是统计推论,而质性研究依据的是分析推论(林一钢,2009). 以下分别从内在信度(internal reliability)、外在信度(external reliability)、内在效度(internal validity)和外在效度(external validity)四个方面来说明本研究的信度和效度.

1. 内在信度

信度是对研究工具可靠性的量度,它是鉴定研究结果的一致性和稳定性的概念(张红霞,2009). 对于量化研究,通常内部信度都采用内部一致性系数,又称为 α 系数,或者 Crobach α. 但是,本研究中的量化测试工具的30道测试题,是按照5个知识点和6种教学知识类型分别设计而成的. 也就是说,每一道题所对应的知识点或者教学知识类型都是不同的(表4.2),因此,这种量化研究作内部一致性检验是不适合的. 而且量化测试工具的一些题目属于客观题(如有关 CCK 类别的题目),有研究指出(张红霞,2009)客观题一般不讨论信度问题.

对于质性研究,内在信度是指面对同一现象,不同研究者运用同一资料收集方法所获得结果的相同程度(林一钢,2009). 通常,增加质性研究内在信度的方法有低推论的描述、多位研究者(研究者为参与者)、同伴检核、机器记录等方式(LeCompte et al., 1993). 本研究主要采用以下三种方式提高内在信度:一是低推论的描述,本研究采用访谈内容、职前教师的教学设计或者教学录像以尽量降低推论;二是研究者为参与者,在本研究中,研究者同时也是研究的参与者,研究者作为数学史课程的授课教师,是研究中的一个重要环节,能随时观察到研究对象的变化情况;三是机器记录,在本研究的课堂授课和访谈两个环节,研究者均采用录音,职前教师的个别授课则以录像形式保存.

2. 外在信度

外在信度指研究者在与先前研究相同或类似的情况下,所发现现象或建构的相同程度(林一钢,2009). 一般来说,量化研究的外在信度可以分为重测信度(test-retest reliability)、复本信度(parallel-forms reliability)和折半信度(spilt-half reliability)三种类型. 本研究所设计的量化测试工具,目的是测试职前教师在数学史课程前后教学知识的变化情况. 为了能让职前教师表达心中的真实想法,研究者并不要求被测试者写上姓名或者学号,因此不适合作重测信度和复本信度. 但是,测试工具中每一题都是相对独立的(知识点不同或者对应的教学知识类型不同),因此也不适合将其分成奇偶题进行折半信度的计算.

而对质性研究来说,通常增加外在信度的方式有研究者的角色、资讯提供者的选择、社会脉络、分析的概念与前提以及资料的收集与分析的方法(LeCompte et al., 1993). 在本研究中,主要采用以下方法提高外在信度:一是研究者参与了整个研究过程,能及时观察职前教师的变化,并每次都撰写反思日志,将观察到的信息及时记录;二是详细说明资料收集的时间、地点和情境,以准确记录收集资料的社会脉络;三是在研究初始,研究者根据已有研究以及本研究的特点,确定了资料收集方式以及资料分析框架,确保分析的客观性和一致性.

3. 内在效度

效度是对研究工具有效性的反映,一般来说,量化研究的内部效度是指研究在多大程度上能够真实反映自变量与因变量之间的因果关系(李文玲等,2008),或者说研究者是否真的探讨到原先要探讨的对象? 即经过观察与分析的结果能真正代表真实现象的程度(LeCompte et al., 1993). 影响内在效度的因素主要有实验背景、测试、研究工具、被试选择等因素(李文玲等,2008).

在本研究的实验背景中,由于研究对象在一个学期中不可能只上一门数学史课程,因此其教学知识的变化是否会受到其他课程的影响这个干扰因素很难消除,只能尽量避免. 为此,研究者主要从两个方面避免其他课程的干扰:一是在研究中尽量涉及与数学史课程有关的教学知识;二是量化测试和质性研究相结合,尽量获取职前教师教学知识与数学史课程之间联系更多的信息.

在测试方面,本研究为了避免前测对后测带来的影响,除尽量延长两次测试间隔的时间外,还在后测时对测试题目进行了打乱,尽量降低试题引起职前教师对前测的回忆.

在研究工具方面,研究者在量化工具的初稿设计好后,请了5位数学教育专家(4位高校教师,均为博士学历;1位数学教育博士生)进行试题内容的认证. 结果,在初稿中,专家和研究者的一致率达到74.4%. 研究者经过预研究的测试以及专家的认证结果,对测试量表进行了修改,并将修改后的量表与专家进行了沟通和说明,最后双方对绝大多数题目的一致性都达成了共识.

在被试选择方面,研究者根据研究要求,选取了实验班和控制班. 这两个班级的职前教师在之前所上的课程相差不大,但是在研究者实验这一学期中,实验班职前教师有开设数学史课程,控制班职前教师暂时没有开设该课程(在下一个学年中开设). 因此,这种情况有利于研究者通过比较获取数学史课程与职前教师教学知识之间的联系.

此外,在质性研究中,三角互证被认为是可以增加内部效度的有效方法(Patton,2002),为此研究者的资料分析采用三角检验法,做到访谈内容、教学设计或教学录像、反思日志的一致性. 为了更好地了解职前教师的真实想法,研究者在访谈过程中采用逐步聚焦的办法,先从一般的对话开始,待职前教师进入放松状态,并与研究者建立信任感之后,再逐步对涉及核心关注的问题进行交流,以此提高访谈结果的有效性.

4. 外在效度

外在效度指研究结果能够概化到样本总量(与其他同类现象)的程度,也就是所取得的研究结果能否代表总体的属性;处理的是由研究者产生或测量的概念,适合于其他团体的程度的问题(李文玲等,2008;林一钢,2009).影响外在效度的主要因素是实验情景过分人工化和取样是否在两个方面具有一般性(王重鸣,2001).

因此,为了让研究呈现自然状态,研究者在课堂授课中主要讲授数学史内容,并在适当的教学内容中提及该数学史内容若融入教学中怎么办,尽量不涉及和量化测试题目有关的内容.在取样方面,研究者的量化研究是全体参与数学史课程学习的职前教师,并不存在特意抽取的成分;质性研究部分,研究者所选取的10位职前教师的成绩以及在研究初始其对数学史的认识以及情感都比较分散,具有较好的代表价值.

4.3 研究对象

实验班和控制班的职前教师,均为数学与应用数学专业师范类大学三年级学生,他们在大学的前两年基本学习数学和教育的基础课程,从三年级开始陆续学习数学教育的专业课,所学习的课程基本类似,因此符合研究条件.

数学史为选修课程,因此本研究的量化研究部分,选取选修该课程的96位职前教师作为实验班,选取还没修读该课程的80位职前教师作为控制班.

在本研究中,除量化的研究以外,还需要了解职前教师在数学史课程学习中教学知识的变化过程是怎样的,因此需要对职前教师进行包括访谈、刺激回忆等方式在内的质性研究.因此,研究者需要选取部分职前教师进行重点研究,通过职前教师的主动报名和教师随机抽取等方式,最后确定了10位职前教师作为质性研究的对象.他们都按照研究流程阅读并签订了知情同意书.这10名职前教师中,有9名女生、1名男生,在本研究中用PT1(pre-service teacher)表示男生,PT2~PT10分别表示剩余的几位女生.

这10名同学的总成绩可以分为三类,其中PT2,PT3,PT6和PT7在各自的班级里算比较好的,PT4,PT8和PT10在各自班级里算中等,PT1,PT5和PT9在各自班级里成绩属于偏后的.在研究者对主动报名的6位职前教师进行的简单交谈中,他们以前对数学史的接触均不多,也并无特殊好感,之所以报名参加,有的是希望在研究者的指导下,提高教学技能;而有的则是被同宿舍同学一起拉过来.因此,这10位重点研究的职前教师具有较好的代表性.

4.4 研究过程

4.4.1 前期准备

1. 研究思路的确定

在明确本研究的方向为数学史课程与职前教师的教学知识之后,研究者选取与本研究相关较为紧密的一些国内外文献作进一步研究,拟定了研究题目和研究问题的初稿,经过与老师、同学、同事等多次深入交流并结合实际研究条件后,研究者明确了本研究的题目为"基于数学史课程的职前教师教学知识发展研究",并确定了两个研究问题.

根据研究问题与研究条件,研究者开始构思研究计划,并认为可以将本研究的研究方式分为量化研究和质性研究两个部分.在确定了相关研究条件后,研究者分别制订研究流程,如图 4.3 和图 4.4 所示.

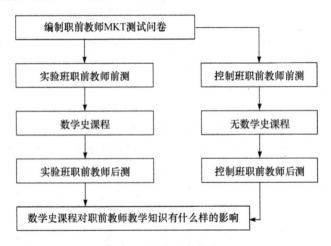

图 4.3 量化研究的流程

在明确了研究思路之后,研究者根据研究问题、研究条件及相关研究文献,设计了研究过程,确定了准实验研究、质性研究、行动研究等研究策略;并选取了量化测量、访谈、刺激回忆和反思日志等四种收集资料的方法.

2. 研究知识点的选取

要研究教学知识的变化情况,必须落实到具体的教学知识点,由于研究对象职前教师毕业后就业去向多为初中,研究者决定在初中(七、八、九年级)选取知识点.

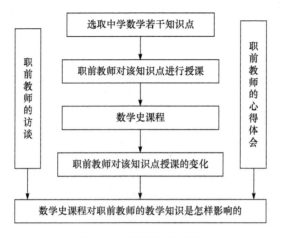

图 4.4 质性研究的流程

1) 选取知识点的原则.

根据研究的需要,研究者制订了以下四个原则来选取知识点:

原则一:知识点要具有一定的数学史背景;

原则二:知识点和数学史课程的教学内容要有一定的联系性;

原则三:知识点在教与学的过程中存在一定的困难;

原则四:知识点的分布要相对平衡.

原则一和原则二主要是基于本研究内容的考虑,本研究主要观察数学史课程中职前教师教学知识的变化情况,因此所选取的知识点需要有一定的数学史背景(并不是所有的知识点都能理出清晰的历史发展过程),而且能够和本课程的教学内容建立一定的联系.原则三主要是基于数学史对教学的价值性考虑的,若教师在教学中遇到一些困难,对怎么教就会有更深入的思考,这时候教师教学知识的变化就会体现得更为明显,有利于研究者对现象的观察和数据的获取.原则四主要是基于研究的效度,对不同的知识点,教师所体现出的教学知识会有所区别,因此若知识点分布的相对平均,则能在一定程度上体现教师教学知识的总体情况.一般来说,所选取的知识点都要符合这四个原则,但是在具体选择某个知识点的时候,所依据四个原则的重要性肯定是有区别的.

为此,研究者根据以上四个原则,在阅读有关浙教版初中数学教材和知识点的教学文献之后,初步选取了浙教版初中数学教材中的 10 个知识点.它们分别是七年级上册(范良火,2006a)的 2.3 节有理数的乘法、3.2 节实数、4.1 节用字母表示数,七年级下册(范良火,2005a)的 4.3 节解二元一次方程组,八年级上册(范良火,2006b)的 2.6 节探索勾股定理、7.2 节认识函数,八年级下册(范良火,2005b)的 2.2 节一元二次方程的解法,九年级上册(范良火,2006c)的 3.1 节圆、4.4 节相似三角形的性质及其应用和九年级下册(范良火,2006d)的 2.3 节概率的简单应用这 10 个知识点. 这些知识点的选取理由以及所对应的原则,如表 4.7 所示.

表 4.7　研究的知识点(初稿)

编号	教材	章节名称	选取的主要理由	主要对应的原则
zsd01	七年级上册	2.3 有理数的乘法	负负得正的解释是教学的难点	原则一、原则二、原则三
zsd02	七年级上册	3.2 实数	无理数是学生认知的难点	原则一、原则二、原则三
zsd03	七年级上册	4.1 用字母表示数	从直观到抽象是学生认知的难点	原则一、原则二、原则三
zsd04	七年级下册	4.3 解二元一次方程组	二元一次方程组的解法历史悠久	原则一、原则二、原则四
zsd05	八年级上册	2.6 探索勾股定理	勾股定理的证明具有丰富的历史素材	原则一、原则二、原则四
zsd06	八年级上册	7.2 认识函数	函数定义的理解是教学的重点与难点	原则一、原则二、原则三
zsd07	八年级下册	2.2 一元二次方程的解法	有较为丰富的数学史素材,可以通过比较感知现有公式的价值	原则一、原则二、原则四
zsd08	九年级上册	3.1 圆	圆面积的由来是教学的难点	原则一、原则二、原则三
zsd09	九年级上册	4.4 相似三角形的性质及其应用	相似三角形的应用是学生学习的难点	原则一、原则二、原则三
zsd10	九年级下册	2.3 概率的简单应用	概率的发展历史有较为丰富的素材	原则一、原则二、原则四

2) 在职教师的访谈与知识点的确定.

由于课堂教学会因为节假日、研究的前后测量等原因而减少,数学史课程在研究的学期只能授课 15 次. 对参与质性研究的职前教师来说,如果在第 k 周准备第 i 个知识点的教学设计,第 $k+1$ 周听取与该知识点有所关联的数学史课程内容,稍作思考后接受研究者的访谈,并在第 $k+2$ 周开始准备下一个知识点. 所以,就一个知识点来说,一般的时间间隔要 2 到 3 周. 因此,研究者认为在本研究中选取 5 个知识点是比较适合的.

为了从初稿的 10 个知识点中选取 5 个,也为了对这几个知识点的教与学有更深入的了解,研究者决定与具有丰富一线教学经验的在职教师进行访谈. 经过多方联系,研究者找到了 4 位不同教龄结构的初中在职数学教师,并分别进行了访谈,访谈教师的基本情况和访谈结果如表 4.8 所示. 这四位在职教师中,zzjs1 是市区一所重点中学的高级教师,有着丰富的教学经验,与研究者是通过工作认识的;zzjs2 是郊县一所重点中学的高级教师,与研究者是高中同学;zzjs3 是郊县一所普通中学的一级教师,是研究者的学生;zzjs4 是市区一所重点中学的教师,今年刚评上一级教师,也是研究者的学生. 由于 zzjs1 和 zzjs4 住在市区,研究者直接通过见面进行访谈;zzjs2 与研究者比较熟悉,研究者直接登门拜访;zzjs3 的住所相对偏远,而且白天要忙于带小孩,因此研究者选择与她通过网络进行访谈.

表 4.8 在职教师情况与访谈结果

编号	性别	教龄	职称	访谈形式	选择结果
zzjs1	男	19	高级	面谈	zsd01,zsd02,zsd05,zsd06,zsd07
zzjs2	男	13	高级	面谈	zsd01,zsd02,zsd05,zsd07,zsd09
zzjs3	女	9	一级	网络(qq)	zsd03,zsd05,zsd07,zsd08,zsd10
zzjs4	女	5	一级	面谈	zsd02,zsd05,zsd06,zsd09,zsd10

在访谈中,研究将初稿所选择的 10 个知识点给他们看,并主要就以下两个问题进行交流:这些知识点在教与学的过程中所存在的困难都有哪些? 如果想在教学中融入数学史,他们会选择哪 5 个?

根据 4 位在职教师的选择,我们可知:4 位教师全部都选择的知识点是 zsd05;有 3 位教师选择的知识点是 zsd02 和 zsd07;有 2 位教师选择的知识点是 zsd01,zsd06,zsd09 和 zsd10;有 1 位教师选择的知识点是 zsd03 和 zsd08;没有教师选择的知识点是 zsd04.

在访谈中,zzjs1 老师认为九年级学生面临着中考,为了留出足够的时间进行复习,因此教学速度较快,也多以应试教育为主,因此融入数学史的教学在九年级,特别是九年级下学期会比较少见. 对这个观点,zzjs2 也提到. 而且,鉴于初中对概率内容的要求还相对较低,教师的教与学生的学都不存在较大的困难. 因此,研究者决定九年级下学期的知识点不选择,但是为了知识点的相对平衡,在九年级上学期选择 1 个知识点,在七年级和八年级各选择 2 个知识点.

研究者首先将九年级下学期的知识点 zsd10 剔除,在九年级上学期的知识点中选取在职教师支持较多的知识点 zsd09,放弃了知识点 zsd08. 由于知识点 zsd05 是 4 位访谈教师都认同的,研究者将其列为 5 个知识点之一. 这样,八年级就剩下 zsd06 和 zsd07 这两个知识点,由于 zsd05 与 zsd06 同在八年级上学期,而且在职教师的支持度中少于位于八年级下学期的 zsd07,所以研究者在八年级中选择 zsd05 和 zsd07 这两个知识点. 虽然七年级下学期只列出了一个知识点 zsd04,但是 4 位在职教师均没有选择,原因是这部分知识点相对简单,学生掌握和理解的都比较好,因此研究者也放弃了该知识点. 而在七年级上学期的三个知识点 zsd01,zsd02 和 zsd03 中,前两个在职教师支持度较高,而且学生在学习负负得正以及对无理数的认知方面都存在较大的困难,因此研究者在七年级中选择 zsd01 和 zsd02 这两个知识点.

至此,研究所需要的 5 个初中数学知识点已选取完毕. 根据所选择的知识点,研究者结合 HPM 研究文献和 5 个知识点的教学研究文献,理出了和教学点有关的数学史素材,结果如表 4.9 所示.

表 4.9　研究的知识点(定稿)

编号	教材	章节名称	主要对应的原则	访谈支持率	可用于教学的数学史
zsd01	七年级上册	2.3 有理数的乘法	原则一、原则二、原则三	50%	负负得正的历史发展过程
zsd02	七年级上册	3.2 实数	原则一、原则二、原则三	75%	无理数的历史发展过程
zsd03	八年级上册	2.6 探索勾股定理	原则一、原则二、原则四	100%	勾股定理的历史证明及应用
zsd04	八年级下册	2.2 一元二次方程的解法	原则一、原则二、原则四	75%	一元二次方程的历史解法及应用
zsd05	九年级上册	4.4 相似三角形的性质及其应用	原则一、原则二、原则三	50%	相似三角形性质的历史应用

3. 测试量表初稿的设计

重点研究的知识点确定以后,研究者开始着手编制量化研究的测试量表,这需要在 MKT 理论的指导下,深入研究所确定的 5 个知识点,为此在编制测试量表之前,研究者主要做了以下四个方面的工作:

(1) 阅读有关 MKT 测试和分类的研究文献;
(2) 阅读有关研究的 5 个知识点内容的教学与研究的文献;
(3) 对 4 位在职初中数学教师的访谈内容;
(4) 对 2 位初中学生的访谈,主要访谈内容是这 5 个知识点的学习感受.

此后,研究者开始编制量表,为明确量表试题的来源和目的,研究者对量表里的每一题都注明对应的教学知识类型、知识点以及题目的来源和答案.主要包含以下内容.

1) CCK:一般内容知识.

一般内容知识是学科的本体性知识,指教师具有所教学知识点的概念、性质和计算等方面的知识.根据庞雅丽(2011)的研究,她以"数的概念与运算"测试职前教师的 MKT 时,在试卷的 CCK 部分选择了 3 道中考题,但是测试结果表明我国职前教师的 CCK 水平都较高,因此,为了提高测试的区分度,研究者在本次编制过程中,涉及 CCK 的 5 道题均选自全国或者各省的初中数学竞赛题.详细信息如表 4.10 所示.

表 4.10　量表(初稿)中 CCK 测试题信息表

题号	对应的知识点	题目来源	选取理由
1	有理数的乘法	2005 年全国初中数学竞赛题	求解该题需要用到有理数乘法的知识
2	实数	第 20 届江苏省竞赛题	该题涉及对无理数的理解
3	勾股定理	2007 年全国初中数学竞赛浙江赛区复赛题	该题需要用到勾股定理的性质

续表

题号	对应的知识点	题目来源	选取理由
4	一元二次方程的解法	2008年全国初中数学联合竞赛试题	该题需要用到一元二次方程中根与系数的关系
5	相似三角形的性质及其应用	2007年浙江省初中数学竞赛初赛题	该题解决的关键就是利用三角形相似的性质

2) SCK：专门内容知识.

专门内容知识是教师所特有的，教师能解释的知识点，能发现学生错误的原因，能判断学生的做法是否合理，能否值得推广等. 这部分题目的编制，研究者在对在职教师访谈的基础上，参阅了与这五个知识点相关的大量文献，从中选择了若干素材改编成的试题. 详细信息如表4.11所示.

表4.11 量表(初稿)中SCK测试题信息表

题号	对应的知识点	题目来源	选取理由
9	有理数的乘法	根据宋辉(2008)的研究改编	该题需要教师具备发现有理数乘法中错误原因的知识
12	实数	根据庞雅丽(2011)的研究改编	该题需要教师能解释学生对无理数的疑问
16	勾股定理	根据朱哲(2010)的研究改编	该题需要教师指出学生在证明勾股定理过程中的错误
21	一元二次方程的解法	根据陈光敏(2011)的研究改编	该题需要判断学生在一元二次方程中求解的正误
30	相似三角形的性质及其应用	根据汪二梅(2011)的研究改编	该题需要教师判断学生利用相似三角形性质是否恰当

3) HCK：水平内容知识.

在Ball研究团队最初的MKT理论中，对HCK的论述不是很多，研究者通过搜集Ball团队后期的研究以及其他人对HCK的研究，进一步确认了HCK的内涵，就是教师要了解所教知识点和以前所学过的知识和以后将要学到的知识之间的联系，能够从高观点下审视所教的知识点，能用联系的观点看待数学知识. 根据这些理由，编制试题；详细信息如表4.12所示.

表4.12 量表(初稿)中HCK测试题信息表

题号	对应的知识点	题目来源	选取理由
10	有理数的乘法	根据巩子坤(2006)的研究改编	该题需要教师具备高观点下审视负负得正
11	实数	根据庞雅丽(2011)的研究改编	该题需要教师具备与实数理论相关的高等数学知识
17	勾股定理	根据朱哲(2010)和杨小丽(2011)的研究改编	该题需要教师了解勾股定理知识点前后联系

续表

题号	对应的知识点	题目来源	选取理由
22	一元二次方程的解法	根据浙教版教科书编制	该题需要教师对一元二次方程中求解与前后知识的联系
28	相似三角形的性质及其应用	根据汪晓勤(2007b)和王进敬等(2011)的研究改编	该题需要教师用联系的观点看待相似三角形的性质与应用

4) KCS：内容与学生的知识.

内容与学生的知识指教师要了解所教的知识点和学生的认知特点、思维方式、学生已有的知识基础等知识,这需要教师能估计学生在学习过程中可能的出现的困难,要设计最适合学生接受的教学方式.以此为据,编制试题,详细信息如表 4.13 所示.

表 4.13 量表(初稿)中 KCS 测试题信息表

题号	对应的知识点	题目来源	选取理由
6	有理数的乘法	根据巩子坤(2010)的研究改编	本题涉及如何设计合适学生的教学方式
14	实数	根据庞雅丽(2011)的研究改编	本题涉及教学设计中如何考虑学生的思维
20	勾股定理	根据浙教版教科书编制	本题涉及如何判断学生的学习难点
24	一元二次方程的解法	根据对在职教师的访谈编制	本题涉及如何判断学生的学习困难
29	相似三角形的性质及其应用	根据对在职教师的访谈编制	本题涉及如何判断学生的学习难点

5) KCT：内容与教学的知识.

内容与教学的知识指教师要具备何种知识点、该选择何种最佳教学方式的知识,这是教学原理与教学内容知识的综合,教师既要理解具体的数学内容,又要了解不同内容最优的教学方式、表征方式.以此为据,编制试题,详细信息如表 4.14 所示.

表 4.14 量表(初稿)中 KCT 测试题信息表

题号	对应的知识点	题目来源	选取理由
7	有理数的乘法	根据庞雅丽(2011)的研究改编	本题需要教师具备如何根据教学内容设计最佳的教学方式
15	实数	根据冯璟(2010)的研究改编	本题需要教师具备最佳表达概念方式的知识
18	勾股定理	根据李庆辉(2009)和朱哲(2010)的研究改编	本题涉及知识点的最佳教学方式
25	一元二次方程的解法	根据范宏业(2006)的研究改编	本题涉及判断知识点的教学方式
26	相似三角形的性质及其应用	根据王进敬(2011)的研究改编	本题涉及教师对知识点的教学方式的选择

6) KCC:内容与课程的知识.

关于内容与课程知识的研究文献还不多,Ball团队在最初提出MKT理论的时候,对KCC的论述不是很多,也不是很确定,此后一些文献对此有一些论述,本文根据这些文献,认为内容与课程的知识是指教师要具备数学课程方面的知识,包括陈述数学框架和课程从预设到实施再达成的转换过程.例如,什么年级适合教什么内容,某数学内容在某个年级应该教到什么深度等.以此为据,编制试题,详细信息如表4.15所示.

表 4.15 量表(初稿)中 KCC 测试题信息表

题号	对应的知识点	题目来源	选取理由
8	有理数的乘法	根据 MKT 理论自编	本题涉及什么知识点在哪个年级上适合
13	实数	根据教科书内容编制	本题涉及知识点在哪个年级上合适
19	勾股定理	根据朱哲(2010)和杨小丽(2011)的研究改编	本题涉及知识点的教学年级和教学深度
23	一元二次方程的解法	根据教科书内容编制	本题涉及知识点次序的判断
27	相似三角形的性质及其应用	根据郭迷斋(2008)的研究以及教科书内容编制	本题涉及知识点安排在哪个年级教学合适

编制表完成后,所形成的测试量表初稿由30道题构成,各题具体的分布情况,如表4.2所示.

4.4.2 预研究

1. 测试问卷的预测量

测试量表初稿完成之后,研究者经过几次修改后形成正式的初稿.为了检验量表初稿的题目,如试题的难度、完成的总时间等,研究者需要通过预研究来进一步完善测试量表.

经过联系,研究者找到了24位本校大学四年级职前教师,对他们进行问卷的测试.预测试显示,测试用时最少的是25分钟,最多的60分钟,平均用时43.6分钟.测试结束后,研究者对最后提交的几位学生进行了非正式的访谈,主要咨询他们对试题难度的感受,以及在做题时前后题目有没形成信息上的干扰等.预研究的测试结果是研究者调整测试量表初稿的重要依据.

2. 专家审核和认证

在研究工具方面,研究者在量化工具的初稿设计好后,请了5位数学教育专家(4位高校教师、1位数学教育博士生)进行试题内容的认证,并对量表提出修改建议.结果在量表的初稿中,专家和研究者的一致率达到74.4%.比较不一致的题目主要是第6,10,11,14,16,21这六道题,对第6题研究者遵循专家的意见,将测试类型作了修改.其中第10,11和16题是HCK和CCK之间的不一致,研究者经过再次的文献分析后,认为这些问题涉及高观点下看待知识点,应该属于HCK的范畴,于是和专家进行了邮件联系,并得到了他们的确认;第14题是KCS和KCT的不一致,在Ball的MKT理论中也认为KCS和KCT这两个类型有时候很难区分,会有重合的情况,于是研究者对其中的语句作了修改,让题目更明确是从学生知识的视角还是从教学内容的视角进行教学设计;第21题是HCK和KCC之间的不一致,这两种类型都涉及了用联系的观点看待知识,MKT理论初始对这两种类型的描述笔墨不多,二者之间的区别也很难明确区分,研究者通过语句的修改,让题目的倾向性更清晰.

3. 测试量表的调整与确定

结合预研究的测试结果以及专家的认证意见,研究者对测试量表进行了修改,主要工作包括了题目替换、语句修改和顺序调整等三个方面,最后形成了前测量表的正式稿.

1) 题目替换和位置调整.

预研究的问卷中的第4题,本来以为学生会用根与系数的关系来做,但是预研究发现很多学生都用直接解方程的方法求出答案,这样题目的难度就降低,区分度也不高,所以就替换难度稍高点的题目,该题来自2008年全国初中数学竞赛(浙江赛区)复赛试题,对应的知识点还是一元二次方程的解法,测试类型还是CCK.该题经过替换后难度加大,如果没有找到恰当的解题方法需要花费较多的时间,由于担心学生会做太久,影响后面题目的解答,故在前测中将该题调整到最后,即第30题.

预研究中,学生的测试平均用时虽然在45分钟(一节课)以内,但是考虑到预研究的学生在做试题时的态度可能不是很认真,因此正式测试时的时间问题需要考虑.为此,除增加前测的时间以外,还对初稿中个别文字比较多的题目进行修改.例如,初稿第7题的文字太多,学生阅读起来比较费时间,而且在第6题的测试类型从KCS变更为KCT以后,原来这个知识点的KCT题目就必须变更为KCS题目,因此研究者结合佟巍和汪晓勤(2005)的研究,修改了该题.为了避免和第5题的干扰,将该题放到前测的第9题.

预研究中第25题的表述过于"爱憎分明",导致学生都做对,经过修改后还是觉得不理想,因此将其进行了替换.新的测试题是根据汪晓勤(2007b)的研究进行改编,对应内容是一元二次方程的解法,测试类型为KCT.

2) 语句修改和位置调整.

预研究问卷的第 6 题在设计时候认为是 KCS,但是大多专家认为更适合 KCT 范畴,查阅了一些文献并思考后认为更适合教学组织方面,因此对题目的表述作了修改,并将其测试类型归类为 KCT.

对初稿中的第 13 题和第 14 题,研究者对原来的题目表述进行了修改,引导学生进一步思考.预研究中,学生对第 17 题和第 22 题的选项,一般都不填写不正确的理由,而且原来的选项 B 看起来比较"贬义",没有学生选择,因此研究者对选项进行了修改.

预研究问卷第 20 题在预研究时学生的答案很平均,经过访谈,发现他们对教材不是很熟悉,为此研究者对问题和选项作了补充.此外,除以上的修改以外,研究者还对初稿中个别错别字和题目顺序也作了小调整,调整的目的主要在于避免前后题的干扰.最后形成的量表正式稿,各题的分布如表 4.3 所示.

4. 质性研究的演练

1) 演练目的.

在预研究中,研究者希望质性研究能达到以下三个目的:

(1) 访谈方式的成熟化;

(2) 刺激回忆方式的程序化;

(3) 不同类型数学史内容对教学影响的初步认识.

虽然研究者已经拟定了访谈的提纲,但是对于所提出的问题能得到多少有效的信息,对研究者来说是未知的,为了让提问内容和提问的方式更加成熟,研究者希望能在预研究中对访谈方式作进一步的完善,使其更加成熟.对于刺激回忆的方式,研究者虽然有了明确的研究思路,但是在具体实施中该如何根据受访对象的状态刺激其更好的思考教学行为的变化过程及其变化原因都需要有更为明确的操作程序.对某个数学知识点来说,它的历史发展可以有不同的呈现方式,如有的知识点的发展过程是累积性很强的,是逐渐演进的;有的知识点的发展过程具有较强的地域特征;而有的知识点的历史资料是零散的.因此研究者希望在预研究中,初步了解不同类型的数学史内容对教师教学的影响.

2) 参与人员.

在预研究中,研究者首先很快确定了两位时间合适的职前教师.由于在职教师对教学内容十分熟悉,马上就能说出某知识点的教学思路或者提供出教案或者 PPT.此外,研究者也希望从在职教师那里获取有关知识点教学的信息(如如何处理重点、难点和易错点).因此,在质性研究的演练中研究者选取了 2 位职前教师和 2 位在职教师.

职前教师来自某校大学四年级;由于 zzjs2 和 zzjs4 分别是研究者的同学和学

生,而且联系方式较为方便,研究者就选取了这两位在职教师作为访谈的对象.

3) 演练过程.

研究者首先要求访谈对象分别提交一份和五个知识点有关的教案或者教学设计、上课的PPT.然后,研究者对其访谈,主要问题是这个知识点的重点和难点在哪里?你为什么这么教?教学设计有什么意图?访谈结束后,研究者整理了一份与他们提交的知识点有关的数学史素材给他们阅读.

经过一天后,研究者对他们进行访谈.主要内容包括看了材料后有什么感想?对教学有没有帮助?是否会改变原来的教学设计?如果有改变,都在哪里进行了变化?对数学教学中加入数学史有什么看法等.

此外,在预研究中,研究者还将数学史课程的教学内容作了大致的选取.结合目前国内外对数学史课程的研究,研究者决定选择古埃及、古巴比伦、古希腊、古代中国、古代印度、古代阿拉伯、近代欧洲、现代欧洲等方面的数学成就进行介绍.并在预研究阶段,将以上内容发给有关专家,并得到了他们的肯定.

经过预研究后,研究者对访谈时机和访谈问题有了进一步的了解.对如何根据研究对象的教案、教学设计或PPT的内容,该如何一步步诱导对象进行思考的程序有了一定的把握.也从预研究中了解到演进式数学史料,教师最感兴趣,对教学的影响也最大.根据预研究的结果,研究者设计了半结构访谈提纲,也积累了刺激回忆访谈经验,对研究中不同类型数学史内容对教师教学的影响也有一定的了解,而教学方式的把握研究者决定在研究中根据参与重点研究职前教师的反馈而随时调整.

4.4.3 实施过程

本研究随着数学史课程的开课而正式开始,研究者在第1次课(每次课有2个课时)的第1节课,研究者主要向学生简单介绍了本课程的基本内容、课程的考核形式,同时向学生发出了研究的邀请,并向学生公布了研究者的联系方式等基本信息.然后,在第2节课中,在课堂内研究者对职前教师进行量化研究的前测.此外,还要求每位同学写一份以前接触数学史的情况,以及自己对数学史的认识和态度,发到研究者电子邮箱中.同时,也希望职前教师在学习过程中,若有建议或者心得体会,可以给研究者发邮件.

在第2次课中,研究者向学生介绍了课程的第1讲"数学史的教育价值",内容包括数学史与数学教育(HPM)、数学教育的历史相似性、数学史与数学教学、教育取向的数学史学习等内容.应该说,第1讲主要是向职前教师介绍数学史的教育价值,激发他们的学习热情.

由于第2次课以后,研究者才确定了参与质性研究的全部10位职前教师,所以研究者在第2次课介绍后,召集他们开会,主要内容如下:

第4章 研究的设计与过程

（1）说明本研究的主要过程,并希望他们参与研究之后能认真对待,接受访谈时候能说出自己内心的真实感受;

（2）将研究者将要重点研究的5个知识点告诉他们,并将这5个部分的电子教材也给他们,让职前教师能在他们本学期的《数学教学技能训练》课程的微格教学中尽可能将这5个知识点作为授课的内容;

（3）研究者还将在此后的一个多星期内对这10位职前教师陆续进行访谈,了解他们以前是否接触过数学史以及数学史的了解情况.

第3次课和第4次课,研究者向学生介绍了课程的第2讲"数学发展简史",主要内容包括早期数学和河谷文明、初等数学时期、近代数学时期、现代数学发展和当代数学主要趋势这5个部分.第2讲的主要目的是让职前教师对数学的历史发展有总体的印象,接下来研究者将会对数学发展历史上比较精彩的部分进行重点介绍.

第5次课刚好是国庆放假,本课程停止一次.

第6次课～第8次课的第一节,研究者向学生介绍了课程的第3讲"古希腊数学",主要内容包括泰勒斯和爱奥尼亚学派、毕达哥拉斯和无理数、雅典时期的希腊数学、亚历山大时期的辉煌和古希腊数学的没落这5个部分.在第6次课,在讲到第2部分"毕达哥拉斯和无理数"的时候,研究者顺着课程内容,介绍了无理数的历史发展过程、学生对无理数理解的3个调查结果,并展示了3个无理数教学的教学设计.

在第6次课前,研究者已经布置参与研究的学生在微格教学中讲授浙教版七年级上册3.2节实数或撰写教学设计,在上课前,研究者和PT6,PT7,PT4,PT8这四位职前教师就这部分该如何教学进行了简单的交流,了解他们的上课或者教学设计意图.在第6次课结束后的两天之内,研究者对全部10位职前教师进行访谈,访谈形式均为单独访谈.

第8次课的第二节～第9次课的第一节,应学生的要求,研究者向学生介绍了第4讲"史上著名女性数学家简介",主要是向学生介绍古今中外著名的7位女性数学家.这部分内容原先不在教学计划中,由于学生知道研究者在这方面作过报告,要求研究者在课堂中讲述.结果发现,学生对这种带有传奇色彩的数学史料很感兴趣,很多同学在学期结束后对该讲内容记忆犹新.

第9次课的第二节～第10次课,研究者向学生介绍第5讲"印度数学",主要包括雅利安人的宗教、《绳法经》和巴克沙利手稿、印度著名数学家及其作品简介、印度其他的数学成就、负数的历史及HPM视角下负负得正的教学这5个部分.因为负数和负负得正计算的发展过程中,印度的数学家作了很多的贡献,因此在本讲的最后部分,研究者向学生介绍了负数的历史、中学生和中学教师对负负得正的理解、常见的负负得正教学模型和案例.

在第 10 次课以前研究者与 PT6，PT7，PT4，PT5 进行了简单交流，了解他们对浙教版七年级上册 2.3 节有理数乘法的教学设计意图和教学中的困惑. 第 10 次课结束后 3 天内，研究者对参与研究的 10 位职前教师分别进行了访谈，均为单独面谈，地点在研究者的办公室. 前两次研究之后，研究者让参与研究的学生每人上交一份学习心得，主要谈谈听课的感受，以及学习了负数的历史和无理数的历史以后，对将来自己的教学会有怎样的影响.

第 11 次课～第 13 次课，研究者向学生介绍了第 6 讲"古代中国数学"，主要内容包括先秦时期——中国古代数学的萌芽、汉唐时期——中国传统数学体系的形成、宋元时期——中国古代数学的巅峰、中国传统数学的衰落和复苏与 HPM 视角下的勾股定理教学这 5 个部分. 值得一提的是，第 13 次课是全校公开课（由于学校要求本学期每个学院要推荐一次全校公开课，学院向上面报了研究者的课），因此在第 13 次课的两节中，研究者全部介绍 HPM 视角下的勾股定理教学，内容包括勾股定理的发展过程、历史上著名的勾股定理证明、教材中勾股定理编写的几个问题、与勾股定理有关的历史名题、中学生和中学教师对勾股定理的理解情况等 5 个方面. 课堂中也组织学生进行充分的讨论，很多同学都踊跃发言，讲述了自己对勾股定理中融入数学史的方法、利弊等方面的想法.

在第 13 次课以前，研究者和 PT2，PT6，PT7，PT4，PT5 进行了交流，了解他们对浙教版八年级上册 2.6 节探索勾股定理的教学设计意图. 第 13 次课后的 3 天内，研究者在自己的办公室分别对 10 位学生进行了访谈.

第 14 次课研究者向学生介绍了第 7 讲"阿拉伯数学"，主要内容包括阿拉伯和伊斯兰教、花拉子米（Khwarizmi）和《代数学》、伊斯兰的智者和数学成就与 HPM 视角下一元二次方程解法的教学这 4 个部分. 期间，让部分职前教师上台介绍古代一元二次方程的解法.

由于本次研究和上一次研究相隔比较近，所以在第 14 次课前研究者未向学生了解浙教版八年级下册 2.2 节一元二次方程解法的教学设计思路，但是在课后 3 天内，研究者对 10 位学生进行了分别的访谈.

第 15 次课～第 16 次课，研究者向学生介绍了第 8 讲"16～19 世纪的欧洲数学"，主要内容包括中世纪的欧洲数学、三次方程之争、解析几何的诞生、微积分的诞生和发展、概率、代数和非欧几何的发展与 HPM 视角下相似三角形应用的教学等 6 个部分. 期间，部分职前教师上台向大家介绍历史上相似三角形应用的例子.

由于这时候离期末考试比较接近，学生都比较忙，所以在第 16 次课以前研究者没有对学生进行访谈，第 16 次课后的两天内，研究者对 10 位参与者进行了访谈.

第 17 次课的第一节是师生就有关数学史和数学教育的话题进行研讨，第二节课则进行量化研究的后测. 由于本课程的考核方式是考查，在第 18 周，全体学生还上交了一份有关本次课程学习感想的小论文作为期末考核.学期结束之后的寒假期间,研究者要求每位参加研究的职前教师上交一份参与研究的心得与体会.同时希望其他职前教师在学习了数学史课程后如果有什么心得体会也可以写出来,用邮件发给研究者.

4.4.4 后期整理

学期结束以后,研究者收齐了研究资料,所有材料分为定性和定量两部分工作,定量部分主要是职前教师 MKT 测试的前后测和职前教师数学史认识的调查,研究者对其进行编码后,输入到 EXCEL 文件中,再转化到 SPSS20.0 中,并在 SPSS20.0 中进行简单的均值和方差的计算.定性部分的材料整理主要包括对学生的访谈、学生上交的心得、学生的微格教学录像和教学设计等材料进行编码、归类,并进行简单的分析.定量部分的工作相对简单,而定性部分的工作比较复杂,如单单对职前教师的访谈,研究者就整理了 100 多页的文档.

在对质性数据的分析方面,研究者采用了三角分析法,即在判断职前教师教学知识的变化情况时,同时采用职前教师的访谈记录、教学设计或者教学录像以及反思日志这三个方面的资料,以确保分析的有效性.

第 5 章 研究结果与分析(一)

本研究利用 MKT 理论,通过量化和质性两种研究方式,分析职前教师在数学史课程前后教学知识的变化情况,以及在数学史课程中职前教师的教学知识是如何变化的. 在本章中,研究者主要就数学史课程前后职前教师教学知识的变化情况进行记录和分析,研究主要采用量化研究的方式,并以质性研究作为辅助.

Ball 及其研究团队利用 MKT 理论,编制测试量表对美国教师的数学教学知识进行测试(learning mathematics for teaching project,2006,2008,2011). 为了研究数学史课程前后职前教师教学知识变化情况,本研究也编制了量表,在数学史课程前后对职前教师进行测试. 参与量化研究的职前教师包括实验班的职前教师 96 人,另外还有控制班职前教师 80 人. 但是,由于部分职前教师在开学后才改选课,前测时候的样本数要比后测时候略少.

5.1 课程前职前教师的教学知识

5.1.1 实验班职前教师的教学知识

在数学史课程的第 1 次课中,研究者对实验班职前教师进行了数学教学知识的前测,结果如表 5.1 所示.

表 5.1 实验班职前教师教学知识前测

知识类别		MKT	MKT		SMK			PCK		
			SMK	PCK	CCK	SCK	HCK	KCS	KCT	KCC
$N=88$	均值	0.4795	0.5303	0.4288	0.4750	0.6636	0.4523	0.4765	0.3864	0.3599
	标准差	0.0800	0.1065	0.1195	0.1776	0.1620	0.1994	0.1857	0.1789	0.1988

从表 5.1 中可看出,在数学史课程前后,实验班职前教师的 MKT 为 0.4795,低于庞雅丽(2011)研究的研究结果 0.5461. 造成这个现象的原因有三个方面:一是测试知识点的不同,庞雅丽的研究只选择数的概念与运算这一知识点,而研究者选取了有理数的运算、实数、勾股定理、一元二次方程的解法和相似三角形的性质与应用这五个知识点;二是问卷试题难度不同,这两份问卷分别出自两个不同的人,难度肯定有区别,如庞雅丽问卷中一般内容知识(CCK)的试题均来自中考题,而研究者问卷中 CCK 的试题均来自数学竞赛题;三是测试的样本不同,因此所测出来的结果也会有区别.

由于量表中 MKT 六个知识类型的难度是否相同难以认定,直接从测试结果中各子类别得分的高低,来判断职前教师在哪个方面的教学知识掌握的较好是缺乏直接依据的.但是,由于量表的设置是在同一理论的指导下,由研究者一人设计完成,MKT 各子类别的测试题之间存在一定的关联性,可以间接分析职前教师的教学知识水平.从表 5.1 中可看出,学科内容知识(SMK)的得分比教学内容知识(PCK)的得分要高,这说明实验班职前教师对量表中学科内容知识类题目完成得较好.在 MKT 的六个子类别中,专门内容知识(SCK)的得分最高,为 0.6636,内容与课程的知识(KCC)的得分最低,为 0.3599.这在某种程度上可说明,职前教师对量表中教师教学所需要的专门学科知识掌握得较好,而对内容与课程的知识还了解不多.

实验班职前教师教学知识在前测中的描述统计,如表 5.2 所示.

表 5.2　实验班职前教师教学知识前测描述统计

知识类别		MKT	MKT		SMK			PCK		
			SMK	PCK	CCK	SCK	HCK	KCS	KCT	KCC
中值		0.4667	0.5333	0.4000	0.4000	0.6000	0.4000	0.6000	0.4000	0.4000
众数		0.43	0.53	0.40	0.40a	0.60	0.40	0.40a	0.40	0.40
偏度		0.424	0.423	0.083	0.187	−0.251	0.156	−0.104	0.234	−0.026
峰度		0.006	0.133	0.106	−0.165	−0.108	−0.475	−0.204	−0.105	−0.665
全距		0.40	0.53	0.60	0.80	0.80	0.80	1.00	0.80	0.80
极小值		0.30	0.27	0.13	0.20	0.20	0.00	0.00	0.00	0.00
极大值		0.70	0.80	0.73	1.00	1.00	0.80	1.00	0.80	0.80
和		42.20	46.67	37.73	41.80	58.40	39.80	44.40	34.00	34.80
百分位数	25	0.4333	0.4667	0.3333	0.4000	0.6000	0.4000	0.4000	0.2000	0.2000
	50	0.4667	0.5333	0.4000	0.4000	0.6000	0.4000	0.6000	0.4000	0.4000
	75	0.5333	0.6000	0.5333	0.6000	0.8000	0.6000	0.6000	0.4000	0.6000

a. 存在多个众数,显示最小值

从表 5.2 中可看出,MKT 的六个子类别中,专门内容知识(SCK)和内容与学生知识(KCS)的中值最高,均为 0.6,但是 KCS 的全距为 1.0,这说明实验班职前教师在学科专门知识和内容与学生的知识方面掌握的较好,但是职前教师之间在内容与学生的知识方面差别较大.在 SMK 和 PCK 的对比中,无论在 25%,50% 的百分位,还是在 75% 的百分位,SMK 的得分均高于 PCK 的得分.这说明,实验班职前教师之间的学科内容知识和教学内容知识都相对平衡.MKT 的峰度为 0.006,与 0 十分接近,这说明职前教师教学知识水平测试数据分布与正态分布的陡缓程度大致相同.MKT 的偏度为 0.424>0,说明 MKT 的数据分布形态相比较正态分布正偏,详细内容如图 5.1 所示.

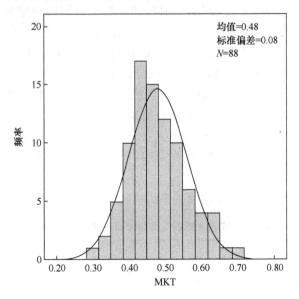

图 5.1　实验班职前教师教学知识前测 MKT 频数直方图

为更深入了解实验班职前教师在前测中的教学知识情况,研究者从男女性别比较角度进行了对比,详细情况如表 5.3 所示.

表 5.3　实验班职前教师教学知识前测不同性别之间对比

知识类别		MKT	MKT		SMK			PCK		
			SMK	PCK	CCK	SCK	HCK	KCS	KCT	KCC
男 $N=35$	均值	0.4695	0.5295	0.4095	0.4914	0.6457	0.4514	0.5200	0.3486	0.3600
	标准差	0.0798	0.1072	0.1275	0.1704	0.1686	0.1837	0.2435	0.1704	0.1988
女 $N=53$	均值	0.4862	0.5308	0.4415	0.4642	0.6755	0.4528	0.4943	0.4113	0.4189
	标准差	0.0802	0.1070	0.1134	0.1830	0.1580	0.1887	0.2205	0.1815	0.1972
独立样本检验 (Sig) $P=0.05$		0.342	0.956	0.221	0.478	0.402	0.973	0.610	0.108	0.175

从表 5.3 可看出,在前测中实验班职前教师中女生的教学知识比男生高,无论是在学科内容知识(SMK)还是在教学内容知识(PCK)方面,女生的得分都高于男生.在 MKT 的六个子类别中,男生只有在一般内容知识(CCK)方面比女生的得分要高,其他五个类别都低,这说明男生在数学解题方面略有优势.但是,各类别比较结果在显著性水平为 0.05 的情况下,Sig 值均高于 0.05,因此说明男女生的教学

知识差别并不存在显著差异.

5.1.2 控制班职前教师的教学知识

控制班职前教师教学知识的前测情况如表 5.4 所示.

表 5.4 控制班职前教师教学知识前测

知识类别		MKT	MKT		SMK			PCK		
			SMK	PCK	CCK	SCK	HCK	KCS	KCT	KCC
$N=62$	均值	0.4500	0.4785	0.4215	0.4516	0.5839	0.4000	0.4194	0.3484	0.4968
	标准差	0.1006	0.1599	0.1200	0.2481	0.2491	0.2203	0.2194	0.1981	0.2104

从表 5.4 可看出控制班职前教师教学知识量化前测得分为 0.4500,其中学科内容知识(SMK)的得分比教学内容知识(PCK)的得分要高.在 MKT 的六个子类别中,得分最高的是专门内容知识(SCK),为 0.5839 分;得分最低的是内容与教学的知识(KCT),为 0.3484 分.这说明,控制班职前教师对所要教学的知识有较好的了解,也能较好地判断学生解题的正误以及错误的原因;但是对具体某个内容该怎么教学了解得不多.

控制班职前教师教学知识前测的男女性别比较,如表 5.5 所示.

表 5.5 控制班职前教师教学知识前测不同性别之间对比

知识类别		MKT	MKT		SMK			PCK		
			SMK	PCK	CCK	SCK	HCK	KCS	KCT	KCC
男 $N=27$	均值	0.4840	0.5531	0.4148	0.5259	0.6741	0.4593	0.4222	0.3111	0.5111
	标准差	0.0980	0.1652	0.1115	0.2490	0.2220	0.2469	0.2100	0.1948	0.2501
女 $N=35$	均值	0.4238	0.4210	0.4267	0.3943	0.5143	0.3543	0.4171	0.3771	0.4857
	标准差	0.0959	0.1311	0.1275	0.2351	0.2487	0.1884	0.2294	0.1987	0.1768
独立样本检验 (Sig)$P=0.05$		0.018*	0.001*	0.703	0.037*	0.011*	0.062	0.929	0.196	0.656

* 表示在 $P=0.05$ 下,存在显著差异,下同

在表 5.5 中,可看出,控制班职前教师教学知识量化前测中,男生的教师教学知识得分比女生要高,并在 $P=0.05$ 下,独立样本检验存在显著差异.虽然女生在教学内容知识(PCK)方面的得分比男生要高,但是学科内容知识(SMK)的得分比男生要低较多,并存在显著差异.在 MKT 的六个子类别中,男生除在内容与教学的知识(KCT)的得分比女生要低以外,其他五项的得分比女生都要高;但是男女

生的教学知识得分只在一般内容知识(CCK)和专门内容知识(SCK)这两项存在显著差异,其他四项都不存在显著差异.这说明,男生在数学知识的掌握方面比女生要好,而女生对该知识该怎么教方面比男生了解得要多.

5.1.3 实验班和控制班教学知识的比较

实验班和控制班职前教师的教学知识在前测中的比较情况,如表5.6所示.

表5.6 实验班和控制班职前教师教学知识前测比较

知识类别		MKT	MKT		SMK			PCK		
			SMK	PCK	CCK	SCK	HCK	KCS	KCT	KCC
实验班 N=88	均值	0.4795	0.5303	0.4288	0.4750	0.6636	0.4523	0.5045	0.3864	0.3955
	标准差	0.0800	0.1065	0.1195	0.1776	0.1620	0.1857	0.2289	0.1789	0.1988
控制班 N=62	均值	0.4500	0.4785	0.4215	0.4516	0.5839	0.4000	0.4194	0.3484	0.4968
	标准差	0.1006	0.1599	0.1200	0.2481	0.2491	0.2203	0.2194	0.1981	0.2104
独立样本检验 (Sig) $P=0.05$		0.057	0.028*	0.714	0.526	0.029*	0.118	0.024*	0.223	0.003*

从表5.6可看出,实验班职前教师的教学知识比控制班职前教师的要高,但两者在 $P=0.05$ 的独立样本检验下不存在显著差异;其中两班职前教师在教学内容知识(PCK)方面相差无几,但是实验班职前教师在学科内容知识(SMK)方面的得分比控制班职前教师的要高,且在 $P=0.05$ 下,存在统计学上的显著差异.在MKT的六个子类别中,除内容与课程的知识(KCC)以外,其他五项子类别中实验班职前教师的得分都比控制班职前教师的得分要高.这些都说明了在数学史课程前,实验班职前教师的整体教学知识掌握的比控制班的职前教师要好,特别是学科知识的掌握和理解方面,而在学科知识教学的处理方面两者相差无几.

实验班和控制班男性职前教师的教学知识在前测中的比较情况,如表5.7所示.

表5.7 实验班和控制班男性职前教师教学知识前测之间对比

知识类别		MKT	MKT		SMK			PCK		
			SMK	PCK	CCK	SCK	HCK	KCS	KCT	KCC
实验班 N=35	均值	0.4695	0.5295	0.4095	0.4914	0.6457	0.4514	0.5200	0.3486	0.3600
控制班 N=27	均值	0.4840	0.5531	0.4148	0.5259	0.6741	0.4593	0.4222	0.3111	0.5111
独立样本检验 (Sig) $P=0.05$		0.525	0.523	0.865	0.540	0.570	0.887	0.102	0.423	0.010*

从表 5.7 可看出,实验班男性职前教师的教学知识得分低于控制班的职前教师,无论是在学科内容知识(SMK)方面还是在教学内容知识(PCK)方面都低,但是都不存在显著差异. 在 MKT 的六个子类别中,实验班男性职前教师在其中四个方面的得分都低于控制班的男性职前教师,只有在内容与学生的知识(KCS)和内容与教学的知识(KCT)方面的得分高于控制班的男性职前教师,但都不存在统计学上的显著差异.

实验班和控制班女性职前教师的教学知识在前测中的比较情况,如表 5.8 所示.

表 5.8 实验班和控制班女性职前教师教学知识前测之间对比

知识类别		MKT	MKT		SMK			PCK		
			SMK	PCK	CCK	SCK	HCK	KCS	KCT	KCC
实验班 $N=53$	均值	0.4862	0.5308	0.4415	0.4642	0.6755	0.4528	0.4943	0.4113	0.4189
控制班 $N=35$	均值	0.4238	0.4210	0.4267	0.3943	0.5143	0.3543	0.4171	0.3771	0.4857
独立样本检验 $(Sig)P=0.05$		0.001*	0.000*	0.569	0.122	0.000*	0.019*	0.117	0.407	0.109

从表 5.8 可看出,实验班女性职前教师的教学知识得分高于控制班的职前教师,且存在显著差异,无论是在学科内容知识(SMK)方面还是在教学内容知识(PCK)方面都要高,其中,学科内容知识(SMK)方面存在显著差异. 在 MKT 的六个子类别中,实验班女性职前教师在其中五个方面的得分都高于控制班的女性职前教师,只有内容与课程的知识(KCC)方面的得分低于控制班的女性职前教师,但不存在显著差异.

5.1.4 实验班对数学史教育性的认识

在数学史课程的第一次授课中,研究者要求实验班职前教师就数学史对数学教育的认识情况写一份文本,发到研究者的邮箱. 主要内容包括以下三个方面:

(1) 你觉得数学史对学生的数学学习有帮助吗?

(2) 如果你是老师是否会在教学中融入数学史?

(3) 你觉得学习了数学史课程对你将来当数学教师是否有帮助?

研究者根据职前教师所写的内容进行量化给分,具体标准如下:

(1) 持十分肯定态度的,给 5 分;

(2) 持肯定态度的,给 4 分;

(3) 不置可否的,给 3 分;

(4) 持否定态度的,给 2 分;

(5) 持十分否定态度的,给 1 分.

职前教师将调查结果发到研究者邮箱,研究者根据以上原则,将文本资料逐一转化为量化数据,并输入到 SPSS20.0 进行分析,得到的职前教师对数学史教育价值性的结果如表 5.9 所示.

表 5.9 课程前职前教师对数学史教育价值的认识

专业		你觉得数学史对学生的数学学习有帮助吗?	如果你是老师是否会在教学中融入数学史?	你觉得学习了数学史课程对你将来当数学教师是否有帮助?
N=87	均值	4.01	3.66	3.89
	标准差	0.785	1.055	0.855

从表 5.9 中可以看出,在数学史课程前,职前教师认为数学史对学生的数学学习是有帮助的,从文本上看,绝大多数职前教师认为数学史可以增加学生学习数学的兴趣,从而促使他们进一步学习数学.由此可看出,在数学史课程前,职前教师对数学史教育性的认识还停留在表面上,这点从此后两个方面的调查结果中也可体现出来.

从表 5.9 中还可看出,虽然职前教师对学习了数学史课程对将来当教师有所帮助的认识还算可以,但是如果你当老师了,是否会在教学中融入数学史的调查中,职前教师的得分不高.从文本和研究者的访谈结果来看,大多数职前教师认为虽然学习了数学史可以帮助老师扩大知识面,但是在具体的课堂教学中,由于时间有限,难以有多余的时间向学生讲授数学史.由此可看出,职前教师对数学史教育性的认识是比较片面的,认为课堂教学中融入数学史就是在课堂上向学生讲数学故事.另外,调查显示有部分职前教师认为数学史是有助于学生数学学习的,但是到了自己当老师的时候,又不一定会在教学中融入数学史,除认为融入数学史就是讲故事以外,还说明部分职前教师秉持的是应试教育观念,认为除讲故事以外还有更好地提升学生考试成绩的方式,如多做练习.

综上所述,可看出在数学史课程前,职前教师对数学史的教育性的认识程度不高,且存在片面性,由此可认为在数学史课程前,实验班职前教师对数学史能否提升职前教师教学知识的认同度并不高.

5.1.5 小结

综上所述可看出,在数学史课程前,实验班职前教师教学知识的基本情况可以概括如下.

(1) 职前教师教学知识得分为 0.4795,其中男性为 0.4695,女性为 0.4862.在男女比较方面,两类职前教师在学科内容知识(SMK)方面相差无几,女生在教学内容知识(PCK)方面比男生高,但在统计上不存在显著差异.

(2) 实验班职前教师的教学知识得分比控制班职前教师略高,但两者在统计学上不存在显著差异,其中两班职前教师在教学内容知识(PCK)方面相差无几,但是实验班职前教师在学科内容知识(SMK)方面的得分比控制班职前教师要高,且在统计学上存在显著差异.

(3) 实验班男性职前教师的教学知识得分低于控制班的男性职前教师,无论是在学科内容知识(SMK)方面还是在教学内容知识(PCK)方面都低,但是都不存在显著差异,而实验班女性职前教师的教学知识得分高于控制班的女性职前教师,且存在显著差异,无论是在学科内容知识(SMK)方面还是在教学内容知识(PCK)方面都要高,其中学科内容知识(SMK)方面存在显著差异.

(4) 职前教师对数学史教育性的认识比较片面,多数职前教师认为在课堂教学中融入数学史就是讲数学故事,并有部分职前教师认为此举会占用课堂教学时间,不如做练习对学生帮助大. 由此可认为在数学史课程前,职前教师对数学史能否提升职前教师教学知识的认同度并不高.

由此可以说明,在研究前实验班和控制班职前教师的教学知识在总体上相当,实验班男女职前教师的教学知识也总体相当. 实验班职前教师对数学史教育性的认识还比较片面,多认为融入教学的形式就是讲故事,大部分认为数学史仅在提升学生学习数学兴趣方面有效.

5.2 课程后职前教师的教学知识

5.2.1 实验班职前教师的教学知识

在数学史课程的最后一次课中,研究者对实验班职前教师进行了教师教学知识量化研究的后测,测试结果如表 5.10 所示.

表 5.10 实验班职前教师教学知识后测

知识类别		MKT	MKT		SMK			PCK		
		SMK	PCK	CCK	SCK	HCK	KCS	KCT	KCC
$N=96$	均值	0.5781	0.6174	0.5389	0.6417	0.7104	0.5000	0.4979	0.5313	0.5875
	标准差	0.1077	0.1251	0.1424	0.2427	0.1357	0.2210	0.1881	0.2048	0.2560

从表 5.10 可看出,实验班职前教师教学知识在研究的后测中,教师教学知识总体的得分为 0.5781,其中学科内容知识(SMK)的得分高于教学内容知识(PCK). 在 MKT 的六个子类别中,得分最高的是专门内容知识(SCK),为 0.7104;得分最低的是内容与学生知识(KCS),为 0.4979. 这在某种程度上可说明在数学史课程后,实验班职前教师教学知识中有关"知道是什么"的知识,高于"知道该怎么教"的知识.

实验班职前教师教学知识后测的描述统计如表 5.11 所示。

表 5.11 实验班职前教师教学知识后测描述统计

知识类别		MKT	MKT		SMK			PCK		
			SMK	PCK	CCK	SCK	HCK	KCS	KCT	KCC
中值		0.5667	0.6000	0.5333	0.6000	0.8000	0.4000	0.4000	0.6000	0.6000
众数		0.60	0.60	0.53	0.80	0.80	0.40	0.40	0.60	0.40
偏度		−0.036	−0.026	0.207	−0.483	−0.193	0.143	−0.202	−0.103	−0.066
峰度		0.221	0.131	−0.372	−0.084	−0.111	−0.420	0.508	0.090	−0.769
全距		0.57	0.67	0.60	1.00	0.60	1.00	1.00	1.00	1.00
极小值		0.27	0.27	0.27	0.00	0.40	0.00	0.00	0.00	0.00
极大值		0.83	0.93	0.87	1.00	1.00	1.00	1.00	1.00	1.00
和		55.50	59.27	51.73	61.60	68.20	48.00	47.80	51.00	56.40
百分位数	25	0.5000	0.5333	0.4667	0.4000	0.6000	0.4000	0.4000	0.4000	0.4000
	50	0.5667	0.6000	0.5333	0.6000	0.8000	0.4000	0.4000	0.6000	0.6000
	75	0.6667	0.7333	0.6000	0.8000	0.8000	0.6000	0.6000	0.6000	0.8000

从表 5.11 可看出，实验班职前教师教学知识后测的描述统计表中，专门内容知识(SCK)的中值最高，为 0.8000。众数最高的是一般内容知识(CCK)和专门内容知识(SCK)，均为 0.80。MKT 的偏度为负值，说明数据分布形态与正态分布相比为左偏；峰度为正值，说明样本总体数据分布与正态分布相比较为陡峭，具体如图 5.2 所示。

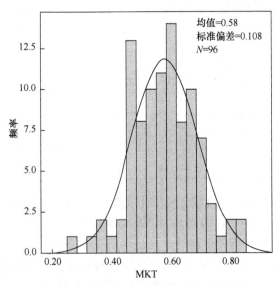

图 5.2 实验班职前教师教学知识后测 MKT 频数直方图

为了进一步了解在实验班职前教师教学知识在后测中的情况,研究者对不同性别教学知识的情况进行了对比,结果如表 5.12 所示。

表 5.12 实验班职前教师教学知识后测不同性别之间对比

知识类别		MKT	MKT		SMK			PCK		
			SMK	PCK	CCK	SCK	HCK	KCS	KCT	KCC
男 $N=39$	均值	0.5556	0.6171	0.4940	0.6513	0.7231	0.4769	0.4821	0.5026	0.4974
	标准差	0.0853	0.0988	0.1249	0.2138	0.1495	0.2133	0.1931	0.1885	0.2710
女 $N=57$	均值	0.5936	0.6175	0.5696	0.6351	0.7018	0.5158	0.5088	0.5509	0.6491
	标准差	0.1189	0.1412	0.1464	0.2622	0.1261	0.2266	0.1854	0.2147	0.2277
独立样本检验 (Sig)($P=0.05$)		0.071	0.985	0.010*	0.750	0.453	0.400	0.497	0.259	0.004*

从表 5.12 可看出,在实验班职前教师教学知识的后测中,男性职前教师的教学知识均值低于女性职前教师,但在 $P=0.05$ 的独立样本检验中,两者并不存在显著差异。双方在学科内容知识(SMK)方面相差无几,但在教学内容知识(PCK)方面,女性职前教师高于男性,且在统计学意义上存在显著差异($P=0.05$)。而在 MKT 的六个子类别中,男女职前教师只在内容与课程知识(KCC)方面存在显著差异。这说明从总体上实验班职前教师教学知识在性别上不存在显著差异。

5.2.2 控制班职前教师的教学知识

控制班职前教师教学知识的后测情况,如表 5.13 所示。

表 5.13 控制班职前教师教学知识后测

知识类别		MKT	MKT		SMK			PCK		
			SMK	PCK	CCK	SCK	HCK	KCS	KCT	KCC
$N=72$	均值	0.5398	0.6352	0.4444	0.6528	0.7778	0.4750	0.4389	0.3806	0.5139
	标准差	0.0872	0.1347	0.1013	0.1957	0.2084	0.1882	0.2087	0.1391	0.1981

从表 5.13 中可看出,控制班职前教师教学知识后测得分为 0.5398,其中学科内容知识(SMK)得分明显高于教学内容知识(PCK)的得分。在 MKT 的六个子类别中,得分最高的是专门内容知识(SCK),为 0.7778 分;得分最低的是内容与学生知识(KCT),为 0.3806。

控制班男女职前教师教学知识后测情况如表 5.14 所示。

表 5.14 控制班职前教师教学知识后测不同性别之间对比

知识类别		MKT	MKT		SMK			PCK		
			SMK	PCK	CCK	SCK	HCK	KCS	KCT	KCC
男 N=31	均值	0.5280	0.6366	0.4194	0.6516	0.8000	0.4581	0.4581	0.3355	0.4645
	标准差	0.0826	0.1386	0.0864	0.1998	0.2309	0.2013	0.2141	0.1199	0.2026
女 N=41	均值	0.5488	0.6341	0.4634	0.6537	0.7610	0.4878	0.4244	0.4146	0.5512
	标准差	0.0904	0.1334	0.1085	0.1951	0.1909	0.1792	0.2059	0.1442	0.1886
独立样本检验 (Sig)$P=0.05$		0.319	0.941	0.067	0.965	0.435	0.511	0.502	0.016*	0.066

从表 5.14 中可看出,控制班的男女职前教师在后测中,教学知识得分相差不大,且无论是在学科内容知识(SMK)方面还是在教学内容知识(PCK)方面,均没有存在统计学上的显著差异,这说明控制班职前教师的教学知识在性别上不存在差异. 控制班的男女职前教师学科内容知识(SMK)的三个子类别相差不大;而在教学内容知识(PCK)的三个子类别中互有高低,且在内容与教学知识(KCT)方面存在统计学上的显著差异. 这说明经过一个学期的学习后,控制班的男女职前教师在知识点该如何教学方面的知识有了提升.

5.2.3 实验班和控制班教学知识的比较

在 SPSS20.0 中,对实验班和控制班职前教师教学知识后测进行比较,结果如表 5.15 所示,男女职前教师教学知识的比较分别如表 5.16 和表 5.17 所示.

表 5.15 实验班和控制班职前教师教学知识后测比较

知识类别		MKT	MKT		SMK			PCK		
			SMK	PCK	CCK	SCK	HCK	KCS	KCT	KCC
实验班 N=96	均值	0.5781	0.6174	0.5389	0.6417	0.7104	0.5000	0.4979	0.5313	0.5875
	标准差	0.1077	0.1251	0.1424	0.2427	0.1357	0.2210	0.1881	0.2048	0.2560
控制班 N=72	均值	0.5398	0.6352	0.4444	0.6528	0.7778	0.4750	0.4389	0.3806	0.5139
	标准差	0.0872	0.1347	0.1013	0.1957	0.2084	0.1882	0.2087	0.1391	0.1981
独立样本检验 (Sig)$P=0.05$		0.014*	0.378	0.000*	0.743	0.019*	0.441	0.056	0.000*	0.037*

从表 5.15 可看出实验班职前教师的教学知识比控制班职前教师要高,且两者在 $P=0.05$ 的独立样本检验下存在显著差异. 由于在前测中,虽然实验班职前教师的教学知识高于控制班的职前教师,但是两者之间并不存在显著差异,而在后测

中两者存在了显著差异.这说明通过数学史课程的学习,实验班职前教师教学知识提高的幅度大于控制班的职前教师.

从表中还可看出,控制班职前教师在学科内容知识(SMK)方面的得分高于实验班的职前教师,但在统计学上并不存在显著差异.而在前测中,实验班职前教师的学科内容知识(SMK)显著高于控制班的职前教师,这说明数学史课程对提高职前教师学科内容知识(SMK)方面不如其他课程明显.在教学内容知识(PCK)方面,实验班职前教师的得分高于控制班职前教师,而且存在统计学上的显著差异.而在前测中,两所学校职前教师在教学内容知识(PCK)方面则相差无几,这说明了在数学史课程中,实验班职前教师的教学内容知识有了明显的提升.

从表中我们可知,在 MKT 的六个子类别中,实验班职前教师在教学内容知识(PCK)的三个方面都高于控制班的职前教师,且在内容与教学知识(KCT)和内容与课程知识(KCC)这两个方面还存在统计学上的显著差异.而在学科内容知识(SMK)方面的三个子类别中,控制班职前教师在一般内容知识(CCK)和专门内容知识(SCK)这两个方面高于实验班职前教师,而在水平内容知识(HCK)方面低于实验班职前教师.这说明了实验班职前教师在数学史课程的学习中,对知识点该如何教学这方面的知识有了明显的增长,而对有关知识点的内容方面的知识有所提高,但相比在该如何提升教学方面不明显.

表 5.16　实验班和控制班男性职前教师教学知识前测之间对比

知识类别		MKT	MKT		SMK			PCK		
			SMK	PCK	CCK	SCK	HCK	KCS	KCT	KCC
实验班 $N=39$	均值	0.5556	0.6171	0.4940	0.6513	0.7231	0.4769	0.4821	0.5026	0.4974
控制班 $N=31$	均值	0.5280	0.6366	0.4194	0.6516	0.8000	0.4581	0.4581	0.3355	0.4645
独立样本检验 $(Sig)P=0.05$		0.177	0.495	0.004*	0.995	0.097	0.708	0.624	0.000*	0.576

从表 5.16 可看出,实验班男性职前教师的教学知识得分高于控制班的职前教师,虽然在学科内容知识(SMK)方面实验班男性职前教师略低于控制班男性职前教师,但是在教学内容知识(PCK)方面实验班男性职前教师的得分高于控制班男性职前教师,且在统计学上存在显著差异.而在前测中,实验班男性职前教师教学知识的得分低于控制班男性职前教师,这说明数学史课程中,实验班男性职前教师的教学知识得到了提升,且提升的幅度大于没有上数学史课程的控制班男性职前教师.在 MKT 的六个子类别中,实验班男性职前教师在专门内容知识(SCK)方面低于控制班男性职前教师,但不存在统计学上的显著差异;而在内容与教学知识

(KCT)方面高于控制班男性职前教师,且都存在统计学上的显著差异,其他四项子类别则相差不大.

表 5.17 实验班与控制班女性职前教师教学知识后测之间对比

知识类别		MKT	MKT		SMK			PCK		
			SMK	PCK	CCK	SCK	HCK	KCS	KCT	KCC
实验班 $N=57$	均值	0.5936	0.6175	0.5696	0.6351	0.7018	0.5158	0.5088	0.5509	0.6491
控制班 $N=41$	均值	0.5488	0.6341	0.4634	0.6537	0.7610	0.4878	0.4244	0.4146	0.5512
独立样本检验 (Sig)$P=0.05$		0.037*	0.558	0.000*	0.689	0.088	0.513	0.036*	0.000*	0.022*

从表 5.17 可看出,实验班女性职前教师的教学知识得分高于控制班的职前教师,且在统计学上存在显著差异. 其中,在学科内容知识(SMK)方面,控制班女性职前教师的得分高于实验班职前教师,虽然在统计学上不存在显著差异,但是在前测中是实验班女性职前教师的学科内容知识显著地高于控制班的职前教师. 这说明,在这个学期中,控制班职前教师通过学习相关学科类课程(如中学数学教学法课程),在学科内容知识方面提高较快,这也说明了数学史课程在提高职前教师学科内容知识方面不如其他课程明显. 而在教学内容知识(PCK)方面,虽然在前测中两个学校女性职前教师相差无几,但是在后测中,实验班女性职前教师的得分明显高于控制班女性职前教师,且在统计学上存在显著差异. 这说明实验班职前教师通过数学史课程的学习,在教学内容知识方面有了较大的提升.

5.2.4 实验班对数学史教育性的认识

为了解在数学史课程结束后,职前教师对数学史教育性的认识、数学史与教师教学知识之间的联系以及对本课程的满意程度,研究者编制了职前教师数学史认识调查表,在最后一次课堂中对实验班参与数学史课程学习的职前教师进行问卷调查.

1. 职前教师对数学史教育价值的认识

在问卷调查中,涉及职前教师对数学史教育性认识的一共有七道题,分别如下:
(1) 你对"数学具有教育价值"(以下简称教育价值)这个论点的看法是?
(2) 你对"了解了某知识点的数学史有助于该知识点的教学"(以下简称有助于教学)这个论点的看法是?
(3) 有人说了解了该知识点的数学史情况虽然在教学中不一定会用到,但至少给教学设计提供了更多的选择(以下简称提供更多选择),你是否赞同?

(4) 有人说了解了该知识点的数学史情况虽然在教学中不一定会用到,但可以让教师在上课时候更有底气(以下简称上课有底气),你是否赞同?

(5) 如果将来当数学教师了,在备课或者教学设计时候,你是否会通过网络或者其他渠道了解一下该知识点的数学史(以下简称备课会用)?

(6) 你对"职前数学教师应该学点数学史"(以下简称教师应学)这个论点的看法是?

(7) 如果最高是 5 分,最低是 1 分,你觉得本学期的数学史课程可以打几分(以下简称本课程评价)?

对全体职前教师调查后,将调查数据输入 SPSS20.0,经过统计后结果如表 4.36 所示。

表 5.18 职前教师对数学史教育价值的认识

专业		教育价值	有助于教学	提供更多选择	上课有底气	备课会用	教师应学	本课程评价
$N=96$	均值	4.57	4.47	4.47	4.20	3.71	4.45	4.21
	标准差	0.497	0.542	0.522	0.675	0.679	0.500	0.648

从表 5.18 可看出,实验班职前教师经过一个学期数学史课程学习后,对数学史的教育价值有了较为深刻的认识,其中,对数学史具有教育价值的认同度得分最高,达到了 4.47 分(5 分制),认为了解了某知识点的数学史有助于该知识点的教学,了解该知识点的数学史情况可以给教学设计提供更多的选择,以及职前数学教师应该学点数学史这三个方面的认同度得分都在 4.30 分以上。结合在数学史课程前,对职前教师有关数学史教育性的调查可看出,经过一个学期数学史课程的学习以后,绝大多数职前教师都认识到数学史对他们将来的数学教学有较大的帮助,职前教师应该学习数学史。

职前教师对本课程的评价分数为 4.21,这说明大多数职前教师认为通过该课程有很大的收获。研究者希望职前教师在课程学习过程中以及结束后,如果有什么感想可以主动发邮件给研究者,结果在课程过程中以及课程结束后,研究者收到了很多的邮件,本文选取了几位职前教师的来信来说明职前教师学习了本课程后的感受。

一个学期很快就过去,转眼就到了期末。虽然每周只有那么两小节课,可是老师还是把我们的心"Hold"住了。还记得上学期选这门课的时候,大家都一致猜疑这肯定是一门很枯燥的课,不就讲讲历史吗,这个数学家那个数学家的!可是上完第一节课后,我们都觉得挺有意思的:首先呢,老师很幽默,也属于比较随和的老师,课堂气氛很好,不沉闷。再是,老师很有条理地分类讲"故事",从最早到当代,从男数学家讲到女数学家,并结合故事讲解相应的定理和应用。……如果我是一名老师的话,我会像老师你一样,一边讲课一边穿插故事来增长大家的视野,还可以活跃课堂呢.……我对这门课程感觉挺好的,收获也很大.谢谢老师!

——职前教师 A

这学期我们学院开设了数学史这门课程.虽然这只是一门选修课,但是那些有趣的数学小故事还是深深地抓住了我们的心.而且通过这门课,我也更加了解了数学的发展历史.说实在的,一开始对数学史真的没什么好感,你说我们理科学生为什么要学习历史呢?有什么用呢?现在回想起来那时真的很无知.……数学史在数学教育上的作用尤其地明显.它对理解数学发展、对学生掌握数学思想、对开发学生数学思维、在课堂教学中都有很明显的作用.

——职前教师 B

幸运的是,在我还没当老师之前,学校为我们开了数学史这门课,让我与数学史接触了一个学期之后,深深地感受到了数学竟然也有如此渊源的数学文化……在我当教师的教学过程中,我一定会把数学史带到我的课堂上去.

——职前教师 C

学习了这门课,真是让我受益匪浅啊!一个好的教师在课堂教学中不一定要讲数学史,但是他一定要懂数学史,这样上课就能胸有成竹,也能从历史中寻找教学的灵感.……上了这门课,不仅让我学到了知识,还让我对数学的历程更了解,这更加激发了我对数学的热爱,更加坚定了我想从事教育工作的心!

——职前教师 D

细数来,也临近期末了.时光飞逝,学习数学史竟也有一学期了.回想刚接触数学史时,我是十分疑惑的,感觉一个统计专业的学生为什么要去学数学史,而且就算是将来要当老师,数学史感觉也是用处不大的.毕竟,在当时我的眼中,数学史不过是讲讲一些数学家的平生经历罢了,无非就是一些励志情节.当真正接触这门课的时候,我才意识到并不是我原先所想象的.……学习了数学史之后,将来我若要成为一名数学教师,我会更加的有信心和把握.同时我也意识到教学的意义.……一个真正热爱数学的人必须去熟读一下数学史,了解数学的发展历史.想做一位优秀的数学教师,也需要认真地去学习数学史,将来才能更好地教育学生.

——职前教师 E

从访谈中还可看出,职前教师在本学期学习其他数学教育专业课程中,遇到要模拟上课或者写教案等作业时候,都会尝试融入数学史,这也进一步促进了数学史向教学知识转化.这种现象也说明了数学史若能和其他课程(尤其是实践性)课程相结合,效果会更佳.

2. 职前教师对数学史与教师教学知识联系的认识

在问卷调查中,涉及职前教师对数学史与教师教学知识之间联系的题目一共有六道题,题目内容和 MKT 理论的六个子类别相对应,分别如下.

(1) 你对"数学史可以增加教师对所教知识点的数学知识"这个论点的看法是(对应 CCK)?

(2) 你对"数学史能让教师更好地向学生解释所教学的数学知识"这个论点的看法是(对应 SCK)?

(3) 你对"数学史能让教师更好地了解所教知识点和前后知识的联系"这个论点的看法是(对应 HCK)?

(4) 你对"数学史能让教师更好地理解所教内容和学生原有知识之间的联系"这个论点的看法是(对应 KCS)?

(5) 你对"数学史能让教师更好地组织知识点的教学形式"这个论点的看法是(对应 KCT)?

(6) 你对"数学史能让教师更好地理解该知识点与课程的联系,如什么年级的数学课程应该教什么,教到什么深度等"这个论点的看法是(对应 KCC)?

在数学史课程的最后一次课堂教学中,研究者对参与课程学习的实验班职前教师进行了调查,具体结果如表 5.19 所示.

表 5.19 职前教师对数学史与教师教学知识联系的认识

知识类别		MKT	MKT		SMK			PCK		
			SMK	PCK	CCK	SCK	HCK	KCS	KCT	KCC
N=96	均值	4.22	4.31	4.12	4.34	4.27	4.32	4.22	4.10	4.06
	标准差	0.474	0.507	0.546	0.595	0.703	0.657	0.668	0.624	0.805

从表 5.19 中可看出,职前教师对数学史能提高教师的教学知识具有较高的认同度,各项得分都在 4 分以上,最高的是 CCK,认为数学史可以增加教师对所教知识点的数学知识,最低的是 KCC,认为数学史能让教师更好地理解该知识点与课程的联系,如什么年级的数学课程应该教什么,教到什么深度等,但是最低的也达到了 4.06 分.将各子类别数据用 SPSS20.0 分别计算教学知识(MKT)、学科内容知识(SMK)和教学内容知识(PCK)得分,分别为 4.22 分、4.31 分和 4.12 分.这说明,在数学史课程后,实验班的职前教师都确信数学史能在各个方面提升职前教师的教学知识.

值得注意的是,在访谈中研究者也发现职前教师的微格教学训练存在一定的负面效果,尤其是对内容与学生知识(KCS)和内容与教学知识(KCT)方面.这是由于,在微格教学中,职前教师面对的"学生"就是自己的同学,也是职前教师,此时用数学史来创设情境等教学方式,对"学生"来说不是新鲜的事情,所以在微格教学授课中,融入数学史的教学设计并没有带来预想中的效果.这也导致了部分职前教师认为数学史在提高内容与学生知识(KCS)与内容与教学知识(KCT)方面不如其他知识的影响来的强烈.

5.2.5 小结

综上所述我们可看出,在数学史课程后,实验班职前教师教学知识的基本情况可以概括如下:

(1) 职前教师教学知识得分为 0.5712(其中男性为 0.5504,女性为 0.5854),职前教师的教学知识,包括学科内容知识(SMK)和教学内容知识(PCK)在统计学上都存在显著差异.

(2) 实验班职前教师的教学知识得分比控制班职前教师高,且两者在统计学上存在显著差异;其中控制班职前教师在学科内容知识(SMK)方面的得分略高于实验班职前教师,但两者之间不存在统计学上的显著差异;而控制班职前教师在教学内容知识(PCK)方面的得分低于实验班职前教师,且在统计学上存在显著差异.结合在前测中两部分职前教师的对比,我们可看出,数学史课程对职前教师教学知识的提升有最大的帮助,特别是在教学内容知识(PCK)方面.

(3) 无论在男性还是在女性中,实验班职前教师的教学知识得分都高于控制班的职前教师,其中,两部分女性职前教师的比较中还存在统计学上的显著差异;在学科内容知识(SMK)方面实验班男女职前教师均低于控制班男女职前教师,但不存在统计学上的显著差异,而在教学内容知识(PCK)方面,实验班男女职前教师均高于控制班男女职前教师,且存在显著差异.

(4) 经过一个学期数学史课程的学习,实验班职前教师对数学史的教育价值有了较为深刻的认识,绝大多数职前教师都认为数学史对将来的数学教学有较大的帮助,职前教师应该学习数学史,大多数职前教师认为通过该课程有了很大的收获.

(5) 职前教师对数学史能提高教师的教学知识方面具有较高的认同度;但微格教室中模拟教学会对部分教学知识产生一定的负面影响.

5.3 课程前后职前教师教学知识的比较

5.3.1 实验班教学知识课程前后的比较

实验班职前教师教学知识的前测和后测比较如表 5.20 所示.从表中可看出,实验班职前教师在数学史课程后,教学知识的得分为 0.5781,比起前测教学知识的得分 0.4795 在统计学上有着显著的差异,提高率为 20.56%.无论是在学科内容知识(SMK)方面,还是在教学内容知识(PCK)方面,实验班职前教师在后测的得分都高于前测的得分,且存在统计学上的显著差异.在 MKT 的六个子类别中,职前教师在后测的得分均高于前测,除在水平内容知识(HCK)和内容与学生知识(KCS)这两个方面没有前后测的显著差异外,在其他四个方面都有显著地提高.

表 5.20 实验班职前教师教学知识前后测比较

知识类别		MKT	MKT		SMK			PCK		
			SMK	PCK	CCK	SCK	HCK	KCS	KCT	KCC
前测 N=88	均值	0.4795	0.5303	0.4288	0.4750	0.6636	0.4523	0.4765	0.3864	0.3599
	标准差	0.0800	0.1065	0.1195	0.1776	0.1620	0.1994	0.1857	0.1789	0.1988
后测 N=96	均值	0.5781	0.6174	0.5389	0.6417	0.7104	0.5000	0.4979	0.5313	0.5875
	标准差	0.1077	0.1251	0.1424	0.2427	0.1357	0.2210	0.1881	0.2048	0.2560
独立样本检验 (Sig)$P=0.05$		0.000*	0.000*	0.000*	0.000*	0.035*	0.113	0.831	0.000*	0.000*

水平内容知识(HCK)主要涉及不同数学专题在课程中的联系以及用联系的视角看待课程中的数学内容. 作为职前教师,由于没有实际工作的经验,对数学课程的把握水平还不高是可以理解的. 虽未有统计学上的显著差异,但也算是较大幅度的提高. 而且,在数学史课程前后,职前教师的水平内容知识(HCK)得分也提高了 10.55%,但是,在内容与学生知识(KCS)方面,职前教师在数学史课程后测只比前测提高了 4.49%.

为了解这种现象的原因,研究者在后测数据统计完成以后对部分职前教师进行了访谈. 结合在研究中参与质性研究的部分职前教师反映的情况,研究者认为造成这种现象的主要原因在于职前教师在微格教学中的模拟化环境与真实教学存在较大差异,限制了职前教师内容与学生知识(KCS)的发展. 因为在微格教学中,所面对的"学生"就是授课职前教师的同学,这些"学生"对职前教师要授课的内容十分熟悉,对职前教师要在课堂教学中融入的数学史内容也比较熟悉,因此授课的职前教师在教学过程中所遇到的情况和真实课堂教学有很大的不同,他们难以判断学生真实的知识背景、在课堂中的具体反应、以及学生对课堂知识的接受程度,导致了内容与学生知识(KCS)很难获得有效提高.

例如,在访谈中,PT3 曾这样说:

经常在微格教学中,本想通过一个问题引出学生的认知困难,然后引出新的教学内容,结果发现问题经常被"聪明的学生"回答了,都不知道怎么进行下去了.……有时候想在教学开始讲一个数学历史上的问题,结果发现"学生们"都没什么感觉,好郁闷啊!

——PT3

PT7 也曾在访谈中这样说:

研究者:你在微格教室中讲课才 10 多分钟,你怎么准备了这么多内容?而且后面这几个题目也太难了吧?

PT7:这样啊,但是我觉得讲得太简单了,同学们很容易就能接受了,这样就会很快把内容讲完,不补充一些难一点的习题,后面时间不知道干嘛!

——PT7

在研究结束后的第二个学期,这批职前教师进入中学进行教育实习,研究者是他们的带队教师. 期间,研究者与多位职前教师进行了交流,问他们教育实习以来的最大感受是什么? 回答除"累"以外,就是"对学生有了更清楚地了解",这句话包含了对学生思维方式和学习方式有了更清楚地了解,也包括对教学内容的选择、教学设计的合理性有了更清楚的认识. 例如,有学生是这么说的:

以前把学生想得太理想化了,现在看看自己微格教学的上课,讲得太多了,事实上一节课里学生根本接受不了那么多!

——职前教师 F

微格教学中,"同学们"都太聪明,造成了我们的教学设计往往要出一些难一点的问题和题目,实际上有些问题和题目在真实课堂中是不适合的.

——职前教师 G

研究者:你们现在实习中上课有没有尝试着用点数学史啊?

职前教师 H:有啊,上次我在讲勾股定理的时候,就用了很多历史上勾股定理证明的方法,学生对那个"总统证法"反应最大,还有好几个学生课后还在"发明"勾股定理新的证明方法呢!

职前教师 I:我用了《九章算术》中芦苇被风吹的例子给学生当成练习,而且还告诉学生这是我国古代的一个题目,古人就用我们今天学的内容解决了,学生听了很有兴趣.

研究者:微格教学知识用了这些吗?

职前教师 H:微格教学时候,"学生"都太厉害了,讲这些对他们没吸引力啦!

职前教师 I:对,真实上课和微格教学差别还是很大,感觉上 10 次微格教学,不如在真实课堂上 1 次课.

由此可看出,虽然微格教学可以有效地提升职前教师的教学技能,也能促进职前教师教学知识的发展,但是对职前教师了解教学内容与学生知识之间联系的知识方面,并没有太大的作用.

实验班男女职前教师教学知识在研究中的前测和后测比较情况,分别如表 5.21 和表 5.22 所示.

表 5.21 实验班男性职前教师教学知识前后测比较

知识类别		MKT	MKT		SMK			PCK		
			SMK	PCK	CCK	SCK	HCK	KCS	KCT	KCC
前测 $N=35$	均值	0.4695	0.5295	0.4095	0.4914	0.6457	0.4514	0.5200	0.3486	0.3600
	标准差	0.0798	0.1072	0.1275	0.1704	0.1686	0.1837	0.2435	0.1704	0.1988
后测 $N=39$	均值	0.5556	0.6171	0.4940	0.6513	0.7231	0.4769	0.4821	0.5026	0.4974
	标准差	0.0853	0.0988	0.1249	0.2138	0.1495	0.2133	0.1931	0.1885	0.2710
独立样本检验 (Sig)$P=0.05$		0.000*	0.000*	0.005*	0.001*	0.040*	0.586	0.458	0.000*	0.015*

表 5.22　实验班女性职前教师教学知识前后测比较

知识类别		MKT	MKT		SMK			PCK		
			SMK	PCK	CCK	SCK	HCK	KCS	KCT	KCC
前测 $N=53$	均值	0.4862	0.5308	0.4415	0.4642	0.6755	0.4528	0.4943	0.4113	0.4189
	标准差	0.0802	0.1070	0.1134	0.1830	0.1580	0.1887	0.2205	0.1815	0.1972
后测 $N=57$	均值	0.5936	0.6175	0.5696	0.6351	0.7018	0.5158	0.5088	0.5509	0.6491
	标准差	0.1189	0.1412	0.1464	0.2622	0.1261	0.2266	0.1854	0.2147	0.2277
独立样本检验 (Sig)$P=0.05$		0.000*	0.000*	0.000*	0.000*	0.335	0.118	0.710	0.000*	0.000*

从表 5.21 和表 5.22 可看出，无论男性职前教师还是女性职前教师，数学史课程前后，教师教学知识都有了显著提高，其中男性的得分提高了 18.34%，女性的得分提高了 22.09%. 从以上两个表格中还可以看出，实验班女性职前教师无论在前测还是后测，教学知识都高于男性职前教师，但在教学知识的后测中，双方的学科内容知识(SMK)几乎相同，而在教学内容知识(PCK)方面女性职前教师高于男性职前教师.

5.3.2　控制班教学知识课程前后的比较

控制班职前教师教学知识前后测比较如表 5.23 所示，男女性别比较如表 5.24 和表 5.25 所示.

表 5.23　控制班职前教师教学知识前后测比较

知识类别		MKT	MKT		SMK			PCK		
			SMK	PCK	CCK	SCK	HCK	KCS	KCT	KCC
前测 $N=62$	均值	0.4500	0.4785	0.4215	0.4516	0.5839	0.4000	0.4194	0.3484	0.4968
	标准差	0.1006	0.1599	0.1200	0.2481	0.2491	0.2203	0.2194	0.1981	0.2104
后测 $N=72$	均值	0.5398	0.6352	0.4444	0.6528	0.7778	0.4750	0.4389	0.3806	0.5139
	标准差	0.0872	0.1347	0.1013	0.1957	0.2084	0.1882	0.2087	0.1391	0.1981
独立样本检验 (Sig)$P=0.05$		0.000*	0.000*	0.232	0.000*	0.000*	0.035*	0.599	0.286	0.629

从表 5.23 可看出，控制班职前教师的教学知识在后测的得分为 0.5398，比较前测的 0.4500 有了显著提高，提高率为 19.96%. 虽然在学科内容知识(SMK)方面有了显著提高，从 0.4785 提高到了 0.6352，但是在教学内容知识(PCK)方面没有显著地提高. 在 MKT 的六个子类别中，控制班职前教师在学科内容知识(SMK)的三个子类别中都有显著变化，但是在教学内容知识(PCK)的三个子类别

中都没有显著提高.

表 5.24 控制班男性职前教师教学知识前后测比较

知识类别		MKT	MKT		SMK			PCK		
			SMK	PCK	CCK	SCK	HCK	KCS	KCT	KCC
前测 N=27	均值	0.4840	0.5531	0.4148	0.5259	0.6741	0.4593	0.4222	0.3111	0.5111
	标准差	0.0980	0.1652	0.1115	0.2490	0.2220	0.2469	0.2100	0.1948	0.2501
后测 N=31	均值	0.5280	0.6366	0.4194	0.6516	0.8000	0.4581	0.4581	0.3355	0.4645
	标准差	0.0826	0.1386	0.0864	0.1998	0.2309	0.2013	0.2141	0.1199	0.2026
独立样本检验(Sig)$P=0.05$		0.069	0.041*	0.862	0.037*	0.040*	0.984	0.524	0.576	0.437

表 5.25 控制班女性职前教师教学知识前后测比较

知识类别		MKT	MKT		SMK			PCK		
			SMK	PCK	CCK	SCK	HCK	KCS	KCT	KCC
前测 N=35	均值	0.4238	0.4210	0.4267	0.3943	0.5143	0.3543	0.4171	0.3771	0.4857
	标准差	0.0959	0.1311	0.1275	0.2351	0.2487	0.1884	0.2294	0.1987	0.1768
后测 N=41	均值	0.5488	0.6341	0.4634	0.6537	0.7610	0.4878	0.4244	0.4146	0.5512
	标准差	0.0904	0.1334	0.1085	0.1951	0.1909	0.1792	0.2059	0.1442	0.1886
独立样本检验(Sig)$P=0.05$		0.000*	0.000*	0.179	0.000*	0.000*	0.002*	0.885	0.357	0.125

从表 5.24 和表 5.25 可看出,控制班男女性职前教师在研究的后测中,教学内容知识(PCK)都没有显著变化,而且男性职前教师在研究的前后测中教学知识也没有显著变化(男性的得分提高了 9.10%,女性的得分提高了 29.49%),但是他们在学科内容知识(SMK)方面都有显著提高.之所以会有这种现象,是因为从总体上说控制班职前教师本学期的课程设置偏向数学学科知识,因为除了数学课程与教学论这门课程,其他的课程都是数学学科课程,包括运筹学、离散数学、数理统计等课程.而且数学课程与教学论这门课程的任课教师也有中学教学的经历,比较擅长中学的数学解题,这可能也会对控制班职前教师的学科内容知识(SMK)产生一定的影响.

综上所述,可认为在学期前后,控制班职前教师的教学知识也有了提高,尤其是在学科内容知识方面,而在教学内容知识方面虽有提高,但幅度不大.

5.3.3 小结

通过实验班职前教师和控制班职前教师在研究前后测教师教学知识的分别比

较，我们可看出，在数学史课程前后，实验班职前教师教学知识的变化具有以下特点．

（1）在数学史课程后，职前教师的教学知识有了明显提高，无论在学科内容知识（SMK）方面，还是在教学内容知识（PCK）方面，职前教师在后测的得分都高于前测的得分，且存在统计学上的显著差异．

（2）职前教师的教学知识在 MKT 的六个子类别中，除了内容与学生知识（KCS）以外，其他五个子类别的后测得分都高于前测得分，且在四个类别中存在统计学上的显著差异．数学史课程对职前教师的内容与学生知识（KCS）也有提高，但是受到微格教学模拟课堂与真实课堂教学中授课对象的差异的影响，职前教师在内容与学生知识（KCS）的提高方面存在一定的限制．

（3）数学史课程与其他数学教育类课程（如微格教学）相结合，对职前教师教学知识提高的幅度更为明显．

（4）通过与控制班职前教师教学知识前后测的比较可知，数学史课程对职前教师教学内容知识（PCK）提高的幅度较大，提高的幅度大于学科内容知识（SMK）．

通过前后测的比较，我们可知数学史课程能促进职前教师教学知识的提升，尤其是在教学内容知识（PCK）方面，这说明数学史课程可以让职前教师在数学教学时，能更好地设计知识点的教学方式，更好地把握学生的知识程度，且帮助职前教师了解知识点的逻辑架构．

5.4 研究（一）的总结

5.4.1 数学史课程前后职前教师学科内容知识变化分析

从以上的量化研究结果，我们可以看出，在数学史课程后，实验班职前教师在学科内容知识（SMK）方面的得分高于前测的得分，且存在统计学上的显著差异．但是，没有学习数学史课程的控制班的职前教师在研究后测中，学科内容知识（SMK）方面的得分也高于前测的得分，也存在统计学上的显著差异．因此，从本研究获得的数据中，我们很难将实验班职前教师学科内容知识（SMK）的明显提升的原因归结为数学史课程，即数学史课程是否能显著的提升职前教师的学科内容知识（SMK），在本研究中是难以作出这种判断的．

但是，从以下两个方面，我们还是能得知数学史课程对提高职前教师的学科内容知识（SMK）是有帮助的．

首先，在研究者对职前教师的访谈和课程结束后职前教师的来信中，研究者发现数学史内容对一些职前教师的学科内容知识产生了影响，如有的职前教师认为了解了某知识点的历史后，对所要教学的知识点有了更全面的了解（属于 CCK 范畴);有的职前教师认为如果知道了知识点在历史上的某种解法,就可以在适当时机介绍给学生(属于 SCK 范畴);有的职前教师认为如果了解了某知识点的发展历史,也对该知识点产生时哪些数学知识已经具备了有所了解,这对了解所要教学的知识点和前后知识的联系是有帮助的(属于 HCK 范畴).因此,职前教师认为数学史提高了他们的学科内容知识(SMK).

其次,在对职前教师进行数学史教育价值的调查中,发现职前教师对数学史的教育价值都有较高的认可,认为数学史可以让教师在上课时候更有底气的认同感达到了 4.20 分(满分 5 分),而这属于学科内容知识的范畴;在对职前教师进行数学史与教师教学知识联系的调查中,职前教师对数学史可以提高职前教师学科内容知识(SMK)的认同感达到了 4.31 分.

因此,从以上的分析,本研究可以得出这样的结论:数学史课程能在一定程度上提高职前教师的学科内容知识,能提升职前教师对学科内容知识的认同感.

5.4.2 数学史课程前后职前教师教学内容知识变化分析

数学史课程对职前教师教学内容知识(PCK)影响的方面,我们可以从以下三点进行分析.

首先,从准实验研究的量化数据中,我们可以看出,在数学史课程后,实验班职前教师在教学内容知识(PCK)方面的得分高于前测的得分,且存在统计学上的显著差异.但是,没有学习数学史课程的控制班的职前教师在研究的后测中,虽然教学内容知识(PCK)方面的得分也高于前测的得分,但不存在统计学上的显著差异.因此,可以认为,在量化研究中可以得出数学史课程能提高职前教师的教学内容知识(PCK)的结论.

其次,在研究者对职前教师的访谈和课程结束后职前教师的来信,研究者发现数学史对职前教师教学内容知识产生了影响,如有的职前教师认为了解了某知识点的历史后,能更好地预测学生在学习知识点时候的困难(属于 KCS 范畴);有的职前教师认为如果知道了与知识点有关的历史人物或者历史事件,就可以在教学中向学生进行介绍,增进学生对所学知识点的理解(属于 KCT 范畴);也有职前教师认为如果了解了某知识点的发展历史,对哪个年级的学生将该知识点讲到哪个难度就够了有一定的帮助(属于 KCC 范畴).因此,从这些学生的反馈中也可以认为数学史能提高职前教师教学内容知识(PCK).

再次,在对职前教师进行数学史教育价值的调查中,职前教师对了解了数学史有助于知识点的教学,可以给教学设计提供更多的选择等方面的认同度都较高,都达到了 4.47 分,而这些都属于教学内容知识的范畴;在对职前教师进行数学史与教师教学知识联系的调查中,职前教师对数学史可以提高职前教师教学内容知识(PCK)的认同感达到了 4.12 分.

因此,从以上三个方面的分析我们可以得出以下研究结论:数学史课程可以提高职前教师的教学内容知识,也能提高职前教师对教学内容知识的认同感.

5.4.3 小结

结合数学史课程对职前教师学科内容知识和教学内容知识两个方面影响的分析,我们可以看出,在量化研究方面得不出数学史课程对职前教师学科内容知识的影响,只能从职前教师的反馈以及数学史价值的调查中分析出数学史能在一定程度上提升职前教师的学科内容知识.而在教学内容知识方面,无论是在量化研究部分、职前教师的反馈部分,还是在数学史价值的调查部分,都能得出数学史能提升职前教师教学内容知识的结论.

此外,从本研究中还可以认为数学史课程对职前教师教学内容知识的影响大于对学科内容知识的影响.

第 6 章 研究结果与分析(二)

为了进一步了解在数学史课程的学习过程中职前教师教学知识的变化情况,在本研究中,研究者根据学生自愿报名、教师随机选取等方式选取了10位职前教师参与了质性研究.要了解一个教师的教学知识,通过课堂观察也许是最准确的,但是由于条件的限制,职前教师无法进行真实的课堂教学在本研究中,研究者主要通过收集职前教师的教学设计和微格教室中模拟教学的录像以及对职前教师的访谈等方式收集整理,并结合表4.5和表4.6的分析框架,分析职前教师教学知识的水平及其变化情况.

在研究过程中,研究者首先要求职前教师根据指定的中学数学教科书中的知识点,进行教学设计和在微格教室中进行模拟教学,然后在数学史课堂中了解了相关知识点的历史发展及教学现状后,研究者结合职前教师先前的教学设计或者微格教学视频,对职前教师进行访谈.主要目的在于了解经过了数学史课堂学习后,职前教师对知识点的教学过程是否出现了变化,都发生了哪些变化,这些变化中有哪些是与数学史课程有关的,而这又说明了职前教师教学知识发生了怎样的变化.本章将就这部分的研究过程、研究内容以及研究结果进行描述.

由于本研究是观察数学史课程对职前教师教学知识的变化情况,在职前教师的教学设计、微格教学以及访谈过程中,职前教师对数学史的认识、态度以及掌握情况也会有不同程度的体现,这些都属于数学史素养的范畴.为此,在质性研究过程中,研究者也将观察职前教师的数学史素养的变化情况.

6.1 参与质性研究职前教师的基本状况

6.1.1 参与研究职前教师的产生和基本信息

在数学史课程的第一次授课中,研究者邀请各位职前教师参与研究,其中有6位职前教师报名参加.由于这6位均为女性,为了增加研究对象类别的丰富性,研究者随机指定了4位职前教师(男性1位,女性3位,由于他们刚好坐在第一排),并获得了他们的同意.研究者初步了解了他们在班级里的学习情况,基本信息如表6.1所示.

对首次主动报名的6位职前教师,研究者同他们都有简短的交流,从中得知PT2和PT9以前接触过一些数学史,想更深一步的了解;PT6和PT7以前对数学史了解得不多,但比较好奇,希望能看看数学史的教育价值究竟为何;而 PT4 和 PT8 属于对数学史没有感觉,是被同宿舍的同学动员过来,一起报名参加的,用她们的话说是属于"打酱油"的. 而随机指定的 4 位职前教师,他们对数学史了解也不多,但有兴趣了解一下.

表 6.1 参与质性研究职前教师基本信息表

编号	PT1	PT2	PT3	PT4	PT5	PT6	PT7	PT8	PT9	PT10
性别	男	女	女	女	女	女	女	女	女	女
班级成绩	偏后	较好	较好	中等	偏后	较好	较好	中等	偏后	中等
报名形式	随机	主动	随机	主动	随机	主动	主动	被同学邀请	主动	主动

由此可看出,参与质性研究的这 10 位职前教师,成绩属于各个层次,参与的意图以及对数学史的态度也各不相同,因此,他们具有较好的代表性.

6.1.2 数学史与教师教学知识之间联系的认识

由于在课程前期,参与研究的职前教师未能展示教学设计或微格教学,研究者对他们的教学知识水平还无从获知,尤其是数学史在数学教学中的融入情况. 因此,在数学史课程前期研究者只能通过访谈了解他们对数学史与教师教学知识联系的认识以及他们的数学史素养水平.

数学史课程的第一次授课中,研究者要求每位职前教师就数学史对数学教育的认识情况写一份文本,发到研究者的邮箱. 结合这些文本材料,研究者在学期的前两周对参与质性研究的 10 位职前教师进行了访谈.

1. 访谈的基本情况

为了让职前教师能在访谈中畅所欲言,并能真实的表达自己的想法,研究者需要给访谈创设一个良好的氛围. 研究者认为,在研究的初始阶段首先需要和职前教师建立信任感,同时也为了避免因为单独一个人接受访谈,而使职前教师感到拘束,为此,研究者在和职前教师的第一次访谈中,并没有要求职前教师单独前来,而是告诉他们研究者何时在办公室,这段时间他们都可以过来找我. 结果因为他们都是选择下课后过来访谈,因此都是以班级为单位,分三次过来的.

PT1~PT5 在第二次数学史课程结束后(上课时间为周一)一起过来;而 PT6~PT9 是在数学史课程结束后(上课时间为周二)一起过来;而 PT10 是周三上午利用课间休息时间来研究者的办公室接受访谈,因此访谈时间也相对较短.

2. 访谈过程

在访谈的开始,研究者先向职前教师①介绍了参与研究过程中他们需要做的事情,主要包括参与研究需要写 5 个特定知识点的教学设计并在微格教室的模拟教学中以这 5 个知识点作为教学内容,并在规定的时间前将教学设计或者微格教学录像交给研究者,并在规定的时间内接受研究者的访谈.

此后,研究者以职前教师上交的对数学史教育性的认识文本为基础对职前教师进行访谈. 其中,与数学史和教师教学知识联系的问题包括以下六个:

(1) 你们认为数学史可以帮助老师更好地理解所教知识点的专业知识吗?(与 CCK 对应)

(2) 你们认为数学史能帮助教师在教学中更好地向学生解释所教知识点专业方面的知识吗(与 SCK 对应)?

(3) 你们认为数学史能帮助教师更好地了解所教知识点和前后知识的联系吗(与 HCK 对应)?

(4) 你们认为数学史能帮助教师更好地理解所教内容和学生原有知识之间的联系吗(与 KCS 对应)?

(5) 你们认为数学史能帮助教师更好地组织知识点的教学吗(与 KCT 对应)?

(6) 你们认为数学史能帮助教师更好地理解该知识点与课程的联系,如什么年级的数学课程应该教什么,教到什么深度等吗(与 KCC 对应)?

3. 结果及分析

由于是集体访谈,虽然有可以激发大家畅所欲言的优点,但是因为性格的不同,存在有的职前教师回答的较多,而有的职前教师回答较少这种情况. 由于研究者每次都会问其他人"还有没有不同意见""还有什么补充"等问题,所以若他人没有回答,则可认为大家都赞同该回答者的观点.

1) 对数学史与教师一般内容知识联系的认识.

研究者:你们认为数学史可以帮助老师更好地理解所教知识点的专业知识吗?

PT1~PT5:短暂的沉默.

PT2:应该会有吧.

研究者:为什么? 能解释或举例一下吗?

PT2:嗯.……例子说不出来,但我想知道的多了肯定有帮助的.

研究者:有补充或者不同意见的吗?

(大家没有反应)

---

① 在本章中职前教师特指参与质性研究的职前教师.

PT6~PT9 的表现与此类似,而 PT10 则直接回答不清楚.

由此可看出,职前教师对于数学史与教师一般内容知识(CCK)的联系了解不多,出于直觉给出了谨慎的支持.

2) 对数学史与教师专门内容知识联系的认识.

研究者:你们认为数学史能帮助教师在教学中更好地向学生解释所教知识点专业方面的知识吗?

PT2:应该可以的,理由和刚才的一样(笑).

(其他职前教师点头表示同意)

研究者:能举个例子吗?

(短暂的沉默)

PT2:一时想不起来.

在 PT6~PT9 中职前教师的反应基本类似,但 PT7 举出了一个例子.

PT7:如果老师在课堂上介绍一下复数的发展历史,对大家了解复平面、复球面都会有帮助.

研究者:你们这学期有学复变函数吧.

大家笑着回答:是的.

研究者:感觉复变函数还不太难吧.

PT7:总感觉很多定义都是人为规定的,人为的延伸出很多理论,如模、辐角、拓扑空间啊,有什么意义也不清楚,就知道要记住这些东西.

研究者:如果这样,说点数学史确实对数学有帮助,但是你举的这个例子只能说明对你学习的情感有帮助,对老师如何解释专业知识点好像关系不大.

PT7:那我就举不出来了(笑).

PT10 对该观点也表示赞同,但是同样也举不出例子.

由此可看出,职前教师对数学史与教师专门内容知识(SCK)之间联系的了解也不多,但是基于了解越多对教师教学也有利这种观点,他们赞成数学史可以帮助教师专门内容知识这一观点.

3) 对数学史与教师水平内容知识联系的认识.

研究者:你们认为数学史能帮助教师更好地了解所教知识点和前后知识的联系吗?

PT2:具体不是很清楚,但是想想应该会有帮助.

研究者:能举例吗?

PT2:不能.

(其他职前教师也摇头,还带着点茫然)

其他两组的访谈结果也类似,对于数学史与教师水平内容知识联系的认识都出于感性的、直觉的、还不是很肯定地表示赞同.

4) 对数学史与教师的内容与学生知识联系的认识.

研究者：你们认为数学史能帮助教师更好地理解所教内容和学生原有知识之间的联系吗？

众职前教师：可以啊，你在课堂上不是说了，根据历史相似性，了解了数学的发展历史，可以帮助老师了解学生学习的难点.

由于研究者在第二次的上课中向学生介绍了数学史的教育价值，其中包括了历史相似性，访谈的各位职前教师对数学史与教师的内容与学生知识之间的联系有比较好的了解. 当然也不排除，没发言的人中有人对此还有疑问，但从总体上，职前教师对数学史对 KCS 的帮助普遍赞同.

5) 对数学史与教师的内容与教学知识联系的认识.

研究者：你们认为数学史能帮助教师更好地组织知识点的教学吗？

PT2：可以啊，可以在教学过程中讲一些数学故事啊.

研究者：有不同意见或者补充的吗？

PT4：教学组织应该比较固定的，数学史与教学流程可能联系不大，但是能在教学过程中插进去讲点数学故事，调节学生的学习状态.

研究者：也就是在怎么教知识点方面，你认为是有帮助，但是帮助不大，可以起一些调剂作用.

PT4：对.

应该说，PT4 的观点在访谈中体现的比较普遍，职前教师大多认为数学史对数学教学有作用，但是大多体现在课堂中讲点数学故事，调节课堂气氛方面，而如果去掉数学史，教学组织不会有什么影响. 因此可以认为，职前教师对数学史与教师的内容与教学知识的联系持谨慎赞同的意见.

6) 对数学史和教师的课程与内容知识联系的认识.

研究者：你们认为数学史能让教师更好地理解该知识点与课程的联系，如什么年级的数学课程应该教什么，教到什么深度等吗？

（短暂的沉默）

PT2：应该有点用吧，知道了历史，对怎么从简单发展到难的应该比较了解，这对教学应该有帮助的吧.

（其他职前教师纷纷点头表示赞同）

在对 PT6~PT9 和 PT10 这两批的访谈中，开始也陷入了沉默，似乎大家对教师应该具备知识点与课程联系的知识还比较陌生，在研究者做了一些解释之后，才觉得应该会有帮助. 因此，也可以认为，职前教师对数学史与教师的课程与内容知识的联系持谨慎赞同的意见.

从以上可以看出，在数学史课程开始阶段，职前教师对数学史是否可以帮助教师的教学知识的认识方面，大多处于谨慎的赞同. 他们从直觉上认为对所教知识点的相关知识了解得越多,教师的教学会越有帮助,但是还不能举出正确的例子,因此可以认为职前教师的这种赞同是感性的、不稳定的.

6.1.3 课程前的数学史素养水平

1. 职前教师对数学史教育价值认识的文本调查

在数学史课程的第一次授课中,研究者让职前教师都围绕着3个问题写一段文字,并发到研究者的邮箱.通过分析参与质性研究职前教师的文本,整理如表6.2所示.

表6.2 职前教师对数学史教育价值的认识列表

职前教师	你觉得数学史对学生的数学学习有帮助吗?	如果你是老师是否会在教学中融入数学史?	你觉得学习了数学史课程对你将来当数学教师是否有帮助?
PT1	应该有帮助,可以提高学生的学习兴趣	会	会
PT2	存在就有价值,应该有吧	有机会会吧	应该会有吧
PT3	有,数学家刻苦的精神可以激励学生学习数学	看课堂条件是否允许	我觉得有
PT4	有,可以让学生了解更多	会,这样能增加数学的魅力,也能激发学生兴趣	有
PT5	有,可以吸引学生注意力	会,这样可以吸引他们的注意力,增加兴趣,让他们意识到数学的魅力	有
PT6	有帮助.数学史可以激发学生学习的兴趣和毅力	会.这样不仅可以丰富课堂知识,还可以激发学生学习的兴趣和毅力	会
PT7	有帮助,有助于调节紧张的气氛,学生在轻松的环境下学习效率提高	如果我了解了很多数学史就会融入	会,可以扩大知识面
PT8	有,可以激发学生的学习兴趣,活跃课堂,使得学生在学习数学的过程中,不会觉得枯燥乏味	会,不能让学生学了数学连数学家的名字都不知道	有,可以提高我自身的数学素养
PT9	有一定的帮助	会涉及一些	应该有的
PT10	有.学生可以通过了解数学史,激发学生探究数学的兴趣	条件允许,会	有,可以拓展知识

从表 6.2 可以看出，PT1，PT2，PT9 和 PT10 认为数学史的教育价值较弱，其他职前教师虽然认为数学史有教育价值，但是多体现在可以在课堂中讲些数学故事，激发学生学习数学的兴趣等比较表面的价值方面，还未能从更深层次体会数学史的教育价值.

2. 职前教师数学史素养的访谈

结合职前教师提交的文本，研究者对职前教师的数学史素养也进行了访谈，由于研究者就是数学史课程的授课教师，这导致了在访谈中，职前教师大多认为数学史是有价值的，对将来当老师很有价值，很有兴趣学等正面的信息. 而那些在提交的文本中对数学史的教育价值还不是很肯定的同学，在集体访谈中也多保持沉默，或者在研究者的追问下，改口称数学史是有价值的. 因此，研究者认为这部分的访谈信息不如文本信息来的准确.

在访谈中，研究者还了解职前教师以前接触数学史的情况，这部分信息直接受面对数学史课程教师本人以及集体访谈等因素的影响相对较小，因此这部分的信息应该是可信的，整理如下.

PT1：从教科书的数学名人介绍中了解了一些，初中数学教师会在课堂教学中讲一些数学家的故事，激发大家的学习兴趣；

PT2：老师上课有提到一些，自己在相关的书中也看到过；

PT3：几乎没接触，以前在上课中老师经常说，"关于这个数学史的信息，感兴趣的同学可以自己课后去了解一下"；

PT4：老师课堂上有提到一些和课外书中也看到一些；

PT5：以前没有特地接触过数学史，一般都是在课本上还有老师讲课时了解了一些皮毛；

PT6：以前接触过一点. 初中的时候老师有特地发过一张全是数学家小故事的讲义. 自己在课外书上也看过一些数学故事. 另外，在上课的时候老师会穿插一点（勾股定理），但很少；

PT7：以前有接触过数学史，但比较少. 有些是老师上课时提到的或者是教材上的阅读材料里的，有些是自己在课外书中了解到的；

PT8：有接触过，高中以前都是从老师的口述中了解；高中的时候，我记得我们有一门选修课是数学史选讲；

PT9：以前在上数学课的时候会听老师提及一些数学家及他们的故事，但并未系统地学习过数学史；

PT10：接触过，是通过课堂上老师的讲授形式以及通过查阅书籍.

由此可看出，数学教师在课堂教学中所提到的数学史内容是职前教师了解数学史的主要渠道，这也说明了作为一个数学教师了解数学史内容，在教学中融入数学史对学生影响的重要性.从访谈来看,PT6和PT8之前接触的数学史多一点,而PT3和PT5几乎没有接触过什么数学史.但从总体上,这10位职前教师对数学史了解得都不多.

3. 职前教师的数学史素养水平

从以上了解到的信息,可以判断在数学史课程前,参与质性研究职前教师的数学史素养水平大致如下.

PT1:从教科书和老师口中了解了一些数学史,虽然对数学史的教育价值,持较弱的赞同,还未做到真心的认可,但认为学习数学史对数学教师有帮助,因此可认为数学史素养处于认识阶段;

PT2:从老师口中和相关书中了解了一些数学史,但对数学史的教育价值,持较弱的赞同,还未做到真心的认可,对学习数学史是否会对数学教师有帮助也持很弱的赞同,因此可认为数学史素养还处于前认识阶段;

PT3:对数学史几乎不了解,虽然认为数学史对学生学习数学有帮助的,但对将来在教学中是否融入数学史持谨慎赞同的观点,并不是真心认可数学史的教育价值,因此可认为数学史素养还处于前认识阶段;

PT4,PT6,PT7,PT8,P10:从老师口中和相关文献中了解了一些数学史,认为数学史有教育价值,也认为学习数学史对将来当教师很有帮助,但由于对数学史知识还了解不多,也还未主动去学习数学史,可认为数学素养还处于认识阶段;

PT5:虽然对数学史还了解不多,但是认同数学史的教育价值,对学习数学史也很有兴趣,因此可认为数学史素养处于认识阶段;

PT9:虽然从老师那里了解了一些数学史知识,但对数学史的教育价值持谨慎赞同,还未真心认可,因此可认为数学史素养处于前认识阶段.

6.2 职前教师在实数教学中教学知识的变化

在第一次访谈以后,研究者要求这10位职前教师在两周内上交浙教版七年级上册3.2节实数的教学设计或者微格教学录像.在数学史课程的第6次课中,研究者向职前教师介绍古希腊的数学,在讲述了毕达哥拉斯(Pythagoras,公元前572~前497)的数学成就之后,研究者向职前教师介绍了无理数的发展历史.

在课堂教学中,研究者以演进史的形式,向职前教师介绍无理数的历史发展过程.从毕达哥拉斯学派发现了无理数,到欧多克斯(Eudoxus,公元前408~前355)和阿契塔(Archytas,公元前428~前350)的新比例理论,从西方学者对无理数的排斥到东方学者对无理数的巧妙处理,直至近代部分西方学者开始逐步接受无理数,最后在魏尔斯特拉斯(Weierstrass,1815~1897)、梅锐(Meray,1835~1911)、戴德金(Dedekind,1831~1916)和康托尔(Cantor,1845~1918)等数学家的努力下,建立了完善的无理数理论.此外,研究者还在课堂中向职前教师介绍了无理数名词的由来,以及无理数教与学的现状.本次课程的教学形式为教师主讲,并在后来留了10分钟左右时间,跟大家一起讨论听了无理数历史后的感受以及无理数教学中融入数学史有什么想法等.

下课后两天内,研究者对10位职前教师分别进行了访谈,主要了解原有的教学设计意图为何?听了数学史课程中有关无理数发展的历史后,对教学设计有没什么变化等信息.

6.2.1 教学知识点的教研背景

1. 教科书中的知识点与分析

实数位于浙教版七年级上册教科书(范良火,2006a)的第3章第2节.该教科书的第1章为从自然数到有理数,主要介绍有理数及其数轴表示;第2章为有理数的运算,主要介绍有理数的四则运算;第3章为实数,分为5个小节的内容,分别是平方根、实数、立方根、用计算器进行数的开发和实数的运算;第4章为代数式;第5章是一元一次方程;第6章是数据与图表;第7章是图形的初步知识.

在3.2节实数中,学生需要掌握的主要内容包括无理数的概念、实数的定义和实数组成,以及如何在数轴上表示实数,而无理数的概念是教学的难点.在教科书的内容编排中,以第1章有理数的数轴表示和3.1节的平方根为基础,引出在目前的知识中$\sqrt{2}$还无法在数轴上表示,然后用表格(图6.1)形式说明$\sqrt{2}$是一个无限不循环的小数.接着给出无理数的定义:像$\sqrt{2}$这种无限不循环的小数称为无理数.

$1.4^2<2<1.5^2$	$1.4<\sqrt{2}<1.5$
$1.41^2<2<1.42^2$	$1.41<\sqrt{2}<1.42$
$1.414^2<2<1.415^2$	$1.414<\sqrt{2}<1.415$
$1.414\ 2^2<2<1.414\ 3^2$	$1.414\ 2<\sqrt{2}<1.414\ 3$
$1.414\ 21^2<2<1.414\ 22^2$	$1.414\ 21<\sqrt{2}<1.414\ 22$
...	...

图6.1 教材中$\sqrt{2}$的近似值

在举出$\sqrt{3}$,π等几个无理数的例子后,给出了实数的定义:有理数和无理数统称为实数.用一个图表示实数的构成后,指出实数和数轴上的点是一一对应的,右边的数大于左边的数.最后举了一个如何在数轴上表示实数的例子.值得一提的是在本节的最后,有一份阅读材料,标题名称是神奇的π,介绍和π有关的一些历史.

2. 该知识点的教学研究简述

由于无理数是教学的一个难点,有关无理数教与学的研究文献较多,文献的作者有中学教师,也有数学教育的博士生、硕士生以及大学教师. 这方面的研究大致可以分为以下三个方面.

1) 了解学生对无理数的掌握情况.

为了解学生对无理数的掌握情况,一些研究者(主要为数学教育的博士生和硕士生)对学生进行调查. 主要从以下三个方面进行了解:

(1) 了解学生的无理数概念掌握情况.

调查显示,学生对无理数的形式定义掌握较好,但是存在概念表象比较单一、直觉与形式知识不一致、直觉与运算法则不一致等不足(杨秀娟,2007;冯璟,2010;冯璟,陈月兰,2010;严振君,2010).

庞雅丽和徐章韬(2010)对山西 60 名高一学生的无理数理解进行调查,发现约 75%的学生能够准确叙述无理数的定义,且几乎都采用小数表征,即"无限不循环小数称为无理数". 但在要求学生举例说明哪些数是无理数时,以小数形式举例的学生却不足 14%,大多数学生对根号形式的无理数情有独钟,似乎一提到无理数,想到的便是 $\sqrt{2}$ 和 $\sqrt{3}$ 等. 通过对北京 44 名初三学生的调查,发现 68%的学生持"任意两条线段皆可公度"的信念,59%的学生对 $\sqrt{2}$ 的无限不循环性持怀疑态度,认为" $\sqrt{2}=1.41421356\cdots$ 有可能在小数点后几百位、几千位甚至更多位上开始循环".

(2) 了解学生的无理数知识掌握情况.

研究显示学生对无理数的理解还不够深入,如杨秀娟(2007)认为无理数的性质的认识受到有理数知识负迁移的影响,以及对无理数性质的应用水平偏低;冯璟(2010)认为学生对数系结构记忆较好,但对数系结构中各集合间的从属关系掌握不容乐观,在辨别不同表征形式的数的类型时存在困难;被试者对实数与数轴的一一对应关系仅停留在记忆层面,并未深入理解;陈月兰和杨秀娟(2008)研究认为无理数对四则运算不具备封闭性这样运算性质的学生掌握的很差;严振君(2010)认为绝大多数学生不能正确区分和解释有理数和无理数的多寡;Sirotic 和 Zazkis(2007)的研究也显示,职前教师对无理数和有理数个数的理解还比较弱.

(3) 了解学生对无理数的信念.

庞雅丽和李士锜(2009)从不可公度的存在性、学习无理数的必要性、无理数作为数的确定性以及无理数的不可循环性 4 个方面调查了初三学生关于无理数的信念. 结果显示:学生对不可公度性的信念表现出与历史上数学家极大的相似性;超过 40%的学生缺乏对无理数学习的必要性的认识,认为"无理数是天外飞石,不知道它从哪里来,也不知道有什么用";20%的学生认为有理数已很完美,没有学无理数的必要；大多数学生承认无理数是数，但近 60% 的学生对无理数的无限不循环性缺乏坚定的信念.

2) 无理数的教学存在的问题.

鉴于无理数的教学存在很多值得探讨的地方，一些在职教师就无理数的教学发表自己的心得，并就无理数教学的误区进行剖析. 例如，吴远梅和邹兴平(2008)指出了无理数教学中存在的 8 个误区；邱承雍(2010)从 7 个方面说明无理数认识上的误区；侯怀有和徐爱(2010)，以及彭玉瑞和邢勇(2006)都指出了无理数教学中存在的 10 个误区；何本南(2009)从教材、教师和学生三个方面分析了无理数教学中存在的误区，并提出了纠正意见.

3) 无理数教学的建议.

对如何提升无理数的教学，在职教师和高等院校中数学教育研究者都提出了自己的见解，有的以研究为基础，有的以教学感悟为基础. 杨秀娟(2007)研究认为，可以从结合无理数的多种定义进行教学，丰富学生的概念表象；结合无理数的形式定义与运算知识进行教学，以及借鉴无理数概念的发展历史等 7 个方面提升无理数的课堂教学. 例如，庞雅丽和徐章韬(2010)研究认为，无理数的发展史可以帮助学生学习无理数概念，并提出了一个融入数学史的无理数概念的教学设计. 庞雅丽和李士锜(2009)认为教师在教学过程中，应注重知识发生的过程，注重知识的来龙去脉，并注重学生对概念的理解. 孔凡哲等(2006)认为可以从无理数和有理数的关联以及关注无理数的估算两个方面帮助无理数的教学. 林晓明(2013)以教学设计为基础，说明了无理数的教学过程. 蒙显球(2013)以数学史案例来展示如何更好地促进无理数的教学.

此外，也有一些文献介绍了无理数的发展历史(李继闵，1989；潘亦宁，2008)，论述多元视角下的无理数(唐恒钧，2004)，以及推介几种无理数的证明(萧文强，1998)等.

从以上分析可以看出，无理数是教学的重点与难点，教师和学生对无理数的理解都存在不足，有些问题在应试教学的背景下被掩盖了，但是实际上会有学生对此存在疑虑，为此需要在教学中从其他视角阐述无理数的合理性和价值性，而数学史可以为无理数的教学提供养分. 而且目前已有一些学者就数学史与无理数的教学之间的联系进行了研究，并认为数学史可以促进无理数的教与学.

6.2.2 职前教师教学知识在数学史前后的变化

对于实数的教学，PT1~PT9 都采用在微格教室中模拟上课，都能上交教学录像和教学设计，而 PT10 由于一些原因，未能在微格教室中录制该部分内容教学，只提交了教学设计. 职前教师在规定的时间内将微格教学录像或者教学设计交给研究者，然后研究者在数学史课程中结合相关教学知识介绍了无理数的发展历史.

下课后,研究者结合职前教师提交的教学录像和教学设计对职前教师进行了访谈.

由于在第一次访谈中,采取的都是2人以上的集体访谈,这导致了性格内向的职前教师未能很好地表达自己的真实想法.为此,在本次访谈中研究者对职前教师采取单独访谈的方法.研究者根据职前教师提交的材料和访谈结果,来了解职前教师对实数教学的变化情况,并分析哪些变化是由于数学史课程引起的,而具体的变化和哪个部分的教师教学知识有关.由于如果将每一位参与研究职前教师的教学过程和访谈内容都写出来,则本节将变得冗长而臃肿,为此,研究者将采取归纳叙述法,即在全面分析质性材料后,对其进行归纳,并选取几个典型材料加以分析,以点带面呈现研究的过程和结果.

1. 职前教师对实数的教学过程

职前教师在3.2节实数的教学中,基本都是从复习第1章的有理数或者3.1节的平方根入手,然后围绕着$\sqrt{2}$的性质展开,说明其既不是整数也不是分数,因此是一种新的数,称为无理数.在此过程中,除了PT5是采用反证法来证明$\sqrt{2}$不能表示成$\frac{p}{q}$的形式以外,其他9位职前教师都采用教科书上的逐步逼近的方法(图5.1).在得到无理数的概念后,列出一些数让学生判断哪些是无理数哪些是有理数,然后告诉学生有理数和无理数统称为实数,实数和数轴上的数是一一对应的.总体上说,这几位职前教师的教学过程都有一个显著的特点,就是紧扣教科书.

下面以PT9的实数的微格教室模拟教学过程为例,大致流程如下.

老师:前面我们学了有理数的概念和运算,今天我们将继续学习数.现在让我们回忆一下,前面我们都学了哪些数?

学生:整数、分数.

老师:对,我们将整数和分数称为什么啊?

学生:有理数.

老师:对,还能用其他的语言描述有理数吗?

学生:有限小数或者无限循环小数.

老师:很好.现在老师手上有一个边长为2的正方形,大家能否折出一个面积为1的正方形?

(学生完成)

老师:很好,那能否折出一个面积为2的正方形?

(学生完成)

老师:很好,那如果这个正方形的边长为a,那么a等于多少?

学生:$\sqrt{2}$.

老师：那这个$\sqrt{2}$是有理数吗？大家看看它是整数吗？分数吗？有限小数吗？无限循环小数吗？都不是，对吧，那我们看看$\sqrt{2}$到底是多少.

（如图5.1演示$\sqrt{2}$的范围）

老师：大家看看这个数是无限的，而且不循环的，对吧，因此它不属于我们刚才说的有理数，我们将这种数称为无理数.大家还能举出一些无理数的例子吗？

学生：π.

老师：对，那刚才我们把有理数分为正的、负的，还有零，那么无理数是否也可以这么分呢？

学生：可以.

老师：那么我们将无理数分为正无理数和负无理数.到目前为止，我们学了有理数和无理数，数学是一个简洁的学科，因此我们把有理数和无理数统称为实数.大家能说一说实数的定义吗？

学生：实数是有理数和无理数的统称.

老师：很好.前面我们学的有理数可以在数轴上表示出来，那么实数是否也可以在数轴上表示呢？

学生：可以.

老师：对，与有理数的性质一样，实数也和数轴上的点一一对应的，有理数中的一些绝对值、大小的性质在实数中也适用，下面我们做个练习，把这些实数表示在数轴上.

（学生完成）

老师：于是我们得到这样一个定理：数轴上的点右边比左边大.

总结一下，布置作业，然后下课.

其他几位职前教师的教学流程与PT9基本类似，在各流程的授课时间上略有区别.虽然职前教师在教学中的语言表达和神态之类的差异较大，但是这并不在本研究所探讨的范围中.

2. 职前教师学科内容知识的变化情况

在本研究中，学科内容知识（SMK）就是关于数学学科的知识，包括程序性知识和概念性知识.它可分为一般内容知识（CCK）、专门内容知识（SCK）和水平内容知识（HCK）三个部分.从职前教师的访谈情况来看，在了解了相关数学史内容前后，职前教师在实数的教学知识中，在一般内容知识（CCK）和专门内容知识（SCK）这方面有变化，但变化幅度不是很大，如有部分职前教师通过数学史的学习知道了可以用反证法来证明$\sqrt{2}$是无理数；也有部分职前教师通过数学史才了解了无限不循环和两数不可比之间的联系.但是这些变化，还没有体现在水平意义程度上的变化.而在水平内容知识方面,有部分职前教师有了水平上的变化.

教师的水平内容知识(HCK)指教师能用联系的视角看待数学,了解数学概念在不同阶段的发展情况.在接触实数数学史知识前,从职前教师所提交的教学录像和教学设计中可以看出,他们对实数的认识还是孤立的,如在教学的开头就向学生介绍什么是无理数,进而将大量的时间用于说明实数的分类,如何在数轴上表示实数等练习性内容.而经过了数学史课程以后,部分职前教师改变了这种认识,知道了无理数概念的产生是社会发展的必要,以及只有从根本上理解了无限不循环,才能更好地理解无理数.此外,也从无理数的历史发展中了解到无理数的个数多于有理数.

职前教师访谈的部分记录,如下所示.

PT2:听了数学史后,无理数的历史发展挺曲折的,学生在学习时候也肯定没那么快理解,我肯定讲得太快了.

研究者:那从无理数的历史中你得到什么对教学有帮助的启示吗?

PT2:首先就是无理数的定义不能很快给出,即使给出后也需要更多的解释.

研究者:嗯,还有吗?

PT2:从历史中可以知道无理数的存在是因为它是有用的,因此在上课中也要说明无理数是存在的,而且是有价值的.

研究者:那得怎么说明呢?

PT2:可以以$\sqrt{2}$为例,这个长度的线段是存在的,但是这个量却不是有理数,它是无限而且不循环的,也可以证明一下,让学生清楚它不是有理数,这两点做到了就能比较清楚的说明无理数的概念了.

——PT2

研究者:那从数学史课中还得到什么对实数教学有帮助的吗?

PT4:还有就是对无理数的发展过程有了更深入的了解.

研究者:能大致说明一下吗?包括对教学的帮助情况.

PT4:以前只知道有理数不够用了,产生了无理数,但是不知道无理数的产生经历了这么曲折的过程,而且最后竟然发现无理数比有理数还多.

研究者:嗯,还有吗?

PT4:还有就是知道了原来无理数有这么多的定义,但是还是现在书上的那个定义最好记.

——PT4

研究者:从数学史课程中还有什么对你了解无理数有帮助?

PT6:无理数的个数居然比有理数个数还多,太意外了.

研究者:能用到教学中吗?

PT6:可以告诉学生这个结果啊,学生对无理数的印象肯定更深刻了.

研究者:嗯,还有吗?

PT6：还有一个比较大的感受就是听了课以后才知道无理数和有理数这个名词的来历，这个无论要不要对学生说，对老师自己都是需要掌握的.

研究者：对，给学生一杯水老师要有一桶水.

PT6：对，还有就是知道了无理数的定义是历史发展的结果，书上的定义比其他的定义都好理解.

——PT6

研究者：看来数学史课程的内容对你无理数的教学影响还是蛮大的，还有什么感触吗？

PT7：还有就是无理数和有理数这个名称的来源也是第一次听说.

研究者：嗯，这个对教学有帮助吗？

PT7：当然有啊，要不学生问起来你怎么回答，我觉得这个是老师应该掌握的知识。你在课堂上说的，有的老师认为希帕索斯（Hippasus）被杀害了这个事情是没有道理的，所以这类数称为无理数. 这个例子我听了印象很深，因为我觉得会这么认为的老师可能不在少数.

研究者：哈哈，还有吗？

PT7：那个无理数的个数居然可以和实数一样多的事情也同样蛮吃惊的.

研究者：局部居然和整体的数量一样多.

PT7：对，这个太意外了.

——PT7

这四位职前教师在水平内容知识方面有了较为明显的提升，从访谈中还得知，其他几位职前教师在水平内容知识方面也有了一些提高，如通过数学史课程职前教师都了解了无理数和有理数这个名词的大致由来，但是单凭这一点还不能说明其水平内容知识有水平上的提升. 因此，可将这部分的研究结果归纳，如表 6.3 所示.

表 6.3　职前教师在实数教学中 HCK 的变化情况

编号	数学史课程前	数学史课程后	水平变化
PT2	知道无理数是在有理数基础上发展的，但对无理数与有理数的联系了解不多	对无理数的演变历程有一定了解，知道无理数的存在性以及无限不循环特点，才导致产生了无理数	1→2
PT4	对无理数的发展过程了解，产生的知识联系了解较少	知道了无理数的产生除需要有理数的知识基础以外，还需要分割理论等方法，而且还了解了无理数和实数等势	1→2
PT6	对与无理数相关的知识了解不多	了解了无理数的知识发展，无理数和高等数学的联系	1→2
PT7	对无理数的了解仅限于概念和分类范畴，对其背景、意义了解不多	对知识点与前后知识的联系有一定的了解，也了解了初等知识和高等知识存在联系	1→2

3. 职前教师教学内容知识的变化情况

在本研究中,教学内容知识(PCK)指的是职前教师如何教学数学内容的知识,包括内容与学生知识(KCS)、内容与教学知识(KCT)和内容与课程知识(KCC)三个部分.从职前教师的访谈情况分析,在数学史课程后,大部分职前教师在内容与教学知识方面有了提升,部分职前教师在内容与学生知识方面有了变化,而数学史内容对个别职前教师的内容与课程知识产生了负面影响.

1) 大部分职前教师的内容与教学知识都有了变化.

教师的内容与教学知识(KCT)是教师的数学知识与教学知识两者的综合体,具体体现在教师能根据不同的数学知识,设计合适的教学方式,选取合适的例子和练习题.从研究情况看,在数学史课程前,职前教师都严格按照教材上的顺序进行教学设计,对教学方式的优缺点也没有深入的思考.但是在相关数学史内容后,大多数职前教师认为自己先前对实数的教学方式需要修改.

部分职前教师的访谈内容摘录如下.

研究者:听了数学史课后,对你这个教学设计有没什么新的想法,也就是现在如果让你上课,会不会和录像中这个有区别,有哪里需要改变的?

PT1:听了后对无理数的了解更多了一些,如果现在上课我觉得我会在引出无理数的定义后,说一下有关无理数的历史,如希帕索斯的故事.

研究者:为什么呢?

PT1:这个故事很有意思,说一下可以提高学生的学习兴趣.

研究者:嗯,还有哪里需要修改一下的吗?

PT1:怎么修改才好,从教材上看,就应该是这样设计.

——PT1

研究者:听了数学史课后,对你这个教学设计有没什么新的想法,也就是现在如果让你上课,会不会和录像中这个有区别,有哪里需要改变的?

PT2:毕达哥拉斯那个事情后面一点讲好点,就是等学生折好纸以后,告诉大家毕达哥拉斯也发现了这个长度的线段,但是不知道该怎么用分数表示,这样学生更有兴趣一点.

研究者:也就是吸引学生看看毕达哥拉斯解决不了的问题,我们怎么解决.

PT2:对,这样既让学生了解了背后的人文背景,又可以设置一个悬念.

研究者:嗯,不错,还有哪里需要修改一下的吗?

PT2:听了数学史后,知道无理数的历史发展挺曲折的,学生在学习时候也肯定没那么快理解,我肯定讲得太快了.

——PT2

研究者：听了数学史课后,对你这个教学设计有没什么新的想法,也就是现在如果让你上课,会不会和录像中这个有区别,有哪里需要改变的?

PT3：有啊,感触很多啊,原来不知道无理数背后还有这么多内涵的.

研究者：那哪里需要做点改变?

PT3：重点和难点需要大调整,对无理数的定义要慢慢讲,不要一开头就拿出来,历史上无理数经过那么久才被人接受,现在学生肯定不能一下子接受.

研究者：嗯,还有吗?

PT3：学生提问几百位后是否循环,我草草带过了,现在觉得这样对学生可能不好,还是需要证明一下.

研究者：用什么方法证明?

PT3：就是用假设法,假设是有理数,$\sqrt{2}$就能表示成p/q,然后推出矛盾.

——PT3

研究者：听了数学史课后,对你这个教学设计有没什么新的想法,也就是现在如果让你上课,会不会和录像中这个有区别,有哪里需要改变的?

PT7：观念上变化较大,我一直觉得只要会计算会解题了就可以,但是听了数学史课介绍后觉得光讲教材内容是不够的.

研究者：那体现在原来的教学中,哪里需要改变?

PT7：对无理数的定义讲得太简单了,原来几乎是直接告诉学生什么是无理数,没有任何铺垫.

研究者：这样教学效率不是会比较高吗?后面你有很多时间进行练习巩固.

PT7：现在是会了,但是学得快忘的也会快的,无理数都经历那么久才被人接受,学生不可能那么容易就能把所有问题都想通的.

研究者：你的意思是讲课过程中做点铺垫?

PT7：对,可以证明一下$\sqrt{2}$的无限不循环,也可以讲一点数学史.

——PT7

研究者：听了数学史课后,对你这个教学设计有没有什么新的想法,也就是现在如果让你上课会不会对原来的教学设计做一些修改?

PT10：肯定需要修改,我原来写得太简单了.

研究者：那怎么修改?

PT10：增加一些例子,制造一些认知冲突,然后介绍无理数定义.

研究者：你原来的设计中不是通过讲述毕达哥拉斯和希帕索斯的故事引出无理数吗?

PT10：那个是网上摘录的,感觉后面讲好点,开始还是通过例子让学生感受原来的内容不够用,这样会好点.

——PT10

结合职前教师的教学情况和访谈内容,将其在内容与教学知识的变化情况归纳,如表 6.4 所示.

表 6.4 职前教师在实数教学中 KCT 的变化情况

编号	数学史课程前	数学史课程后	水平变化
PT1	严格按照教材上的顺序进行教学设计,对教学方式的优缺点并不清楚	能根据知识点的特点增加一些数学史的说明,但对例子的选取、内容呈现顺序和方式等教学细节还缺乏深入的思考	1→2
PT2	对教学方式有一定的设计,但对例子的选取、内容呈现顺序和方式等教学细节还缺乏深入的思考	根据实数的数学史发展,调整了教学流程,例子和联系的选取也相对合理	2→3
PT3	能选取某种方式对该知识点进行教学,但存在教法简单等不足	增加了一些情境设置,拓展无理数背后人文内涵,教学设计相对合理	1→2
PT4	教学过程较为简单,过分强调无理数的判断、实数的分类,以及在数轴上表示实数	对教学流程进行了调整,减少知识量,通过例子、学生动手,加深学生印象,增加所学知识的厚度	1→2
PT5	开头讲一段毕达哥拉斯的事情,然后按照教材内容进行授课,对该方法的优缺点缺乏思考	开始先设计认知冲突,将数学史内容放在无理数定义之后讲解,在教科书之外还增加了一些例子,让教学设计变得相对合理	1→2
PT6	能用心的根据知识点的特点选取教学方式,但是对一些例子的选取、出现的时机都不是很恰当	调整并修改了教学内容,让教学设计更加合理,但自己承认这么做更多的是出于自己的直觉	2→3
PT7	以知识为本,严格按照教材内容进行教学,知道该教学方式的优点,但对其缺点了解不足	根据知识点的特点,将教学设计变得相对合理,访谈中所展示的教学过程、内容选取比较恰当,但难以说出这么做的原因	1→3
PT8	教学内容与教学过程与教科书的处理无异,未能思考这种方式的优劣	在教学设计中增加了一些数学史内容和练习,让教学内容变得丰富	1→2
PT9	教学方式简单,对无理数的定义给出较快,对其无限不循环性质很快带过	通过讲述数学史和反证法证明更加深刻地说明无理数的性质,让教学过程变得相对合理但教学方式过于知识本位,教师主体性较强	1→2
PT10	教学设计过于简单.虽能在举例基础上给出无理数定义,但其后教学就是解题和练习	能根据知识点的特点,选取较为合理的教学方式,但是对例子和练习的选取缺乏深入思考	1→2

2) 部分职前教师在内容与学生的知识方面有了变化.

教师的内容与学生知识(KCS)是教师关于学生学习特点、知识基础以及所教学的数学知识的特点、难度的综合体,要求教师能估计学生可能的想法、可能遇到的困难. 从实数的教学情况看,大部分职前教师的教学设计较为单一,且对重点和难点的把握都存在偏差,对无理数这个教学难点重视不够,认为学生能比较容易理解无理数的概念. 但是,在数学史课程中了解了无理数的相关历史以后,部分职前教师意识到无理数是经历了一千多年才被大家所接受的,要学生很快地理解无限不循环这个概念是比较困难的,因此对教学的难点进行了重新设计. 这可认为数学史课程对职前教师的专门内容知识和内容与学生知识是有影响的.

部分职前教师的访谈记录如下所示.

研究者:现在看来哪些地方需要修改一下的?

PT4:内容安排得太多了,需要删减.

研究者:为什么?

PT4:原来想得简单了,以为用课本那个表格,可以让学生知道$\sqrt{2}$是无限不循环的,于是就能接受无理数的概念,现在看来这种方式可能不太行.

研究者:为什么这么想?

PT4:从无理数的历史可以看出,这个概念不属于常规的概念,特别是涉及了无限,经过了一千多年才被人所接受,我这么随便一说大家就能接受这个不太可能的.

研究者:也就是你对学生的思维、基础有了新的认识.

PT4:对,但是在微格教学中我的学生都比较聪明,我也感受不到教学设计有什么不妥.

——PT4

研究者:那听了数学史课后,对你这个教学设计有没什么新的想法,也就是说现在如果让你上课会不会对原来的教学设计做一些修改?

PT9:肯定会修改,而且要做较大的变动.

研究者:哪些地方呢?

PT9:原来把学生想得太理想化了,认为他们应该很快就能接受无理数的概念,现在看来无理数是经过这么曲折的发展才被人接受的,甚至有人付出了生命的代价,那要让学生很快理解无限不循环就太简单了.

研究者:那准备怎么办?

PT9:要设置一些情境,用例子来辅助说明,最重要的是要把无限不循环的这个特点讲清楚.

研究者:这个是不是和我前面上课讲的历史相似性有关啊?

PT9:对对对,你那次讲的这个历史相似性我觉得很有道理,这样就可以把数学的历史当成数学教学的一面镜子.

——PT9

结合职前教师的教学情况和访谈内容,将其在内容与学生知识的变化情况归纳,如表 6.5 所示.

表 6.5 职前教师在实数教学中 KCS 的变化情况

编号	数学史课程前	数学史课程后	水平变化
PT2	在教学设计中已经估计到学生可能存在的认知障碍,但估计不足	从数学史课程中感受到学生认知障碍的严重性,增加了突破教学难点的教学设计	2→3
PT3	对学生的学习特点缺乏足够了解,认为其能很快接受无理数概念	意识到教学难点的估计不足,增加了应对措施	1→2
PT4	对学生在学习该知识点时候的学习特点和思维还缺乏了解	从无理数的历史中感受到学生的认知可能存在的障碍,修正了教学设计	1→2
PT6	在教学设计中已经估计到学生可能存在的认知障碍,但估计不足	从数学史课程中感受到学生认知障碍的严重性,增加了突破教学难点的教学设计	2→3
PT7	将教学的重心放在程序性知识,对无理数概念这类概念性知识简单带过	从数学史课程中体会到对教学难点的估计不足,调整了教学设计变得更加合理	1→2
PT9	对学生在学习该知识点时候的学习特点和思维还缺乏了解	从无理数的历史中感受到学生的认知可能存在的障碍,修正了教学设计	1→2

从表 6.5 中可以看出,在该知识点的教学知识中,数学史对 6 位职前教师的内容与学生知识(KCS)产生了水平意义上的变化. 其中 PT2 和 PT6 还能从数学史中较为深刻地理解学生的认知障碍,从而更好的修订了教学设计,达到了水平 3.

值得一提的是,在分析职前教师教学知识变化过程中,研究者发现教师教学知识中,在教学内容知识(PCK)方面,在内容与学生知识(KCS)和内容与教学知识(KCT)之间存在交叉. 例如,职前教师认为通过了解无理数的曲折历史,意识到学生在学习无理数时候认识上肯定也会存在困难,于是需要调整教学方式. 这其中就包括了 KCS 和 KCT 两种知识的混合,也表明同一个数学史内容对教师教学知识中的 KCS 和 KCT 都会产生变化,而且其变化是相互联系的.

而在学科内容知识(SMK)方面也存在这种情况,专门内容知识(SCK)和水平内容知识(HCK)之间也存在交叉. 例如,职前教师认为通过了数学史课程的学习,知道了为什么称为有理数和无理数,这既可认为属于 SCK 的范畴(能解释数学名词或符号),也可认为属于 HCK(能了解知识的演变). 此外,在一般内容知识(CCK)和专门内容知识(SCK)方面也存在交叉,如职前教师认为通过数学史课程,知道了 $\sqrt{2}$ 是无理数是怎么被证明的,这其中对知道了某个数学判断的证明属于 CCK 的范畴,而对能向学生解释为什么 $\sqrt{2}$ 是无理数的知识又属于 SCK 的范畴.

由此可看出，MKT 理论对教师教学知识的分类还有进一步理清的空间.

3) 个别职前教师在内容与课程知识方面有了负变化.

在本研究中，内容与课程知识（KCC）指职前教师要了解数学内容在不同年级的课程中的出现顺序以及难度等信息的知识. 在本次研究中，研究者在介绍无理数的发展历史时候，向职前教师介绍了毕达哥拉斯的万物皆数思想，然后说明了毕达哥拉斯发现了毕达哥拉斯定理之后，发现等腰直角三角形斜边的长度$\sqrt{2}$无法用万物皆数的理论来解释，这导致了第一次数学危机，也促使了后人对这类数的研究，这类数就是今天的无理数.

受数学史课程的影响，在访谈中，PT7 认为在无理数的引入过程中，可以用勾股定理得出$\sqrt{2}$，然后探讨$\sqrt{2}$的性质. 这与内容在课程中编排的顺序是不同的，在课程中，勾股定理是八年级上册才学，而无理数是在七年级上册就向学生介绍，也就是学生在学习无理数的时候，还不知道勾股定理. 这说明，由于历史和课程教学内容的安排并不是完全不一致的，导致了在某些时候，数学史对个别职前教师的内容与课程知识有了负面的影响.

6.2.3 研究小结

1. 教学知识的变化

在本次研究中，研究者发现在数学史课程中介绍了无理数的相关历史以后，职前教师对 3.2 节实数（主要是无理数部分）的教学知识有了变化，具体表现在以下几个方面.

1) 在学科内容知识方面主要表现如下.

（1）职前教师在一般内容知识上变化不大，在专门内容知识方面虽然有了一些提升，如能正确的解释并证明$\sqrt{2}$是无理数，但是还不能认为其有水平上的提升.

（2）职前教师在水平内容知识方面有了提升，主要表现为了解了无理数和有理数的名词来源，其中有 4 位职前教师的水平内容知识可认为有水平上的提升，他们能用联系的观点看待无理数知识，也了解了无理数和高等数学之间的联系，均可认为其从水平 1 上升到了水平 2.

2) 在教学内容知识方面主要表现如下.

（1）职前教师在内容与教学知识方面有了提升，10 位职前教师的内容与教学知识可认为有水平上的提升，有 3 位职前教师的内容与教学知识达到了水平 3.

（2）职前教师在内容与学生知识方面也有了提升，从无理数的曲折历史过程中意识到学生要理解无理数也不是那么容易的事情，其中有 6 位职前教师的内容与学生知识可以认为有水平上的提升，她们对教学难点的认识更深入，也在教学设计上给予了充分的体现，有 2 位职前教师还达到了水平 3.

(3) 有 1 位职前教师在内容与课程知识方面有了负面影响,主要原因是无理数的历史中先讲到勾股定理,再提到发现无理数,而学生的课程内容中是先无理数然后再介绍勾股定理,这造成了学生内容与课程方面有了判断上的偏差.但是经过研究者的提醒,该职前教师立即发现并纠正,因此还不能认为其有水平上的降低.

此外,研究者还发现 MKT 理论对教师教学知识的划分还不是很明确,如 KCT 和 KCS 之间存在交叉,SCK 和 HCK 之间也存在交叉.

2. 数学史素养的变化

在实数的模拟教学中,PT4,PT5 和 PT6 都提到了一些数学史知识,PT10 所撰写的教学设计中也有一些数学史的内容.尽管这些融入形式都是在数学知识中讲点数学史知识这种表面的结合,而且有的融入教学时机也不是很恰当,但是可以认为部分职前教师已经有了在教学中应用数学史的意识.

从访谈中得知,在数学史课堂中了解了无理数的历史以后,职前教师对数学史的教育价值有更深的体会.认为了解了知识点的发展历史,对知识点的教学会有很大的帮助.

由此可知,在经历了本次研究以后,参与质性研究职前教师的数学史素养都处于了解阶段向尝试阶段过渡的过程中.虽然有部分职前教师已经会在课堂教学中讲点数学史,但是有个别职前教师所讲的数学史知识是有错误的,有个别讲述的时机是比较牵强的,而且 5 位职前教师所采用的都是讲毕达哥拉斯或者希帕索斯的故事,未能将数学史与教学知识做更深地融合.因此,可以认为这 10 位职前教师的数学史素养还处于了解阶段.

3. 研究的结论与反思

在本次研究中,研究者在数学史的课程中,在讲授古希腊数学家毕达哥拉斯的时候,以此作为切入点,向职前教师介绍了无理数的发展历程.从访谈中可以发现,该部分知识对职前教师无理数部分教学的影响主要表现如下:

(1) 无理数的曲折发展过程,可以帮助职前教师更深体会教学的难点,更多的感受学生学习的困难;

(2) 无理数和有理数名词的由来,可以帮助职前教师了解无理数更多的知识;

(3) 介绍历史上无理数的定义,可以让职前教师体会到目前这个定义的优势;

(4) 历史中用反证法证明 $\sqrt{2}$ 是无理数,可以为职前教师的教学所借鉴;

(5) 介绍历史所证明的无理数和实数等势,可以帮助职前教师对无理数知识有更多的了解,并能将无理数与高等数学相联系.

但是也存在一些问题,主要表现为职前教师对如何在教学中融入数学史的理解还不深,访谈中所体现出来的教学中所融入数学史形式大多是讲一些历史故事,属于附加式(汪晓勤,2012)的融入.这导致了数学史课程对职前教师教学知识的提高幅度还不大,甚至在某些方面还有负面的影响.

值得一提的是,由于 PT10 对该知识点没有经历教学的实践,不但所撰写的教学设计比较简单,而且在访谈中所谈的感受也不如其他职前教师强烈.因此,可以认为经历知识点的教学实践后数学史对职前教师教学知识的提高会更加明显.

6.3 职前教师在有理数乘法教学中教学知识的变化

在第二次访谈以后,研究者要求这 10 位职前教师在三周内上交浙教版七年级上册 2.3 节有理数的乘法的教学设计或者微格教学录像.在数学史课程的第 10 次课中,研究者向职前教师介绍古印度的数学,在其中向他们讲述了负数发展的历史.

在课堂教学中,研究者同样以演进史的形式,向职前教师介绍负数的历史发展过程.从中国古代算筹中的负数,到《九章算术》中的正负数,从婆罗摩笈多(Brahmagupta,598~670)对负数运算和记法的运用到婆什迦罗(Bhāskara,1114~1185)对负根的处理,从丢番图(Diophantus,200~284)等古希腊学者对负数的抛弃,到帕乔利(Pacioli,1445~1517)的"负负得正",从卡尔达诺(Cardano,1501~1576)的负根,到邦贝利(Bombelli,1526~1572)的负数定义,从近代欧洲笛卡儿(Descartes,1596~1650)等数学家对负数的排斥,到吉拉尔(Girard,1595~1632)和沃利斯(Wallis,1616~1703)对负数的定义,直至魏尔斯特拉斯和佩亚诺(Peano,1856~1832)对负数的完整定义和运算处理.此外,研究者还在课堂中向职前教师介绍了负号表示的由来,以及负负得正的教与学现状.本次课程的教学形式为教师主讲,并观看负负得正的教学视频案例,然后剩下 5 分钟左右时间进行讨论.

下课后三天内,研究者对 10 位职前教师分别进行了访谈,主要了解原有的教学设计意图为何? 听了数学史课程中有关负数的历史发展后,对教学设计有没什么变化等信息.由于时间刚好进入学期中间阶段,在接受访谈后,研究者要求参与质性研究的职前教师在一周内上交一份文本,主要描写自己对数学史课程的感受,以及参加这两次教学知识研究活动的感受.

6.3.1 教学知识点的教研背景

1. 教科书中的知识点与分析

有理数的乘法位于浙教版七年级上册教科书(范良火,2006a)的第 2 章第 3 节.该教科书的第 1 章为从自然数到有理数,主要介绍有理数及其数轴表示;第 2 章为有理数的运算,包括 2.1 节有理数的加法,2.2 节有理数的减法,2.4 节有理数的除法,2.5 节有理数的乘方,2.6 节有理数的混合运算,2.7 节准确数和近似数,2.8 节计算器的使用.值得一提的是在第 1 章的阅读材料中,介绍了中国古代在数的发展方面的贡献,其中包含了一些中国古代用算筹表示负数的情况.

在 2.3 节有理数的乘法中,先展示了一个有理数的乘法 3×2=3+3=6,这个过程可以用数轴表示;相应地如果一个正有理数和一个负有理数的乘法(−3)×2=(−3)+(−3)=−6,也可以用数轴表示.然后用一个温度的例子(每小时温度下降 2 度,问之前温度为何,图 6.2)来说明两个负数相乘的情况.得出有理数的乘法法则:两数相乘,同号得正,异号得负,并把绝对值相乘.然后给出 5 个计算的练习题作为例子.

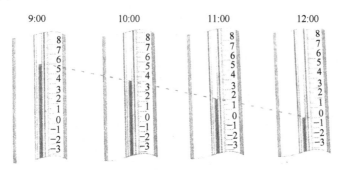

图 6.2　教材中温度例子示意图

2. 该知识点的教学研究简述

在有理数乘法的教学中,负负得正无疑是教学的重点也是难点,在历史上这个算法曾经困扰了昆虫学家法布尔(Fabre,1823~1915)、文学家司汤达(Stendhal,1783~1842),也包括我国的杂交水稻专家袁隆平,因此有关负数及其负负得正教与学的研究文献较多.这方面的研究大致可以分为以下四个方面.

1) 师生对负负得正的理解.

学生对负负得正到底是怎么理解的? 巩子坤(2006,2009,2010,2011)对此进行了研究.他通过对山东某市中学生进行了调查,发现学生对负负得正的运算掌握的较好,但是很少有学生能理解为什么负负得正,甚至有人怀疑为什么需要负数.研究认为,由于算法的无矛盾性,学生在理智上很容易接受负负得正,但是由于负数的超越性,学生在情感上很难接受负负得正.

在对中学教师的调查中,有 30%的教师对负负得正能否被证明表示怀疑,有教师认为负负得正无需证明,也有部分教师认为课堂教学中的模型说明就是证明.若学生对负负得正有疑问,大部分教师是选择举出多个正面的例子说明结论的正确性来说服学生.调查还显示在教学中教师倾向于用抽象的模型来解释(如归纳模型),而学生则倾向于接受直观的模型(如好孩子模型). 由此可看出,教师和学生对负负得正的理解都还存在不足,要让学生在情感上接受负负得正的教学的难点.

2) 有理数乘法的教学设计和教学心得的探讨.

由于有理数乘法中的负负得正是教学的难点,甚至有教师称其为"世界性难题"(陈康金等,2013),因此现有的研究文献中探讨该知识点教与学的文献较多,其作者多为中学教师.

罗增儒(2000)结合一个教学设计,认为有理数乘法的教学不仅是一个传统的难点课题,而且也是一个难点比较集中的课题,其难点包括:如何自然地出现带有"负数"的乘法;如何体现"负负得正"的合理性与必要性,以及如何说明有理数与1相乘、与0相乘这三个部分,而其中数"负负得正"最难. 对于这个教学难点,不应回避而是应该"知难而上",精心设计教学模型并作好从实例到算法的转化,引导学生一步步深入思考,并完成难点的突破.

李祖选(2009)在教学设计中采用相反数、数轴位移和教科书中的温度例子三则为例,让学生分组讨论得出该法则. 并认为该知识点通过让学生体验法则的探索过程,培养了学生的观察问题、发现问题的能力,以及归纳、猜测、验证的能力. 王玉琴(2011)所展示的教学设计是用水库水位的变化和负整数乘以正整数并逐步减少的归纳,让学生掌握负负得正的法则. 李道路和孙朝仁(2004)以及邹施凯(2013)的教学设计也属于此类. 邹施凯(2013)认为成功的数学教学一定要注重对问题的探究,关注学生学习的过程.

邬云德(2005)表示自己在20世纪80年代的教学中,采用的是从$(+3)\times(+2)=+6,(+3)\times(-2)=-6$,让学生猜测$(-3)\times(-2)$等于多少,从而得出法则;到20世纪90年代是创设情境得到以上三个等式,问学生$(-3)\times(-2)$等于多少,再得出法则;而现在则是创设多种情境,让学生感知这个乘法的合理性. 并认为该知识点的教学要注重培养学生的探究能力、观察能力.

有部分教师(卜以楼,2011;张怡,2011;陈志梅,2011)认为学生没有过多的生活体验,不需要数学化后去建模,应该减少学生的负担,将重点放在正数与正数、正数与负数乘法的归纳和逻辑推导上,由此得出负负得正的法则. 王静(2013)也认为,有理数的乘法法则在本质上是一种规定,现实情境对教学不一定有帮助. 曾小平和石冶郝(2012)认为,过度追求数学的生活化,可能会造成数学与生活生搬硬套的联系,导致牵强附会的理解,应从负数的本质入手,证明有理数乘法法则.

由此可见,对有理数的乘法该如何教学还在不断地探索和争论中,总体上说,认为应该创设情境,数学化后,逐步从正数与正数相乘、正数和负数相乘引导学生归纳出负数与负数相乘,从而得出有理数乘法法则的教师居多.

3) 有理数乘法教材的研究.

也有一些学者对有理数乘法的教材进行比较,如谢红英和刘超(2013)比较了中外 13 种教科书中的"负负得正"部分的内容,认为各地的教材没有太大的差异,均从设置情境入手,但是一些情境的设置对学生不是很适合.王南林(2006)对华东师大版、北京师大版、人教版和沪科版四种教材的有理数乘法的内容进行比较,认为这几种教材都呈现出"问题情景——建立数学模型——解释、应用和拓展"的模型.

陈国蕤(2012)研究了北京师大版教材的有理数教学内容,认为教材编排新颖,为学生提供了探索、交流、合作的时间和空间,便于学生更自觉地投入到主动探究学习活动中.教材也重视问题情境创设,问题设计与生活实际相联系,能结合学生生活实际,设计学生熟悉的生活例子,提出问题,引导学生思考、探索数学知识、体验数学知识的认知过程,同时也可以让学生感受到数学在生活中无处不在.欧桂瑜(2012)比较了北师大和人教版教材有理数的乘法的导入环节,认为两种教材的导入相差不大,都设置了生活情境帮助学生理解,人教版教材对有理数乘法的产生过程有简要的阐述,虽然比较简单,但对学生学习有很大的帮助.

这部分的研究表明,随着各国课程改革的相继实施以及国际交流的升温,各国的数学教育理念日益接近,教科书也逐渐接近,均注重在教材中设置情境,帮助学生理解知识的同时,也体现了数学与生活的联系.

4) 负数的历史与教学.

负数的发展经历了漫长的过程,也有不少学者对负数的历史与负负得正的教学进行了研究.佟巍和汪晓勤(2005)简要介绍了负数的历史,认为从历史上看数学家花了 1000 年才得到负数概念,又花了另外 1000 年才接受负数概念,因此学生在学习负数的时候必定会遇到困难.而且,学生克服这些困难的方式与数学家大致也是相同的.为了减少学生学习负数乘法运算的理解困难,利用硬性"规定"的方法直接引入"负负得正"的法则是不可取的.孩子知识的建构并不是通过演绎推理,而是通过经验收集、比较结果、一般化等手段来完成的,仅仅向学生讲述运算律并不能收到你所期望的效果,因为学生并不情愿利用这些运算律.而现实模型是较好的教学方法,文中作者介绍了 5 种现实模型.

查志刚(2012)介绍了历史上中外名人学习负负得正时候的情景,认为负负得正如果解释不好,即使学生知道了法则也会对数学产生厌恶.刘超(2009)和周增钦等(2007)分别对负数的历史进行了简述.此外,张建双和徐聪(2012)对东西方的负数历史发展进行了比较,刘旻和齐晓东(2006)对东西方对负数认知的历史进行了比较,而杜瑞芝和刘琳(2004)对历史上中国、印度和阿拉伯国家对负数的应用进行了比较.

6.3.2 职前教师教学知识在数学史前后的变化

由于个别职前教师在微格教学中有其他的任务需要完成,只有部分的职前教师在 2.3 节有理数的乘法这部分内容是采用微格教学的形式,其他职前教师上交的是教学设计和教学 PPT. 在数学史课程中,研究者结合相关教学知识介绍了负数的发展历史,以及如何利用数学史融入"负负得正"的教学. 为了让职前教师有较多的思考时间,研究者通知职前教师在数学史内容结束后的第二天来接受访谈. 本次访谈和上一次一样,也是结合职前教师提交的材料,一对一的访谈. 访谈中,主要了解职前教师在该数学史课程后对有理数的乘法教学有没有什么感想,有哪些地方需要修改等. 根据访谈内容,研究者分析数学史课程对职前教师教学知识的变化情况.

1. 职前教师对有理数乘法的教学过程

在 2.3 节有理数乘法的教学中,10 位职前教师全部采用先从正整数与正整数相乘、正整数和负整数相乘入手;有区别的地方主要在于有部分职前教师创设了情境引出乘法算式,而有部分职前教师直接给出乘法算式,让学生归纳变化情况. 而在得出负负得正的规则后,职前教师的教学方法也比较类似,就是写出有理数乘法的法则,然后让学生做练习来巩固.

下面以 PT4 的有理数乘法的微格教室模拟教学过程为例,大致流程如下.

老师:前面我们学了有理数的加法和减法,今天我们要来学什么呢?

学生:乘法.

老师:对,确切地说是有理数的乘法. 以前我们已经学了自然数的乘法,和我们今天的有理数乘法有什么联系呢,下面先来看下面一道题.

(展示蜗牛爬行的例子)

老师:如果我们规定向右为正方向,那么蜗牛的速度是 +2 厘米/分钟,时间是 3 分钟,那么 3 分钟后蜗牛的位置在哪里?

学生:$(+2) \times 3 = 6$.

老师:对,这个式子若用加法来解释是什么意思啊?

学生:每一分钟向右移动 2 厘米,三分钟是 3 个 2 厘米相加.

老师:很好. 若现在蜗牛是从原点向左爬行,那么 3 分钟后蜗牛到哪里了?

学生:$(-2) \times 3 = -6$.

老师:很好,那么从这两个算式中我们能得出什么规律?

学生:两数相乘若其中一个变号,则结果相反.

老师:对,我们可以将其记为,两数相乘,若把其中一个因数变成相反数,则积也变成原来的相反数.

(板书)

老师:好,现在我们看看刚刚的第一道题,若是 3 分钟以前,那蜗牛在哪里?

学生:原点.

(大家笑)

老师：假设蜗牛是一直在爬的,不是从原点开始爬.

学生：$(+2)\times(-3)=-6$.

老师：很好,从这三个式子中看到了我们有正数乘以正数,正数乘以负数,还缺什么啊?

学生：负数乘以负数.

老师：对,现在我们来看看第二个题目,3分钟前蜗牛在什么位置?

学生：$(-2)\times(-3)=6$.

老师：太好了,我们看因为蜗牛是向左爬的,1分钟前在2厘米的位置,2分钟前在4里面的位置,那么3分钟前就在6厘米的位置.现在大家能否对这四个式子总结一下有理数相乘的规律啊?

学生：正数和正数相乘结果为正,正数和负数相乘结果为负,负数和负数相乘结果为正.

老师：很好,如果从符号和绝对值这两个方面来看,是不是可以总结为两因数相乘,同号得正,异号得负,大小等于两因数的绝对值相乘.此外,我们还得注意0和任何数相乘等于多少啊?

学生：0.

老师：很好,下面做几个练习.

(以下略)

2. 职前教师学科内容知识的变化情况

在该轮的访谈中,研究者发现职前教师在学科内容知识(SMK)方面变化不大,即有关负数发展的历史对职前教师有理数乘法的教学知识中,涉及学科内容方面的知识的影响不大.在访谈中,职前教师大多谈论的是如何教方面有什么变化,而涉及知识理解方面的谈论并不多.

变化不大并不表示没有变化,在访谈中研究者发现,在介绍了负数的相关发展历史后,职前教师在学科内容知识的某些方面还是有了提升.例如,PT3,PT4和PT6表示,以前不知道负负得正是否能被证明,听了数学史课后才知道负负得正可以在整数环的公理系中得到严格地证明(属于CCK的范畴);PT7表示在数学史课堂中听到了魏尔斯特拉斯和皮亚诺关于负数的定义后,才了解到负数的定义是依赖于整数理论的(属于CCK和HCK的范畴);PT2表示从数学史课堂中了解到,负数以及负负得正的产生都是首先因为运算拓展的需要而作出的规定,此后才在现实生活中找到模型,最后才是在数学上被证明(属于SCK和HCK的范畴).

由于以上的理解并不是集中在一位职前教师(至少在访谈中是这样的表现),而是在某些职前教师身上孤立的存在,不能认为数学史课程对职前教师有理数乘法教学知识中的学科内容知识有水平意义上的变化.

3. 职前教师教学内容知识的变化情况

在访谈中,职前教师认为在数学史课程中了解了负数的发展历史后,对怎么教学方面有了较大的变化,从访谈内容分析,研究者发现在数学史课程后职前教师在教学内容知识的三个方面都有了变化.

1) 职前教师的内容与教学知识都有了变化.

在相关数学史内容前,职前教师对有理数乘法的教学中,无论是设置情境从正数和正数相乘,正数和负数相乘入手引入到负数与负数相乘,还是直接从正数与正数相乘,正数与负数相乘的运算入手引入到负数与负数相乘,他们都有一个共同的特点就是教学设计过于简单. 例如,PT10在教学时,没有设置情境,仅列出了3个算式就得出了有理数乘法的法则,教学片段如下.

PT10:大家看看我们这几个式子有什么含义啊?

$3 \times 2 = 6$ 表示 3 个 2 相加;

$3 \times (-2) = -6$ 表示 3 个 (-2) 相加;

$(-3) \times 2 = -6$ 表示 2 个 (-3) 相加;

那么从中大家得到了什么规律? 是不是只要在乘法算式中,把一个因数变号,积也变号? 因此,

从 $3 \times (-2) = -6$,我们就可以得到 $(-3) \times (-2) = 6$.

这就是我们今天要学习的负数和负数相乘的规律,用一句话来表示就是负数乘以负数等于正数,简称负负得正.

这种教学设计,差不多5分钟就可以把这节课的重点和难点讲好了,剩下来的课堂时间就是进行计算练习.

但是,在数学史课堂中了解了负数的发展过程以后,职前教师对负负得正的教学有了新的认识,在访谈中都表示出对原来的教学设计都需要进行重新的调整.

以下是部分职前教师访谈的片段.

研究者:现在让你再讲这个内容会有什么变化吗?

PT1:要做大改变啊!

研究者:哪些地方呢?

PT1:几乎都要改,特别是前面部分,设计地太简单了,后面部分的练习题也太多了.

研究者:嗯,昨天的数学史课中有哪些给你教学上的启示吗?

PT1:就是上课后觉得要让学生理解负负得正是比较难的,所以教学设计中要更多的铺垫、解释.

研究者:也就是对负负得正的合理性、现实模型等进行解释.

PT1:对,你列举了那些调查数据我感受比较深,有很多学生对负负得正还是

不能理解的,所以教学时需要在这个地方放慢点,多解释,这样即使不能消除个别学生的疑虑,也能让大部分学生理解它,接受它.而且你在课堂中说了,一个好的情境会让学生对这个知识点记得更牢固.

研究者:对,一个有新意的例子不但可以帮助学生理解也可以帮助学生记忆,就像有个人接触后你就忘记了,但如果有人提醒你这个人有什么重要的特征或者他干了件什么特别的事情,你就马上能回忆起来.

PT1:对对.

——PT1

研究者:昨天听了负数的历史以后,现在上有理数乘法这个课会有什么新的想法吗?

PT4:前面的引入要改变一下.

研究者:怎么改?

PT4:原来这个设计的模型中涉及"负方向",后来又有一个时间为负的,这两个概念学生不太好理解的.

研究者:对,初一的学生理解这个在认识上会有困难的.那要怎么改?

PT4:你课堂介绍的一些模型就挺好的,那个好孩子模型我比较喜欢.

研究者:(笑)那个比较有趣,大家应该比较好接受.还有吗?

PT4:还有就是你所列的调查的数据对我们了解的教学现状很有用,原来我们都不知道这个教学会有这么大的困难的.

研究者:也就是对教学难点有了更准确和深刻的体会.

PT4:对,难点除了负负得正的计算,还有就是学生对负负得正的理解.

——PT4

研究者:昨天听课后对你有理数乘法教学有没什么影响?

PT6:有啊!难点判断上需要重新认识.

研究者:你的教学设计中通过水位的上升和下降来引入负负得正也不错啊.

PT6:我在写教学设计前认真思考过的,觉得难点应该是负负得正的计算,对于学生对负负得正的理解也做了一些准备,但是听了课以后,发现在对学生认识负负得正的困难方面还是准备不足.

研究者:就是教学难点调整了.

PT6:对,其实认识上理顺了,后面练习的训练才会更有效,所以对难理解的知识点,宁可前面放慢一点.

研究者:能认识到这一点很好,还有吗?

PT6:还有就是你说的历史上先认识到 $a-b$,而这不等于 $a+(-b)$ 这点我也挺受启发的,前者的运算还是正数,而后则把 $-b$ 看成一个完整的数来看待.

研究者:对,历史上的负数就是先从减法慢慢过渡来的.

PT6：是啊，根据历史相似性学生对负数以及负负得正的理解也是逐步推进的．

研究者：嗯，很好，看来你进步很快，对教学准备也很认真，能比较深入的思考问题．那这次课和以前讲的数学史，包括上次的无理数历史相比有什么不同吗？

PT6：我觉得这次最大的变化就是讲了历史以后能结合中学教学的知识点再介绍教学案例或者别人的教学设计，这个对我们启发挺大的．

研究者：也就是你们觉得数学史和中学数学知识的教学相结合起来讲你们受益更大．

PT6：那当然了，原来听了历史就是历史，也知道了数学史的教育价值，但是如果没有自己尝试一下，很多东西都理解的比较表面，而且久了也就忘记了．当如果自己尝试在教学中用数学史的时候，怎么用又都不知道，像上次我讲无理数时候讲了点毕达哥拉斯的知识，感觉不是太自然，所以你展示了教学案例和教学设计时我们就可以借鉴．

研究者：嗯，看来对师范生上的数学史加点教学案例是比较必要的．

PT6：对对，最好是那种带专家点评或者写有每一环节设计理念的教学设计，这种启发最大．当然如果教学录像也可以．

研究者：要求还真高，想累死我啊！

（笑）

——PT6

研究者：昨天听课后你对有理数乘法教学有没什么想法？这个教学设计上有哪些需要修改一下的吗？

PT10：要大修改啊，我原来的设计中没有一个情境的设置，都是算式，通过算式来归纳出有理数的乘法法则．

研究者：这种教学不是效率会比较高吗？学生很容易掌握计算方法．

PT10：短期内可能是的，但是如果不理解的情况下死记公式不久就会忘记啦．

研究者：也对，有的简单的可能还不太会忘记，但是对数学情感的影响肯定是不利的．

PT10：对对，这也是你常说的数学史的价值所在，所以这个设计做出点花样出来才更好．

研究者：哈哈，准备怎么改？

PT10：前面一定要用一个情境来引入，让学生感受负负得正是合理的、必要的．你课堂上讲的那些模型都很好，可以挑一个用一下．

研究者：还有吗？

PT10：后面都应该差不多了，通过练习巩固一下．

研究者：前天听了课后还有什么感受吗？

PT10：每次数学史课听的时候都感触很多，觉得这个东西要是在教学中跟学生讲多好，但是你也知道我们没有其他数学教育课程，也不能像他们那样有微格教学可以训练一下怎么上课，所以久了就忘记了.

研究者：你觉得如果和实际的教学结合起来，尝试一下会更好.

PT10：那当然了，肯定会有更深刻的体会，我现在连写教学设计都不会，都是上网参考别人的.虽然不是很规范，写了教案跟不写还是有很大的不同，想象应该怎么教和写下来该怎么教是不一样的.

研究者：那如果去微格教室讲课一下会更不一样？

PT10：那肯定的，有时候想加点数学史素材，都不知道该怎么加才好.

研究者：那这次上课中加了一些教学案例和教学设计对你们会不会有帮助？

PT10：很有用，了解了原来教学设计中有那么多学问.

——PT10

值得一提的是，在职前教师对有理数乘法的教学过程中，仅有一位职前教师采用教材上的情境作为引入，这比较出乎研究者的意外，因为绝大部分职前教师在模拟教学时候都是以教材的内容为主.通过对职前教师的访谈，研究者获知，大多数职前教师都认为教材上采用温度变化来引入负负得正运算的情境设置太难，这也说明了职前教师在进行教学时候对该知识点如何进行教学有了初步的思考，而从新一版的教材中更换了这个例子可以看出，职前教师的疑虑是比较合理的.通过访谈，研究者将职前教师在数学史课后有理数乘法内容与教学知识变化情况归纳，如表 6.6 所示.

表 6.6　职前教师在有理数乘法教学中 KCT 的变化情况

编号	数学史课程前	数学史课程后	水平变化
PT1	教学设计知识为本，对教学难点判断不准	能根据知识点的特点创设情境帮助说明知识点的合理性，但这些行为多来源于感性认识	1→2
PT2	能用情境帮助说明负负得正的合理性，但是该模型过于复杂，难以突出负负得正这个重点	将教学引入改成了数学史课堂中所介绍的模型，在教学设计中增加了"你问我答"的环节，进一步消除学生的疑虑	2→3
PT3	教学设计过于简单，对教学难点把握不准	认识到了原来教学设计的不足，能准确判断重点和难点，并增加了一些情境设置，教学设计相对合理	1→2

续表

编号	数学史课程前	数学史课程后	水平变化
PT4	能用情境帮助说明负负得正的合理性,但是在应用时候处理的不是很恰当,且对难点估计不足	准确的判断了教学的难点,并在教学设计中给予充分的体现,也在给出法则后介绍了负数的发展历史,丰富学生知识点的学习	2→3
PT5	在引入阶段创设教学情境帮助说明负负得正的合理性,但是在讲课过程中没有清楚的说明,有点绕而且对学生的质疑回答的不是很得体	对教学难点有了更深刻的体会,对原来的情境进行了简化处理,认识到这种解释不是证明,只是说明负负得正的合理性,内容顺序的处理也相对合理	2→3
PT6	能用心的根据知识点的特点选取教学方式,但是对教学难点的把握还是有点偏差	认识的教学的难点不但在于学生对负负得正的计算上,还在于学生对其认识和理解上,进一步完善了教学设计,增加了名人学习负负得正的例子,为知识点增添人文色彩	3→3
PT7	采用相反数的模型归纳负负得正的乘法规律,但是总体上还是体现了知识为本的特点,也说明了对教学难点的认识有点偏差	认识到该知识点的教学应该尽量向学生说明负负得正的合理性;在教学设计中增加了一个现实模型帮助说明,减少了部分练习,教学设计变得更加合理	2→3
PT8	采用乌龟爬行的模型归纳负负得正的乘法规律,但是总体上还是体现了知识为本的特点,也说明了对教学难点的认识有点偏差	对现实模型进行了简化,选取了数学史课堂中所列举的好孩子模型进一步强化学生对负负得正的理解,减少了部分计算题,教学设计更加合理	2→3
PT9	教学方式简单,过分重视有理数乘法的计算,对教学难点突破不够	选取了课堂中列举的现实模型进行教学,减少了部分练习,在归纳出负负得正规律之后,增加了名人学习负负得正的例子,为知识点增添人文色彩	1→3
PT10	教学设计过于简单,通过算式的归纳引入负负得正,然后通过计算巩固有理数乘法	创设情境逐步引出负负得正的规律,减少了练习题,教学的时间分配也更加合理	1→2

从表 6.4 和表 6.6 可以看出,职前教师的教学知识(即使是同一个子类别)并不是递增的.在第一次访谈后,研究者发现不少职前教师的内容与教学知识到了水平 2 或者水平 3,但是在本次的研究中,研究者发现在相关数学史内容前,部分职前教师的内容与教学知识还是处在水平 1 或者水平 2,但总体上,职前教师的教学知识水平都在逐步上升.这说明了,对于不同的知识点,职前教师所体现出来的教学知识水平是不同的,不能因为之前在教学中所体现出的教学知识水平是怎样的,

在以后的教学中就一定会比之前的教学知识水平更高,这与知识点的类型、难度都有关系.

但是教师个体发展教学知识的能力应该会随着教学经验的增加而逐步增强,因为这与教师个体的教学信念有关,属于内化的教师素养,具有稳定性和可增加性.因此,同一个教师在不同知识点的教学中所体现出来的教学知识,虽然不会是一直增长的,但是也不会相差太大,而且在总体发展上,职前教师的教学知识水平会越来越高.

2) 职前教师的内容与学生知识都有了变化.

在听取了负数相关发展历史以后,职前教师对负数的曲折发展有了更深刻的认识,而随着数学史素养的提升(主要是对历史相似性的认同),职前教师对原先有理数乘法教学中对学生的判断都有了变化,最主要体现在职前教师意识到学生在学习负负得正的时候,在掌握该运算法则方面应该难度不大,但是在理解该法则的合理性方面会存在较大困难,应该着力突破.为此,需要增加负负得正法则教学引入的时间,在给出法则后也必须作一些说明和解释.

由于职前教师在该方面的表现都比较一致,下面以一位职前教师的访谈为例.

研究者:听了昨天的课后,对你有理数乘法教学有什么影响吗?

PT2:最大的感受就是我把学生想得太简单的了.

研究者:你前面也创设情境引出负负得正了啊!

PT2:是啊,原来我是仔细思考过的,以为这样的设计比较完美了,但是听了负数的发展过程以后,觉得学生没那么容易就接受负负得正,需要在前面花多一点的时间.

研究者:多出来时间准备干吗呢?说说大概思路.

PT2:就像你上课说的,现阶段无法给学生证明,就用尽量多的现实模型解释负负得正的合理性,另外可以让学生讨论,并让他们大胆说出自己的疑虑,尽量给予他们解答.

研究者:也就是先在思想上想通了.

PT2:对,从你上课的数据中可以看出,其实他们对负负得正的计算应该不会存在太大的问题,所以练习少几个问题不大的.思想上想通了,对数学学习肯定有帮助的.

——PT2

由于在教学时,职前教师都能大致判断出教学的重点和难点,但是对于难点的判断都是不准确的,可以认为在数学史课程前,职前教师的内容与学生知识都处于水平 2.而在数学史课程后,职前教师对教学难点的判断以及学生学习特点都有更清晰的认识,因此可以认为职前教师的内容与学生知识都达到了水平 3.

3) 个别职前教师的内容与课程知识有了变化.

有两位职前教师在访谈中体现出了内容与课程知识有变化,但是具体的变化不是体现在有理数乘法的教学中,而是在有关负数及其加减运算的教学中. 由于研究者在数学史课堂中向学生介绍了负数的发展历史,有两位职前教师(PT4 和 PT6)在访谈中表示,听了负数的发展历史以后,对在六年级的负数教学中,应该怎么开始引导学生认识负数以及教到什么程度有了一些想法,这可认为他们在内容与课程知识方面有了变化. 例如,在访谈中,职前教师是这么认为的.

研究者:还有什么想法吗?

PT6:还有的就是对负数的教学要区分不够减和相反的量这两种解释对学生来说是不同的.

研究者:负数教学是在六年级,如果我没记错,书中是用相反的量定义负数的.

PT6:七年级也有,在第一章有理数那里也有负数的定义.

研究者:对,也是用相反的量来定义的.

PT6:嗯,如果这样定义的话,在加法和减法教学中就得特别说明让学生从 $a+(-b)$ 过渡到 $a-b$.

研究者:这个过程和负数的历史发展过程相反.

PT6:对啊,不过这样处理也可以,就是要时刻抓住学生的想法,及时给他们解惑.

研究者:嗯,其实刚刚你要说明的就是通过负数的历史,你了解到 $a+(-b)$ 和 $a-b$ 是两种不同的理解,教学过程中要注意.

PT6:对,就是这个意思.

研究者:这个属于用联系的观点看知识点的范畴.

——PT6

从以上可以看出,数学史课程可以帮助职前教师用联系的观点看待知识,这既属于内容与课程知识(KCC)的范畴,也属于水平内容知识(HCK)的范畴. 但是无论属于哪一种范畴,从访谈中还看不出职前教师有水平意义上的变化.

6.3.3 研究小结

1. 教学知识的变化

在本次研究中,研究者发现在数学史课程中介绍了负数的相关历史发展以后,职前教师对 2.3 节有理数的乘法(主要是负负得正部分)的教学知识有了变化,具体表现在以下两个方面.

1) 在学科内容知识方面,职前教师在三个子类别方面都有变化,但变化不大,主要是扩大负数以及负负得正的知识面,但这还不足以说明职前教师的学科内容知识有了水平意义上的变化.

2) 在教学内容知识方面主要表现如下.

（1）参与质性研究的全体职前教师在内容与教学知识方面有了提升,其中有 7 位职前教师的内容与教学知识可达到水平 3,有 3 位职前教师的内容与教学知识达到了水平 2.

（2）参与质性研究的全体职前教师在内容与学生知识方面也有了提升,从负数的曲折历史过程中意识到学生要理解负负得正需要更多合理性方面的解释,大家都从水平 2 上升到了水平 3.

（3）有 2 位职前教师在内容与课程知识方面有了变化,主要体现在用联系的观点看待负数及其加减运算的教学.因此可以认为其没有水平意义上的变化.

此外,研究者还发现职前教师的教学知识(即使是同一个子类别)并不一定是随着时间的推移而递增的,而是和知识点的类型和难度等因素有关.但是由于教师信念和教师素养具有一定的稳定性,随着时间的推移教师个体发展教学知识的能力是逐步增强的,因为教师的教学知识从总体上会逐渐增加.这在教学内容知识方面体现得尤为明显.

2. 数学史素养的变化

在介绍负数的发展历史以前,职前教师所提交上来的教学录像或者教学设计中很少涉及数学史的元素.但是从访谈中可以看出,PT2,PT6 和 PT7 这三位职前教师在备课前去查询了一下有关负数以及负负得正的历史,只是觉得没有合适的素材才没有融入到教学中.而从访谈中也可以看出,其他几位职前教师对数学史的历史相似性也具有很强烈的认同感,能从负数的历史发展来判断学生在学习负数和负负得正的时候在认识上也会存在困难.PT6 和 PT9 认为可以在教学中讲授名人学习负负得正的感受,为课堂教学增加人文色彩.

这些都说明了职前的数学素养都在逐渐提升,已经会在备课过程中主动查找和知识点相关的数学史素材,但是由于在本次有理数乘法的研究中融入的案例还不多,结合备课前和访谈后的表现,研究者认为 PT6 的数学史素养已经进入了尝试阶段,其他 9 位职前教师的数学史素养还在了解阶段.

3. 职前教师的感受

在访谈结束后,研究者要求职前教师在一周内上交一份心得,主要内容是听课的感受和参与研究的感受.从提交的文本上看,参与研究的 10 位职前教师都表示听了数学史课与参与研究对他们的帮助非常大,比较有代表性的描述如下.

数学史的学习,对提高我们的数学素质、扩展知识面挺有作用.

——PT2

我认为学生可以不了解一个数学知识的发展,但作为一名数学教师,我们很有必要弄清知识点的由来.因为这样能让我们更贴近学生的思维,让他们更好地学习.

——PT4

这几周的数学史课上完后我深刻地明白了数学发展的曲折性,也为今后的教学设计提供了丰富的教学素材.……回顾自己初中时候的数学课堂,很少会涉及数学史方面,"不可公度""负负得正的意义"这些内容是完全空白的,所以数学史的用处就是在帮助我们这些未来教师发现问题.至于如何解决,并不是将数学史上的PPT照搬过来,生硬地加入到自己的教学中就说自己的课堂是一个"解决问题的环境",而是要学会如何去将自己的教学风格和这些数学史的内容融合在一起,而且过渡自然,符合学生身心发展规律.

——PT6

在老师没有要我们上实数课的时候,我和大家一样听着你的数学史,偶尔会为灿烂的历史发出一声赞叹,为数学的曲折发出一声感叹,或者被你幽默的语言逗乐,但是听着也就是听着,听后也没有特别感受.自从你让我们上了实数的课后,在你讲到无理数的发展历史时,对我的吸引力明显比其他同学大,我很认真地在听取这部分的课程,而且听了之后特别有感触,马上就想到我在实数教学中需要做哪些变动.在后来的负负得正教学中也一样.所以我觉得,参与你的研究,让我在经历了教学过程或者教学设计之后再听数学史,我变得更有收获.我感觉我比其他同学都更期待每周一次的数学史课的到来.

——PT7

作为师范生的我,在拿到一个课题要求我去备一节课的时候,我只会机械式的去学习教材,参考优秀教师的上课想法,尽可能地有所创新,使一节课具有自己的一套风格.我认为这样就够了,其实这样确实也并没有什么问题.但数学史的课程似乎向我们展示了另外一种教学的方式,一种可以让课堂添姿添彩的方式.……数学史让我上课更有自信.

——PT9

因此,根据职前教师的心得体会,可以将数学史对职前教师教学方面的作用归纳为以下六点:

(1) 对教学知识点有了更多、更深入的了解;
(2) 对如何教学知识点有了更深刻的体会;
(3) 听课和研究的结合起到了事半功倍的效果;
(4) 教学设计的思路更清晰;
(5) 丰富了备课的方式;
(6) 教学更有自信.

4. 研究的结论与反思

在本次研究中,研究者在数学史课程中结合古代印度的数学发展,向职前教师介绍了负数的发展历程,并展示了几个负负得正的教学案例.从访谈中可以发现,该部分知识对职前教师无理数部分教学的影响主要表现如下:

(1) 负数以及负负得正的运算经过了漫长的历史发展才被大家所接受,这段历史可以让教师意识到负数和负负得正的教学不是学生轻易可以接受的,这可以帮助职前教师更好地把握教学的难点,其难点在于学生认识上的困难,而不是计算上的困难;

(2) 负数的历史也可以让职前教师在教学设计中更恰当的处理教学内容,注重创设情境、归纳、分析等方式进行教学,而不是给出法则通过练习巩固学生的运算技能;

(3) 通过负数的历史,可以了解到学生对"一"的认识中,视其为减号还是负号是有着本质的区别的,要帮助学生从 $-a$ 是 $0-a$ 的运算,转换到 $-a$ 是一个数的认识中;

(4) 在教学中展示师生对负数和负负得正认识的调查可以帮助职前教师认识负负得正教学的现状,能在教学中做到心中有数;

(5) 在介绍历史后再展示教学案例,对职前教师在该知识点的教学有很大的帮助,特别是视频案例的形式,职前教师感觉特别直观,可惜课堂中剩下讨论的时间有点少.

但是也存在一些问题,主要表现为负数和负负得正的发展的历史和课堂教学中所展示的教学案例联系不大,职前教师对如何在教学中融入数学史的理解还不深,对融入方式了解也较少等.

6.4 职前教师在勾股定理教学中教学知识的变化

在第三次访谈以后,研究者要求这 10 位职前教师在两周内上交浙教版八年级上册 2.6 节探索勾股定理的教学设计或者微格教学录像.在数学史课程的第 13 次课中,研究者向职前教师专门介绍了勾股定理的历史及其在教学中的融入.

勾股定理是一条古老的数学定理,它不像无理数和负数有较为完整的历史演进过程,不论什么国家、什么民族,只要是具有自发的(不是外来)古老文化,他们都会认识到勾股定理.所以,很难从历史演进的视角较为完整的组织勾股定理的历史素材.因此,研究者在数学史的课堂教学中,从勾股定理发展的简单历史、教材中勾股定理编写的探讨、勾股定理的教与学现状、著名的勾股定理证明介绍、有关勾股定理的历史名题和相关教学设计及案例的展示等 6 个方面讲述勾股定理的历史及其教学.课堂教学中所介绍的勾股定理历史虽然不是演进式的,但也不是毫无关联的枚举式的.从以上论述可以看出,本次课堂教学的内容也不是严格意义上的数学史内容.但是若从数学史与数学教育的视角来看,也是符合的.因此,研究者将这种类型的数学史教学内容称为综合史.由于上次视频案例的教学形式学生很喜欢,可惜讨论时间太少,所以本次课的教学方式是教师主讲,然后播放教学视频案例,最后留20分钟左右的时间集体讨论.由于PT2和PT6在本次数学史内容前所进行的探索勾股定理知识点的模拟授课中,分别采用了"总统法"和"欧几里得的证明法",因此在课堂中研究者叫了这两位同学上来演示证明过程(事先通知学生作适当准备了).

下课后三天内,研究者分别对10位职前教师进行了访谈,主要了解原有的教学设计意图为何?听了数学史课程中有关负数的历史发展后,对教学设计有没有什么变化等信息.

6.4.1 教学知识点的教研背景

1. 教科书中的知识点与分析

探索勾股定理的内容安排在浙教版八年级上册(范良火,2006b)的第2章第6节.第1章是平行线;第2章是特殊三角形,其中2.1节是等腰三角形,2.2节是等腰三角形的性质,2.3节是等腰三角形的判定,2.4节是等边三角形,2.5节是直角三角形,2.7节是直角三角形全等的判定;第3章是直棱柱;第4章是样本与数据分析初步;第5章是一元一次不等式;第6章是图形与坐标;第7章是一次函数.由此可看出,第2章的内容在八年级上册中属于比较独立的位置,与其他几章的内容联系不大.

探索勾股定理这一节标题的右上角是一个弦图(图6.3),并用小的字体注明:这是2002年在北京召开的国际数学家大会(ICM-2002)的会标,它的设计思路来自中国古代数学家赵爽所使用的弦图,用弦图来证明勾股定理在数学史上有着重要的地位.

然后是合作学习,要求学生画出三个已知直角边的直角三角形,并量出其斜边长度,并观察 a^2+b^2 和 c^2 之间有什么关系.合作学习之后就给出了勾股定理的表述,然后用弦图证明勾股定理的合理性,接着给出两道例题,主要内容是已知直角三角形的两条边,求第三边的长度.

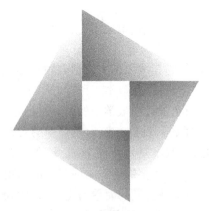

图6.3 教材中的弦图

2. 该知识点的教学研究简述

勾股定理是人类文化的瑰宝,被誉为人类最伟大的十大科学发现之首(张维忠等,2006).勾股定理的教学在中学中也处于重要的地位,有学者认为从某种意义上说,勾股定理的教学是数学课程与教学改革的晴雨表(顾泠沅,2003).因此,有关勾股定理研究的文献较多,研究者在中国知网的主题词中输入"勾股定理"显示文献有 3393 篇,其中仅 2013 年就 300 篇[①].在勾股定理教学研究方面,大致可以分为以下四个方面.

1) 勾股定理的历史与证明.

勾股定理是一条古老的数学定理,很多民族都能自发地认识到勾股定理.对于勾股定理的证明据说已经有 400 多种(朱哲,2010).因此,有关勾股定理的历史和证明的文献较多.

朱哲(2010)在博士学位论文中介绍了古希腊、古巴比伦和古代中国文献中的勾股定理,并介绍了几种勾股定理的历史证明.也有一些学者(朱哲,2010;侯怀有,陈士芬,2010;陈洪鹏,2011)就勾股定理名称的来历进行了说明.王西辞和王耀杨(2009)、刘超(2006)、刘伟(2009)、朱哲(2006)等分别对勾股定理的证明进行了介绍.也有部分学者对勾股定理的证明进行了拓展,如黄燕苹(2009)介绍了用折纸法证明勾股定理,彭翕成和张景中(2011)还介绍了可以利用计算机技术来证明勾股定理.

此外,还有学者就不同地区勾股定理进行了比较.如周红艳(2009)通过历史文献分析法考察了勾股定理与毕达哥拉斯定理的发现时间及背景,指出了中西方的发现与证明都是有意义的,都符合科学发现的定义.

2) 勾股定理的教学与体会.

勾股定理在平面几何中具有奠基性的地位,它既是解三角形的重要基础,也是整个平面几何的重要基础,因此关于勾股定理该如何教学的文献比较多.朱哲和黄燕苹(朱哲,2010)调查认为,职前教师和在职教师对勾股定理的证明情况不理想,如 62 名职前教师中仅有 7 人能正确证明.

杨小丽(2011)和汪恩(2013)探讨了勾股定理教学和教师教学知识之间的联系,认为采用何种教学方式进行勾股定理的教学和教师的教学知识存在直接的联系.李渺等(2011)以勾股定理为例,对农村初中教师的数学知识进行调查,认为农村教师对勾股定理证明的知识多来源于教科书.

也有较多文献(李庆辉,2009;陈德前,2010;卞新荣,2011;齐黎明和刘芸,2011;蔡国忠,2012;孔莹,2013;李俊平,2013)从不同视角就勾股定理的教学提出

---

① 2013 年 12 月 1 日在华东师范大学图书馆数据库的搜索数据.

教学设计,这些教学设计都有一个共同特点就是勾股定理的教学需要创设情境,引导学生去探究发现三角形三边之间的关系. 而许淑清(2003)通过研究发现融入数学史的勾股定理教学对低分组学生的学习成绩和学习态度有正面影响,有76.31%的学生对这种教学方式表示赞同.

3) 勾股定理的教材比较.

虽然各国有较大的文化差异,但是由于勾股定理的经典性,几乎全世界的中学教科书中都有出现,对不同国家勾股定理教材比较的研究也较多. 朱哲(2010)对新加坡、日本、美国教科书中的勾股定理进行比较,认为新加坡教科书的勾股定理注重趣味性、应用和学生的基础;日本教科书的勾股定理以问题为驱动,淡化发现与证明,注重应用;美国教科书的勾股定理,则在各处重复出现.

朱哲(2008)对国内三套中学教科书中勾股定理的编写进行分析,从插图、编排顺序、语言表述、呈现形式等方面指出了教科书中所存在的问题. 朱哲和张维忠(2011)还对中国、日本和新加坡三国教科书中的勾股定理进行了比较,认为我国的教科书比较注重对勾股定理的证明,而日本和新加坡则比较重视勾股定理的应用. 李金富和丁云洪(2013)对中国和美国教科书中的勾股定理进行比较,认为中国教科书中的勾股定理注重知识体系,而美国教科书中的勾股定理注重学生动手操作.

4) 勾股定理的考题.

作为知识体系中的重要内容,勾股定理也是考试中的"常客",为此有不少文献就勾股定理的常见考题、勾股定理的常见错误以及勾股定理的应用题等进行介绍.

左效平(2013)整理并分析了各地中考题中的 14 道勾股定理题目;熊志新和陈纯明(2007)收集了 11 道中考的勾股定理题目,并作了解答;房思娟等(2010)认为中考中的勾股定理主要有 6 种类型;黄细把(2012)将中考中的勾股定理题型分为 3 种类型. 以上这些中考题中的勾股定理大多属于具有隐性条件的题目,需要添加辅助线或者计算出某一值后才能应用勾股定理. 刘现伟(2009)展示了《算法统宗》和《九章算术》中的 4 道勾股定理题目.

于志洪和吕同林(2013)认为学生在利用勾股定理解题时有 5 种常见的错误;邓凯(2009)列举了勾股定理解题的 4 种错误,并分析了错误形成的原因;王文彬(2010)和韩春见(2009)也列举了学生勾股定理解题的常见错误,并作了分析. 唐耀庭(2010)用 4 道例题说明了勾股定理的应用题及其解法;郑春安和唐耀庭(2005)也列举了 4 道勾股定理的应用题. 但从总体上说,目前出现的所谓应用题还带有很多人为"构造"的痕迹.

6.4.2 职前教师教学知识在数学史前后的变化

在数学史课程中介绍勾股定理的相关内容以前,参与质性研究的职前教师上交了他们的教学录像和教学设计. 在第 13 次课中,研究者以"勾股定理的历史与教学"作为主题,在两节课中作专题讲授.值得一提的是本次教学的第一节课是全校公开课,全校有 30 多位教师前来听课,还拍摄了录像,这种情况下,学生听课显得更为认真.课程结束后第二天,研究者开始对职前教师进行访谈,访谈的形式还是职前教师接受研究者的单独访谈.访谈内容主要是本次数学史的感受,以及对八年级上册 2.6 节探索勾股定理教学是否有影响等内容.

1. 职前教师对勾股定理的教学过程

在该部分的教学中,职前教师都采用创设情境来引出勾股定理,有的职前教师还用了多种形式来说明勾股定理的正确性.也有职前教师在引出勾股定理以后,再用多种证明方法来证明.鉴于勾股定理有着丰富的数学史素材,因此在这部分的教学中,职前教师都显性或者隐性地融入了数学史.

下面以 PT2 的教学过程为例,说明职前教师的大致教学过程.

PT2:大家拿出纸和笔画一个边长为 3 和 4 的直角三角形,以及边长为 5 和 12 的直角三角形,然后量一下它们的斜边长,先不要告诉我.

(学生完成)

PT2:斜边长度是不是分别为 5 和 13 啊?

学生:是.

PT2:我是怎么知道的呢? 大家是不是也想知道这个方法啊?

学生:是.

PT2:好,今天我们就来学习这个方法.大家看看这个直角三角形,如果以它的三边长为边,各做一个正方形,看看正方形里面的空格数有几个?

学生:9,16 和 25 个.

PT2:大家观察出这三个正方形的面积之间有什么关系吗?

学生:两个之和等于第三个.

PT2:那表示出来是不是 $a^2+b^2=c^2$ 啊?

学生:对.

PT2:这个就是我们今天要学的勾股定理(在黑板板书).我国早在三千多年前就知道了这个关系,并将短的直角边称为勾,长的称为股,斜边称为弦,这也是勾股定理的来历,《九章算术》中有很多勾股定理的例子.我国最早的勾股定理证明是三国时期的赵爽,用的弦图,下面让我们看看他是怎么证明的.

(介绍弦图的证明)

PT2:大家能否用手头上四个相同的直角三角形,拼成一个正方形,要和弦图不同?

(学生完成)

PT2:好,大家看看这个大正方形的面积等于多少?

学生：$(a+b)$的平方.

PT2：里面可以看成是一个正方形和四个直角三角形，它们的面积分别是多少？

学生：c的平方加上$2ab$.

PT2：很好，由此我们是不是也可以推出了$a^2+b^2=c^2$啊. 下面我们来介绍一个美国总统证明勾股定理的方法，我们也称之为"总统法".

（演示总统法的证明）

PT2：下面我们来看看勾股定理的应用，大家来看这道题（教科书上的例题2）.

……

从PT2的教学过程可以看出，PT2能设疑作为引入，在用了一种方式引出勾股定理后，还用了三种方法来证明勾股定理的正确性，并能展示显性和隐性的数学史素材，说明其能在该知识点的教学中较好地融入数学史. 不足之处是教师主讲过多，学生的活动或者思考时间较少，当然这也和微格教室模拟教学这种环境有关.

2. 职前教师学科内容知识的变化情况

由于本次数学史课程，研究者在两节课中全部进行勾股定理的历史及其教学的介绍，内容包括勾股定理的历史发展与价值、国内外教材中的勾股定理、师生对勾股定理的理解、经典的勾股定理证明、勾股定理教学案例展示等，在访谈中职前教师表现得比较活跃，谈了很多想法，但是大部分的想法是体现在该怎么教学方面，即属于教学内容知识范畴，而在学科内容知识方面的变化程度都不大，尤其是在一般内容知识方面. 职前教师学科内容知识的具体变化如下.

（1）部分职前教师在一般内容知识（CCK）方面有了一些变化，主要是对知识点多了一些了解，包括多了解了一些证明方法，也知道了一些证明方法存在相互循环的数学错误.

PT3：原来只知道课本上的勾股定理证明方式.

研究者：就是那个弦图的证明.

PT3：对，听了以后才知道原来有这么多种证明方法，而且你不说我还不知道那个三角函数的证明方法是错误的.

——PT3

（2）职前教师在专门内容知识（SCK）方面有了一些变化，主要是增多了对勾股定理正确性的解释，了解了教材中一些勾股定理的描述是错误的，掌握了更多证明勾股定理的方法.

PT7：我们一直以为教科书都是对的，昨天上了课才知道原来教科书也有这么多错误.

研究者：那是，凡事要多思考，还有什么影响吗？

PT7：还有就是知道了多种证明勾股定理的方法，可以更好地向学生解释了．

——PT7

（3）职前教师在水平内容知识（HCK）方面有了较大的变化，主要是对知识点的联系有了更全面和深刻的理解．

PT1：听了数学史课，才知道勾股定理和这么多知识有联系？

研究者：你指哪些知识？

PT1：以前只知道无理数的发现与勾股定理有关，现在知道了三角函数、向量、费马大定理、两点之间的距离等都和勾股定理有关．

——PT1

从访谈中可以看出，职前教师在一般内容知识（CCK）方面虽然有变化，但是变化还不是太大，没有达到水平意义上的变化．但是在专门内容知识（SCK）和水平内容知识（HCK）方面，参与研究的10位职前教师从数学史中学会了多种勾股定理的证明方法，对勾股定理与其他知识的联系方面有了更深入和全面的了解，也了解勾股定理和高等数学之间的联系．因此，可认为在数学史课程以后，职前教师的专门内容知识（SCK）和水平内容知识（HCK）都有了水平意义上的变化．

3．职前教师教学内容知识的变化情况

在数学史课程后，职前教师对怎么教勾股定理都有了更多的了解，这些都属于教学内容知识的范畴．在之前的两轮研究中，无理数和负负得正都有着曲折的历史，职前教师能从历史中感知学生在学习知识时会出现多大的困难，以及在哪里出现困难，但是勾股定理的发展历史与之前两个知识点不同，它的知识累积性相对较弱，较易被大众接受，因此职前教师从历史中判断学生的学习难点方面相对不明显，而在该知识点怎样更好地教学方面有了更多的了解．以下从教学内容知识的三个子类别分别说明职前教师的变化情况．

1）职前教师在内容与教学知识（KCT）方面都有较大的变化．

在了解相关数学史内容以前，职前教师在探索勾股定理这一节内容授课时，都能比较准确判断教学的重点和难点，也能在经过思考后选取认为比较恰当的教学方式进行教学．这说明在了解相关数学史内容以前，职前教师对探索勾股定理这一知识点授课的内容与教学知识都达到了水平2．而PT2，PT6在教学设计方面更为合理，开始能设疑吸引学生注意力，而在创设情境引出勾股定理内容之后，又能通过其他方式证明勾股定理的正确性，并且都能说出教学设计的理由．因此，可认为PT2和PT6在探索勾股定理的内容与教学知识方面达到了水平3．

在听取了勾股定理的相关历史及其教学以后，职前教师在勾股定理的教学方面有了更多的体会，主要体现在可以选取的教学方式增多、对教材有了更深刻的理解，教学变得更自信等．部分访谈内容如下．

研究者：听了昨天的课后，对勾股定理的教学有什么感想？

PT3:感想很多啊,很多东西都是第一次听说.

研究者:大致说说看,都有哪些?

PT3:如对勾股定理知识的了解、勾股定理证明的了解,包括对教材的理解、老师教学和学生学习情况等.

研究者:如果现在让你去上勾股定理课,你还会和这个一样吗?或者哪里需要变化一下?

PT3:教材那个例子不会用,你也说了让学生测量会有很多不确定因素.

研究者:那个例子引导好还是可以的,关键是教材的开头就告诉学生勾股定理内容了,后面再探究就没有原来的效果了.

PT3:对,所以可以在给出勾股定理以后,告诉学生勾股定理的证明有400多种了,他们能否找出一些.

研究者:嗯,还有呢?

PT3:还有就是可以将一些古代的题目改编一下,放到课堂上让学生做一下.

研究者:嗯,为什么这么设计?或者说你为什么觉得这样做比原来的设计好?能说说理由吗?

PT3:(思考一下)很确切的理由我也说不上,但是从昨天听课后感觉这块内容主要是要引导学生探索勾股定理的证明,经历思维上的再创造,这样对知识更有体会,学习也更有效果.

——PT3

研究者:还有吗?

PT4:还有就是要更多地体现勾股定理的意义和价值.

研究者:自己能介绍一下吗?

PT4:自己说一部分,让学生自己感受一部分.

研究者:还有什么体会?

PT4:昨天的课比前几次的内容都更好,我们从头听到尾都没意识到下课了.

研究者:你觉得这样的形式对你帮助更大?

PT4:是啊,你从历史、教材、师生怎么看、该怎么教都讲了,听了感觉特别实用,特别是我们之前上过这个内容的课,听起来更有体会.

——PT4

研究者:昨天的课后还有什么感触比较深的?

PT6:原来就有这种感觉,昨天听了更有感触,就是原来我感觉每次的教学设计都很类似,很难有突破,但是听了数学史课以后,给我的教学找到了很多的亮点,我每次都能从你的课堂中找到很多教学的思路.

研究者:就是对知识该怎么教有了更深刻的体会.

PT6:对,有的时候不一定会改变我的教学设计,但是我听了课以后就会更自信,因为以前不知道为什么这么设计,现在我能说出一些为什么了.

研究者:那在听其他数学史内容的时候有这样的感受吗?

PT6:也有,但是少点.如上次你讲的求圆的面积,我觉得挺好的.但是这几次课感受更深一点,因为自己刚刚准备过,马上听到刚好更有感觉,而且研究的这几次课老师也都是专门准备的,更适合我们一点.

——PT6

经过访谈后,职前教师在内容与教学方面的知识的变化情况,可以归纳如下:

PT2 和 PT6 两位职前教师,在相关数学史内容前,对在勾股定理的教学中能根据知识点的特点选取较为合适的教学方式,内容呈现比较合理,但是对为什么这么教学缺乏深刻思考.因此,可认为在内容与教学方面的知识达到了水平 3.但是,在听取了相关数学史内容以后,他们将教学设计修改得更加合理,对教材的理解更加深刻,对为什么这么设计也能说出原因,教学更有自信.因此,可以认为在内容与教学方面的知识进入了水平 4.而其他 8 位职前教师在数学史课程前,能了解知识点的重点与难点,能创设情境引导学生学习,但是教学设计还存在较多不合理的地方,因此可以认为他们在内容与教学知识处于水平 2.而在相关数学史内容后,他们对教学重难点体会更深刻,对知识点的特点、一些教学设计的优缺点有了初步的判断,教学设计更为合理.可以认为,在内容与教学方面的知识达到了水平 3.

2) 职前教师在内容与学生知识(KCS)方面有水平上的变化.

在相关数学史内容以前,职前教师对学生在学习勾股定理时出现的困难以及思维特点有了一定的了解.例如,能创设情境帮助学生推导勾股定理,也能让学生证明勾股定理以增强他们对勾股定理的理解.但是,对学生的学习难点体会还不够,知识为本的教学思想还存在.

但是,在数学史课堂上听取了相关内容之后,职前教师从勾股定理的发展过程、勾股定理的教学现状等方面了解到需要让学生在学习勾股定理的时候体会勾股定理的正确性、证明过程以及应用.

虽然由于史料类型的区别,该部分不如前两轮研究的变化明显,但从访谈上看,职前教师在内容与学生知识(KCS)方面也有了水平意义上的变化.

以下访谈片段是职前教师比较有代表性的看法.

研究者:听课后对学生的学习方面有什么感想吗?

PT9:课堂中展示的老师对勾股定理的掌握和学生对勾股定理的理解,对我们了解学生的学习很有用.

研究者:在哪些方面有了帮助?

PT9:例如,以前认为用一种方法(如四个直角三角形摆成一个正方形)引出了勾股定理,这样教学的重点和难点就基本突破了,然后通过一些练习让学生掌握怎么用这个定理就可以了.但是现在发现这样教学生掌握的不深,学生还不能很好地体会到证明勾股定理的成功感,对勾股定理会以记忆为主.因此,必须多几个让学生自己证明勾股定理的例子,帮助学生理解.

研究者：也就是对学生的学习困难体会更深刻了．

PT9：对对，让他们多玩会，其实计算方面还是不难的，只要语文可以，能读懂题目，式子一列就能解出答案的．

研究者：那这么做对学生会有什么帮助？

PT9：主要是加深对勾股定理的理解，通过证明思维也能得到训练，还有就是像你所说的，学生对数学的情感态度好多了．其实我觉得数学史对学生学习数学的情感态度方面的帮助会比较大．

——PT9

因此，从教学过程和访谈内容来看，在学习了相关数学史内容后，10 位参与研究的职前教师在探索勾股定理教学中所体现出来的内容与学生知识从水平 2 上升到了水平 3．

3) 职前教师在内容与课程知识(KCC)方面有了一些变化．

由于在数学史课堂中，研究者向职前教师介绍勾股定理的历史价值时，也讲到了勾股定理与其他一些知识的相关性、重要性等内容，所以，职前教师听后对勾股定理与中学、大学中其他知识的联系方面也有了些了解．这些变化都属于内容与课程知识(KCC)的范畴，但是这种了解属于感性方面的认识，而且是零星的，因此还不能认为职前教师在相关数学史内容后，在内容与课程知识方面有了水平意义上的变化．

6.4.3 研究小结

1. 教学知识的变化

在本次研究中，研究者发现在数学史课程中专门向职前教师介绍勾股定理的历史及其教学以后，职前教师的反应比较强烈，对 2.6 节探索勾股定理的教学知识有了较大的变化，具体表现如下．

（1）在学科内容知识方面，职前教师在一般内容知识(CCK)方面有了变化，但变化不大，主要是对知识点多了一些了解，也知道了一些证明方法存在相互循环的数学错误而在专门内容知识(SCK)方面有了水平上的变化，包括掌握了更多证明勾股定理的方法，增加了对勾股定理正确性解释的知识，也了解了教材中一些勾股定理的描述是错误的．可认为是职前教师的专门内容知识(SCK)从水平 1 上升到了水平 2．

在水平内容知识(HCK)方面也有了较大的变化，主要是对知识点的联系有了更全面和深刻的理解，了解了知识点的发展历程及其与其他知识的联系，能将勾股定理与高等数学知识相联系．6 位职前教师从水平 2 上升到了水平 3．在数学史课程以后，4 位职前教师的水平内容知识(HCK)从水平 1 上升到了水平 2．

(2) 在教学内容知识方面主要表现如下.

(i) 参与质性研究的全体职前教师在内容与教学知识方面有了提升,能更准确地把握教学的重难点,教学设计更为合理,更能体现知识点的教学价值. 其中有 8 位职前教师的内容与教学知识可达到水平 3,有 2 位职前教师的内容与教学知识达到了水平 4.

(ii) 参与质性研究的全体职前教师在内容与学生知识方面也有了提升,对学生在学习勾股定理时的思维特点、学习困难都有更深的体会,教学方法更适合学生的学习. 10 位职前教师在勾股定理中的内容与学生知识都从水平 2 上升到了水平 3.

(iii) 职前教师在内容与课程知识方面有了变化,主要体现在用联系的观点看待勾股定理与其他知识点的联系. 但这种变化还不是水平意义上的变化.

此外,研究者还发现数学史对职前教师教学知识的影响不仅体现在外在表现上,有的变化是体现在教师内心. 例如,有职前教师认为通过数学史课程对知识点有了更多的了解,对如何教学有了更多的依据,因此即使有的变化没有体现在具体的教学行为中,但是教师的内心更加自信,更清楚为什么这么上课,也不会害怕学生的提问.

2. 数学史素养的变化

勾股定理具有丰富且易于融入教学的数学史料,另外,随着数学史的学习,参与研究的职前教师对数学史的教育价值有了更深刻的认识和体会. 因此,在本次研究中,职前教师都能在教学中主动尝试使用数学史来辅助教学. 虽然一些职前教师的数学史融入教学还做的不是很合理,如存在融入的形式比较表面等不足,但是从总体上说,可认为参与研究的 10 位职前教师的数学素养都进入了尝试阶段.

在听取了勾股定理的相关数学史课程以后,职前教师对历史有了更多的了解,在教学融入方面有了更深刻的体会,并将教学设计修改的更为合理. 但是,这些调整都属于尝试的范畴,因为缺乏深刻的自我反思,因此可认为他们的数学素养还没有上升到反思这一阶段.

在访谈中,研究者还了解到部分职前教师(如 PT6)在备课时,无论教学的是什么内容,都要先在网络搜索一下知识点的相关数学史,能用到教学的素材就用上,不能用的素材看后对自信也是一个提升,因为对知识点有了更全面的了解. 这说明部分职前教师的数学素养有了稳定阶段的特质,所欠缺的主要是掌握如何将数学史料转化成间接的数学素材以及如何将数学史更好地在教学中融入等方面的知识.

3. 研究的结论与反思

在本次研究中,研究者在两节课中专门讲授了勾股定理的历史、勾股定理的证明、勾股定理的教与学现状调查、勾股定理教学设计展示.课后对职前教师进行了访谈,发现本次课程对职前教师探索勾股定理知识点教学的影响主要表现如下:

(1) 课程中所介绍勾股定理的各种证明对职前教师的影响最大,职前教师可以从中选取一些证明直接用于教学中;

(2) 职前教师对勾股定理有了更多的了解,不管能否直接用于教学中,都可以增强职前教师教学的自信心;

(3) 职前教师从勾股定理教与学现状的调查数据中了解到勾股定理教学中教师所需要掌握的知识,了解学生学习最困难的地方是什么;

(4) 职前教师从勾股定理的历史发展中了解到勾股定理与其他知识点的联系;

(5) 历史上应用勾股定理的例子也可以改编后用于教学中,拉近历史与现实的距离,提升学生的数学情感;

(6) 职前教师普遍反映本次数学史课的内容很实用;

(7) 通过三次研究,职前教师的数学史素养都有了较大的提升,能尝试在教学点中融入数学史素材.

本次研究存在的主要问题就是从数学史的角度上说,本次课堂教学所花费的时间过多,为了厘清一个知识点的历史及其教学花费了 2 节课时间,如果都采用这种教学方式所能讲的数学史知识十分有限.虽然职前教师普遍反映受益较大,但是如何在数学史的教学内容与职前教师教学知识的提高方面取得一个平衡是今后需要注意的.

6.5 职前教师在一元二次方程解法教学中教学知识的变化

在访谈结束后,研究者即要求职前教师撰写八年级下册 2.2 节一元二次方程解法的教学设计或者模拟教学,在下周数学史课前将教学设计或者视频上交.在第 14 次数学史课程中,研究者在讲授阿拉伯数学的时候,融入了一元二次方程及其解法的历史发展.

一元二次方程的问题在古代埃及、美索不达米亚、中国、印度、希腊和阿拉伯的数学文献中出现过,而且它和勾股定理一起,很快就被各地的人们所接受,所以一元二次方程的历史发展过程同无理数和负数的历史发展过程是不同的,因此在课堂教学中,研究者只能介绍不同地域的历史文献中一元二次方程的题目及其解法,这种类型的数学史内容称为枚举史.此外,研究者还介绍一元二次方程解法的教与学的现状.由于参与研究的职前教师已能尝试搜索数学史素材,并融入教学中,研究者在本次(第 14 次)和第 16 次数学史课堂教学中,要求参与研究的职前教师上讲台分别向大家介绍一元二次方程历史上的解法和相似三角形的应用,研究者将

10位职前教师分为两批,每批5个人.此举主要目的是为了更好地锻炼职前教师,让他们在准备上台教学的过程中对一元二次方程和相似三角形的应用有更多的了解,能更好地提升其教学知识.因此本次研究的主要教学方式是教师和学生共同授课,并观看教学视频案例,以及共同讨论.

本次数学史课堂教学结束后,研究者在三天内分别对10位职前教师进行了访谈,访谈的主要内容和前面的一致,主要了解听课后对原来的一元二次方程解法的教学是否发生了变化? 为什么有这种变化? 与数学史内容有哪些关联等.

6.5.1 教学知识点的教研背景

1. 教科书中的知识点与分析

一元二次方程的解法在浙教版八年级下册(范良火,2005b)的第2章第2节.第1章是二次根式,主要是二次根式的性质和计算;第2章是一元二次方程组,共分为3节,其中第1节为一元二次方程,第3节为一元二次方程的应用;第3章是频数及其分布;第4章是命题与证明;第5章是平行四边形;第6章是特殊平行四边形与梯形.由此可看出,第2章的内容与第1章有些联系,与后面几章的联系不大,相对比较独立.

2.2节一元二次方程的解法在开头设置了一个梯子靠墙的问题,若已知梯子长度为5米,墙高4米,问梯子与墙的距离多少? 由于在八年级上册已经学过勾股定理,这个题目的难度不大.接着教材中介绍了什么称为开平方以及如何用开平方解方程,随后介绍了配方法,最后是公式法(在2.1节中已经介绍了因式分解法).

可以看出,教科书中安排的这几种解法是从简单到复杂,从特殊到一般逐步深入的.其中一元二次方程的公式法是教学的重点和难点,而公式法的推导则依赖于配方法,因此配方法也是教学的难点,若能把配方法介绍清楚,让学生能在教师的引导下逐步学会配方法,则能比较容易突破教学难点.

2. 该知识点的教学研究简述

一元二次方程是中学数学中的重要内容,也是中考的热点之一,因此有关一元二次方程的教学研究文献比较多,这些文献大致可以分为以下两个方面.

1) 教学设计与心得体会.

由于从开平方法到配方法,最后到公式法的思路具有较强的逻辑性,很难有其他教学设计上的变化,所以对该知识点教学设计进行论述的文献不是很多.姚瑾(2013)对上教版(即上海教育出版社出版)、人教版(即人民教育出版社出版)和北师大版中一元二次方程解法部分的内容进行比较,发现虽然解法过程略有不同,但都是从开平方法进入配方法,进而推导出公式法的顺序是比较固定的,有区别的是因式分解法出现的顺序.

张宇(2013)认为一元二次方程是前面知识的延续,也是后续知识的基础,在中学数学中处于十分重要的地位,也具有很强的实用价值,因此对该知识点进行教学的时候要善于设计教学过程,从实例中帮助学生体会到并不是所有一元二次方程都是用公式法或者配方法来解是最简单的,只有将四种解法融会贯通,针对不同题目运用不同的解法来达到最简便的解决问题.文中作者通过展示配方法和公式法的教学,认为教学中只有以学生为主,让学生在教师引导下自主学习才能取得更好地教学效果.

吴忠智(2012)、周成旻(2011)和朱卿(2008)等展示了自己的教学设计,并进行了反思,认为该知识点的教学要从生活实际入手,注重数学思想的渗透,让学生不但会解题还会应用.卢德华(2011)对一位教师用配方法解一元二次方程的教学过程进行了质疑,认为该教师的教学方法过于强调解题训练,忽视概念的建立和数学素养的培养;但是在文献后的编者语中,编者则认为该部分内容比较单纯,不必进行复杂的教学设计.由此可看出,这部分内容该如何教学还存在进一步讨论的空间.

汪晓勤及其研究团队,对一元二次方程解法的历史及 HPM 视角下的一元二次方程教学设计进行了研究.如范宏业(2005)、邱华英和汪晓勤(2005)、皇甫华和汪晓勤(2007)介绍了历史上一元二次方程的解法,姚瑾(2013)分别对6世纪前、中世纪、早期近代这三个时间段内出现的一元二次方程及其解法进行了介绍;汪晓勤(2006,2007a)还分别从一元二次方程的概念和解法提出了 HPM 视角下的教学设计;姚瑾(2013)对初中学生的一元二次方程概念和解法的理解进行了调查,发现初中生在求解一元二次方程时,对方法的选择还存在困难,所选择的方法往往不是最优的,而在用公式法求解时,常出现符号错误的现象.

2) 学生常见错误.

这部分的文献比较多,这与一元二次方程是考试的重要内容不无关系.很多文献(吴大勋,2012;姜福东,2012;张志前,2011;王立军,2011)就一元二次方程主要的考试类型,学生常见的错误类型进行了归纳与分析,认为学生对一元二次方程解法的错误主要出现在以下四个方面.

(1) 符号问题:移项后没有变号,开根号后漏了负根.

(2) 非标准方程解题困难:当一元二次方程出现缺少一次项,或者二次项前有参数 a 的题目,容易出现用错公式或者忽略 $a=0$ 的情形.

(3) 化简失根:因式分解后往往将方程两边的式子轻易约去,漏了一个根.

(4) 应用题缺乏考虑范围:在实际应用题中,一元二次方程的两个根往往会有一个是不符合题意的,忘记排除.

对于如何规避这些错误方面,现有的文献中讨论得还不多,所能提到的就是要将知识掌握扎实,只有真正懂得了知识才能灵活应用.

6.5.2 职前教师教学知识在数学史前后的变化

在第 14 次数学史课以前,职前教师上交了一元二次方程解法的教学录像和教学设计.在数学史课程中,研究者结合相关教学知识介绍了一元二次方程的历史以及历史上一元二次方程的解法,部分内容是让 5 个参与研究的职前教师来讲,他们每个人讲一种历史上的解法,并指出其大致的历史背景.下课后,三天内研究者对 10 位职前教师进行了访谈,访谈形式也是一对一.访谈内容和前几次类似,都是结合所提交的材料,了解他们在听了相关数学史内容后的感受.根据访谈内容,研究者分析数学史课程对职前教师教学知识的变化情况.

1. 职前教师对一元二次方程解法的教学过程

由于 2.2 节一元二次方程的解法的内容分为三个小节,第一个小节为开平方法,第二个小节是配方法,第三个小节是公式法,每个小节需要一个课时,大部分的职前教师在教学的时候选择其中一节进行授课;只有 PT9 和 PT10 所上交的教学设计中包含了全部三节的内容.

下面以 PT7 的部分教学设计作为代表,说明职前教师的教学过程.

教学分析.

学生已经学过一元二次方程的三种解法,即因式分解法、开平方法和配方法,在此基础上,学生较容易接受公式法的出现过程,即通过配方法得到.另外,在这个教学中,我将加入古巴比伦人解一元二次方程的方法——几何解法,既加深学生数形结合的思想,又让学生认识到一元二次方程解法的发现来之不易,认识到古人的伟大,从而培养学生学习兴趣和锲而不舍的精神.

教学目标.

(1) 会用公式法解一元二次方程;

(2) 通过对 b^2-4ac 正负号的讨论,培养学生分类讨论的思想以及严谨的态度;

(3) 通过变式训练,灵活运用四种解法.

教学重难点.

重点:掌握公式法解一元二次方程的步骤.

难点:用恰当的方法解一元二次方程.

教学过程.

(1) 复习引入

师:同学们,在学习解一元二次方程的时候我们先学了因式分解法、开平方法.接着,在开平方法的基础上,又得到了一元二次方程的另外一种解法——配方法.我们先来看这样一个方程:$ax^2=b$.这是在埃及的纸草书中涉及的最简单的一元二次方程,大家说可以用哪种方法来求解?

　　生:开平方法.

　　师:很好,那对于一般的一元二次方程 $ax^2+bx+c=0$,我们又该如何求解呢?

　　生:用配方法.

　　(注:可引导学生,让学生意识到此时用因式分解法和直接开平方法都解决不了,根据学生的认知水平,只能用配方法来解)

　　(和学生一起用配方法解方程,其中要强调开平方的时候要讨论等号右边数的正负号.最后得到一般的一元二次方程的两个根的公式)

　　师:把用这个公式解一元二次方程的方法称为公式法,这就是我们今天要学的一元二次方程的第四种解法.

　　(板书课题:一元二次方程的解法——公式法)

　　(2) 探究新课

　　师:请大家来解一下这个方程 $x^2+x=\dfrac{3}{4}$.

　　(让学生回答他们的做法)

　　师:大家的这几种做法都对.早在公元前两千年左右,古巴比伦人也投身于研究一元二次方程的解法,那时候他们还未寻求到前面我们提到的四种解法,那他们究竟是如何求解的呢? 接下来让我们一起来欣赏一下古人的妙解.

　　师:他们把 x 看成是某个正方形的边长,右边是一个长为 1,宽为 x 的长方形,他们的面积和是 $\dfrac{3}{4}$.

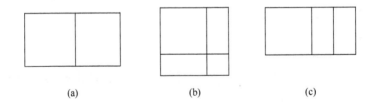

(a)　　　　　(b)　　　　　(c)

　　把长方形分成两个长为 $\dfrac{1}{2}$,宽为 x 的两个小长方形,再把其中一个小长方形放到正方形的下方,这样再在图形的右下方补上一个边长为 $\dfrac{1}{2}$ 的正方形,图形就变成了面积为 $\left(\dfrac{3}{4}+\dfrac{1}{4}\right)$ 的正方形,即边长为 1,这样我们就容易求得 $x=1-\dfrac{1}{2}=\dfrac{1}{2}$,这就是古巴比伦人的几何解法.

　　(设计意图:让学生认识到代数与几何的联系,认识到古人的智慧,从而激发他们的学习动力和探索新知识的欲望以及对各类知识联系的认识)

（3）练习巩固

例 1 用公式法解下列一元二次方程．

(1) $2x^2-5x+3=0$； (2) $\frac{3}{4}x^2-2x-\frac{1}{2}=0$； (3) $6t^2-13t-5=0$．

（注：此例题都是可以直接套用求根公式，进行强化．另外，后两题涉及了分数和未知数的不同表示，为学生做课后习题起到一个示范的作用．同时，在用PPT展示解题过程的时候不断地强调解题格式）

例 2 解方程：$x\left(\frac{1}{2}x-1\right)=(x-2)^2$．

（注：这道题在例1的基础上稍微增加了难度，此题不能直接得到二次项、一次项的系数和常数项．但此时学生已具备用公式法解一般的一元二次方程的能力，这道题的目的在于培养学生的综合能力，先化简再求根）

练习一 用公式法解下列方程．

(1) $x^2+3x-4=0$； (2) $\frac{1}{2}x^2-\frac{1}{4}x=1$．

（注：这两道练习题的类型都在例题中提到过，目的在于让学生模仿例题的解题过程，巩固用公式法解一元二次方程的步骤，做完练习，引导学生总结归纳解题步骤）

练习二 选择适当的方法解下列方程．

(1) $\frac{16}{25}x^2=1$； (2) $5x^2=2x$； (3) $3x^2+1=4x$； (4) $(x-2)^2=9x^2$．

（注：不能因为学了公式法而把学生的思维限制在只能用公式法来解方程，此题的目的在于培养学生的发散性思维和应变能力，因题而异，用最恰当的方法解题）

（4）课堂小结

师：本节课我们主要学习了用公式法来解一元二次方程．让我们再来回顾一下具体的解题步骤．

生：如果方程已经是一般的一元二次方程了，那么先找出二次项、一次项的系数以及常数项，再套用公式求出方程的根；如果方程不是一般的一元二次方程，先化解再用公式法求根．

（注：引导学生自己说，老师做补充，最后再用PPT展示）

2. 职前教师学科内容知识的变化情况

在进行过四次的访谈、三轮的研究后，参与研究的职前教师对数学史融入数学教学都有了深刻的认识，且都能在备课时去网络搜索有关的数学史素材．而且，在上周访谈结束后，研究者征求了他们的意见，安排了PT1,PT2,PT3,PT6 和 PT7

这 5 位职前教师在本周的数学史课堂中，每人上去介绍一种历史上解一元二次方程的方法或具体的应用．因此，在数学史课程前，职前教师对一元二次方程的历史就有所了解，所提交的教学设计或者微格教室模拟教学时，都已经融入了数学史素材．这种情况下，在数学史课后，研究者对职前教师进行访谈，他们对原来教学设计的变化就较少．但是这并不表示数学史课程对职前教师的教学没有作用，正是在数学史课程中，职前教师认识到数学史对于数学课堂教学的价值，对于提升教师教学知识的意义，才逐渐从被动变为主动的，在上课前能主动去了解知识点的发展历史，从数学史中获取看得见的和看不见的教学素材，并在这个过程中逐步提升教师的教学知识．

当然，变化少并不表示没有变化，从访谈中我们发现，通过研究者在数学史课堂中介绍与一元二次方程有关的发展历史、解法、符号演变、教材内容、教学设计展示，职前教师还是得到了不少启发，在学科内容知识方面的变化情况归纳如下：

（1）职前教师在一般内容知识（CCK）方面变化不大，访谈中并未涉及这部分内容；

（2）职前教师在专门内容知识（SCK）方面有了变化，从历史上一元二次方程的解法中，学会了可以用多种方法（主要是几何方法）推导配方法和公式法的过程．能用多种方法解释数学，因此可以认为数学史帮助职前教师在专门内容知识方面达到了水平 3．

研究者：听课后对你的一元二次方程解法教学哪里影响最大？

PT8：历史上的解法．

研究者：备课有没有去查阅相关数学史素材？

PT8：有，知道了几何方法可以算出一元二次方程，但是听了课以后才知道这种计算过程和课本上的公式法之间是有紧密联系的．

研究者：嗯，那就是也能用这种方法向学生解释公式法的推导过程．

PT8：对，可以和课本上的代数推导过程相结合．

——PT8

（3）职前教师在水平内容知识（HCK）方面有所变化，由于时间有限，研究者在课堂教学中没有过多的展示一元二次方程与其他知识的联系，从访谈中研究者发现职前教师在这方面变化不大，主要是在从历史发展中了解了为什么历史上一元二次方程只出现正根，而没有负根的原因这一点上有所变化．

自从参与到本研究的几个月来，职前教师的教学理念、教学知识、数学史素养都已有了较明显的提升，其中一个突出的表现就是逐步改变了解题为主的教学方式，教学过程中逐渐突出学生的主体地位，能通过创设情境进行教学，在传授知识的同时也注重对学生数学情感的培养．研究表明，数学史对职前教师的内容与教学知识（KCT）和内容与学生知识（KCS）影响较大，而对内容与课程知识（KCC）也有所影响.

3. 职前教师教学内容知识的变化情况

1) 职前教师的内容与教学知识(KCT).

在本轮研究中,职前教师在内容与教学知识(KCT)方面有变化. 研究发现,随着研究的进行,了解知识点的历史也逐渐成了这些职前教师备课过程中的一个"必备(PT6语)"环节,也就是经过前面三轮的研究,职前教师都更深刻地体会到数学史的教育价值,在第四轮研究的知识点模拟上课中,职前教师已经能自己去了解同知识点有关的数学史知识,并融入到教学中. 因此,从职前教师所提交的一元二次方程解法的教学设计和教学录像中可以看出,他们在教学方式上已经有了较为精心的设计. 结合访谈可认为,7位职前教师的内容与教学知识可以达到水平3,而PT2,PT6和PT7则达到了水平4. 从访谈中还得知,职前教师在模拟教学中的教学设计,很多思路都是来源于自己在备课中所了解的数学史.

由于在数学史课前,职前教师已经主动去了解了一元二次方程解法的有关历史,听了数学史课以后,职前教师对原来模拟教学的变化不大. 主要表现为部分职前教师在教学中增加或者调整了历史上的解法(原来只了解到部分,现在知道了更多);部分职前教师更换了例子;部分职前教师增设了合作学习(从研究者展示的融入HPM的教学设计中得到启发);还有一些无形的变化,就是职前教师对自己的教学设计更加自信,能讲出更多教学设计的理由. 因此数学史课程后职前教师的内容与教学知识的变化程度没有达到水平意义上的变化.

由此可认为,虽然在数学史课程前后,职前教师的内容与教学知识变化不大,但是他们在数学史课以前就主动去了解了与知识点有关的数学史内容,数学史内容已经影响了他们的内容与教学知识,因此可认为在本轮研究中数学史对职前教师的内容与教学知识是有影响的. 此外,让部分职前教师在课堂教学中上台讲课,也促使他们去了解更多的数学史内容,进一步提升了教学知识.

部分访谈内容如下.

研究者:上台介绍会不会紧张?

PT6:紧张肯定是有点的,这么多人.

研究者:(笑)看你讲得还不错,准备了多久?

PT6:搜索数学史资料就花了整整一个晚上,又花了一整天写教学设计和准备上台讲的教案.

研究者:嗯,那这种上台锻炼对你还挺有收获的.

PT6:那是,如果没有上台,备课中也会去看看知识点的数学史,但是可能没这么仔细. 因为一元二次方程不像勾股定理,数学史的东西可以直接拿来用,它还要自己做一些改编.

研究者:对,历史的东西可以供我们参考,有的直接用,但是大部分都需要改编一下的.

PT6:对,现在这种备课方式好像成了我的一个习惯,查看知识点的历史素材成了我备课的一个必备环节.

研究者:嗯,感觉有作用吗?同自己以前,或者没有进行这个环节的其他同学相比有什么区别吗?

PT6:最大的区别就是让上课变得更自信,对知识点了解得更多,对我为什么这么教有更多的依据.还有,跟其他同学相比,我现在的教学更具有特色.

——PT6

2) 数学史促进了职前教师内容与学生知识(KCS)的发展.

职前教师在内容与学生知识(KCS)方面有所变化.从职前教师所提交的教学设计或教学录像中可以看出,职前教师都能认识到该部分的教学重点和难点,也能针对重点和难点做一些教学上的准备.部分职前教师在数学史课上听了相关内容以后,意识到从历史发展来看,从开方法、配方法到公式法这样的教学顺序是比较符合学生思维的,而因式分解法对解特殊的、简单的一元二次方程更有效,更受学生青睐,因此在课后,部分职前教师基于学生思维和认知的特点对教学设计进行了修改.由于变化幅度不大,研究者认为本轮研究中,数学史课程前后职前教师的内容与学生知识没有水平意义上的变化.但是,从访谈和教学中可以看出,职前教师的内容与学生知识都能达到水平3.

研究者:听了昨天课后,有什么感受吗?

PT10:历史解法我在备课过程中上网看了一些,但是知道的没这么多;还有在课堂上了解学生对一元二次方程的错误情况,特别是展示的几个案例对我启发蛮大的.

研究者:原来教学设计哪里需要修改吗?

PT10:要的,这个例题太难了,要弄简单点,因为目的是为了推出配方法,如果数字太难了,学生都纠结在这里,就失去意义了.还有因式分解这个方法调整到后面,等公式法讲好了,再出一些例题,向学生说明各种方法可以灵活应用,特别是公式法和因式分解法.

研究者:看来收获不小啊.

PT10:是啊,数学教育类课太少,对学生的把握总是不准,总是把学生想得太厉害,在数学史课中听了一些介绍后,才知道学生的学习困难有多大.

研究者:嗯,下次你上去介绍相似三角形的应用,没问题吧.

PT10:问题很大啊,我都没上台讲课的经验,看昨天他们几个上去讲得很好啊.

研究者:都是慢慢锻炼出来的啦.

——PT10

3) 数学史有助于职前教师的内容与课程知识(KCC)的提高

研究表明,职前教师在内容与课程知识(KCC)方面有所变化. 一元二次方程是中学数学的重要内容,同之前的一元一次方程,后面的一元二次不等式、函数及其图形都有密切的联系. 这些联系虽然不能从数学史课程中完全获取,但是研究者在介绍过程中也提到了一些,对职前教师了解知识点与课程的联系有所帮助. 例如,从历史中更好地了解一元二次方程是在一元一次方程的基础上发展的,它的拓展又依赖于二次函数的学习,因此将这些内容分别安排于七、八、九三个年级是合理的. 因此,可以认为职前教师在该知识点的内容与课程知识也从水平 1 到了水平 2.

研究者:还有哪些感受?

PT2:感觉通过对一元二次方程历史的了解,可以知道更多一元二次方程和其他知识的联系.

研究者:比如呢?

PT2:比如原来只知道一元二次方程和二次函数的联系是很紧密的,特别是在判断二次函数与 x 轴交点的问题方面,但以前一直对为什么不在一元二次方程后直接讲二次函数比较疑惑,通过对历史的了解知道了函数的概念是在比较之后才出现的.

研究者:也就是历史对你理解教材中知识点的顺序和联系有帮助.

PT2:对.

6.5.3 研究小结

1. 教学知识的变化

在本轮研究中,职前教师教学知识的变化,更多的不是来自于数学史课堂上,而是在准备教学过程中,职前教师通过自己了解一元二次方程的数学史,改变了他们的教学知识. 这既说明了相关的数学史知识可以提升职前教师的教学知识,也说明了经过了数学史课程的学习和参与研究者的活动以后,职前教师已能在备课中主动地去了解知识点的历史发展,从中获取教学所需要的学科内容知识和教学内容知识.

从教学设计和访谈中,可以看出数学史及其相关内容对职前教师一元二次方程教学知识的影响主要如下:

(1) 历史上的一元二次方程解法直接或者经过改编后用于了课堂教学,丰富了职前教师的教学方式,也能让职前教师用更多的方式解释和推导配方法和公式法;

(2) 职前教师从一元二次方程的历史发展知晓了从开平方法到配方法进而到公式法的历史发展顺序,对学生学习并掌握公式法比较适合;虽然因式分解方法对解决特殊的一元二次方程是比较有效的,但在教学公式法过程中可以暂缓涉及;

(3) 历史上的一元二次方程解法让职前教师知晓了为什么历史上的一元二次方程没有负根,这让职前教师在教学中可以更好地向学生说明或者解释,让教学更有自信;

(4) 通过展示一元二次方程的教与学情况,以及教学设计案例,可以让职前教师更清楚地了解教学设计的优劣.

2. 数学史素养的变化

从教学设计和访谈中,研究者发现,参与研究的职前教师都能主动在备课中查询知识点的数学史素材,并将相关素材直接或者间接用于教学中,也能从比较中反思自己教学设计的优劣,因此可以认为参与研究的10位职前教师的数学素养已经达到了反思阶段,只是有的职前教师反思的比较到位,而有的职前教师反思的比较肤浅.

这可以分别用两个职前教师的访谈片段来说明.

研究者:你对这个教学设计感觉怎样?从昨天的课上没有什么启发?

PT5:感觉还行,发现教学中加点数学史还蛮有新意的.

研究者:嗯,有哪里觉得需要修改的吗?

PT5:引入这里的这个例题要修改一下,弄的简单点,表达出古代解题的这个意思就可以,数字啊、题目的意思都简单一点.

研究者:嗯,为什么这么调整呢?

PT5:这个例题的目的是为了引出公式法,如果太难了,花太多时间,就喧宾夺主了,这堂课的重点还是公式法.

——PT5

研究者:你对这个教学设计还满意吗?从昨天的课上有没有什么启发?

PT2:感觉还行,备课前去网上看看数学史,还真能学到不少.但是我感觉我用的几何解法这个例题需要调整一下.

研究者:怎么调整?为什么?

PT2:把历史上的解法放到公式法之后讲.

研究者:也就是先从配方法得出公式法之后,再介绍这个例题.

PT2:对,这个东西放在这里本来就是要让学生对公式法能多了解一点,记得更牢的同时也能体会数学的文化和魅力,如果放在公式法之前,由几何方法推导出公式法对学生来说会有点难,古代可能没有这么多工具不得已用公式法,我们现在知道了这种逻辑联系,而且代数的逻辑推理更容易被学生所接受.

研究者:嗯,放在后面起强化作用?

PT2:对,只要让学生知道这么解也是可以的,而且它的原理就是公式法,这样就达到目的了,相信学生看了以后也会赞叹古人的方法.

研究者:这样可以强化理解,更形象的记忆.

PT2：对，说不定以后一想起公式法解方程，就想到古人的这个几何方法．

——PT2

3. 研究的反思

本轮研究中，比较有价值的地方在于研究者让5位职前教师在数学史课堂上，每人向大家介绍一种古代解一元二次方程的解法，这种方式更好地调动了职前教师的积极性，他们为了讲好课都花了很多时间去准备，对一元二次方程有了更多的了解，这种提高也在教学中得到了体现．因此，按计划下一轮的研究中，另外5位职前教师也将会向大家介绍相似三角形的应用．此外，从访谈中可以得知，在数学史的教学内容方面，职前教师对演进史类型的内容更为喜欢，而认为枚举史类型内容对他们的影响小一点，主要原因是演进史类型的内容体系相对完整，印象深刻；而枚举史类型的内容中只对个别解法有深刻的印象．

在本轮研究中，职前教师都体现出较高的数学史素养，都能主动去了解知识点的发展历史，能从中获取有价值的教学信息，主动地去学习数学史，并提升职前教师关于一元二次方程解法的学科内容知识和教学内容知识．这说明了本研究改变了职前教师的教学理念，利用数学史来提升知识点的教学知识已经内化成了职前教师的一种习惯．因此，下一步需要做的就是更好地引导职前教师，如何在自发的过程中做到更有效，自己不但能主动去了解知识点的发展历史，还能独立地去获取最有效的信息．

6.6 职前教师在相似三角形的性质及其应用教学中教学知识的变化

在访谈结束后，研究者要求职前教师撰写九年级上册4.4节相似三角形的性质及其应用的教学设计并进行模拟教学，在第16周数学史课前将教学设计和视频上交．在第16次数学史课程中，研究者在讲授16～19世纪欧洲数学的时候，融入了相似三角形及其应用的历史发展．

相似三角形的历史发展和一元二次方程的解法有相似之处，都是很早就在古埃及、古巴比伦、古代中国和古希腊等地出现，而且很快就被人们所接受，因此在本轮研究中所采用数学史内容的类型也属于枚举史．此外，研究者还介绍了相似三角形的性质及其应用教与学的现状．在教学方式方面，还是教师和学生(剩下的5位职前教师)共同授课，只不过由于本次课堂时间很紧，教学视频案例的观看被取消，而且共同讨论也只有5分钟左右的时间．

本次数学史课堂教学结束后，研究者在三天内分别对10位职前教师进行了访谈，访谈的主要内容和前面的一致，主要了解听课后对原来的相似三角形的性质及其应用的教学是否发生了变化？为什么有这种变化？同数学史内容有哪些关联等情况. 同时, 研究者也通过访谈, 了解了职前教师对全部五轮研究的感受.

6.6.1 教学知识点的教研背景

1. 教科书中的知识点与分析

相似三角形的性质及其应用在浙教版九年级上册(范良火, 2006c)的第 4 章第 4 节. 在该册教材的第 1 章是反比例函数, 主要是反比例函数的图形、性质与应用; 第 2 章是二次函数, 内容包括二次函数的图像、性质和应用; 第 3 章是圆的基本性质, 内容包括圆和圆锥、扇形等的性质、面积和周长(弧长)等; 第 4 章是相似三角形, 内容包括 4.1 节比例线段、4.2 节相似三角形、4.3 节两个相似三角形的判定、4.5 节相似三角形、4.6 节图形的位似, 最后还介绍了一下分形的知识. 由此可看出, 在本册中第 4 章的内容相对独立.

4.4 节相似三角形的性质及其应用的教材, 主要分为两个部分, 第一个部分的开头给出一张图, 内容是放大镜下面放一个三角形, 边上用小一点的文字注明: 在 10 倍的放大镜下看到三角形与原三角形相比, 三角形的边长、周长、角、面积, 哪些被放大了 10 倍?

进入内容正题后, 首先要求画两个相似三角形, 并和同伴一起探索周长和面积的变化情况. 然后给出相似三角形的周长与面积的性质, 性质下面部分是证明过程, 最后给出了一个例题.

第二个部分主要是相似三角形性质的应用, 由两个例题和一个课内练习组成. 这三个题目的内容都是根据已知物体测量另一个物体的高度.

2. 该知识点的教学研究简述

相比较相似三角形的定义和判定, 学生对相似三角形的性质及其应用的学习要困难一些, 研究(郭迷斋, 2008)表明学生对相似三角形知识的记忆比较牢固, 但是在选择所用知识的时候会出现差别. 因此, 有关相似三角形性质及其应用该怎么教学方面的文献不少, 而涉及相似三角形的考题大多数都和性质及其应用有关.

1) 教学设计与教学心得.

刘丽娟(2011)认为, 相似三角形周长比、面积比的推导和运用, 以及在教学中培养学生有条理地表达与推理能力是教学的难点, 而遵循"实践探索、理论证明、例题教学、练习巩固"的教学模式进行教学设计, 可以便于学生理解、接受与掌握. 陶福志(2010)以自己的教学案例为基础, 认为应该在教学中创设情境, 引导学生自己探究相似三角形的有关性质, 这样学生才能更好地应用. 刘圆圆(2010)展示了该知识点教学的学案, 并认为本节课可以从实际问题入手, 吸引学生的注意力, 并让学生认识到相似三角形在生活实际中的价值. 陆晓霞(2011)也认为, 在该部分教学中采用现实案例, 可以有效地激发学生的学习兴趣. 王宝宗(2012)的研究也表达了类似的观点. 此外, 也有文献就学生如何学好相似三角形提出建议, 如戴根元(2012)就学好相似三角形性质提出了四个方面的建议.

由此可看出, 中学教师多倾向于在该知识点的教学中采用创设情境, 引入生活中的例子, 引导学生探究、推理, 从而获取相似三角形的性质, 并能灵活应用. 也有学者以数学史的视角, 对该知识点的教学进行设计, 如汪晓勤(2007b)认为可以将历史上古人解决相似三角形的题目和方法在课堂中展示; 王进敬和汪晓勤(2011)将融入数学史的教学设计用于真实课堂教学, 获得了较好的教学效果. 王进敬(2011)采用历史上的案例对学生进行 3 学时的相似三角形应用的教学, 结束后对学生进行调查, 发现学生对此的评价和 Fauvel(1991)所提出数学史对数学教育的 15 个价值基本类似.

2) 考试题目与分析.

相似三角形是考试的重点之一, 多个地方的中考压轴题都需要用到相似三角形的性质, 有的考试题目还是应用题. 探讨相似三角形性质和应用考试题目的文献比较多, 主要从题目类型、错误类型来论述的居多. 刘继征(2009)用了 5 个例题说明相似三角形在解题中的应用. 刘玉(2012)从中考的眼光审视相似三角形的教学, 分析了近年来相似三角形在中考中的题目类型和难度, 认为应该在教学中重视知识点的联系以及知识与实际生活的应用.

汪二梅(2011)对有关学生在相似三角形解题中的错误进行分析, 认为相似三角形的性质及其应用是学生典型的错误之一. 于志洪和张春林(2008)列举了学生利用相似三角形进行解题的六种错误, 并分析错误的原因. 宋毓彬和谭亚洲(2010)也分析了学生的几种典型错误, 并认为要学会一种新的数学知识, 首先要明确这一知识中所包含的数学思想, 要正确理解数学中的核心概念.

6.6.2 职前教师教学知识在数学史前后的变化

同前四轮研究一样, 在相关数学史内容前, 职前教师上交了微格教学的录像和教学设计. 在第 16 次数学史课程中, 研究者向职前教师介绍了相似三角形在历史上的应用, 教师对相似三角形教学的理解, 以及学生学习相似三角形的一些困难和主要解题错误. 课堂教学中, 研究者让 5 个参与研究的职前教师(PT4, PT5, PT8, PT9, PT10)每个人讲一种历史上的应用, 并指出其大致的历史背景. 下课后, 三天内, 研究者对 10 位职前教师进行了访谈, 访谈形式也是一对一. 访谈内容和前几次类似, 都是结合所提交的材料, 了解他们在听了相关数学史内容后的感受. 根据访谈内容, 研究者分析了数学史课程对职前教师教学知识的变化情况.

1. 职前教师对相似三角形的性质与应用的教学过程

该节的内容是两个课时, 所以职前教师所提交的教学录像和教学设计中, 这两个部分的内容都有. 其中第一课时的内容是相似三角形的性质, 包括周长之比等于相似比,面积之比等于相似比的平方;第二个课时的内容是相似三角形的应用,主要是相似三角形在生活中的应用,即通常说的应用题.从职前教师的教学情况看,提交第一课时教学的6位职前教师中,有4位在第一课时的教学融入了数学史的元素;而提交第二个课时教学的4位职前教师,都用了历史上相似三角形的应用作为例子.

下面以PT7的模拟教学录像片段作为代表,展示职前教师在该部分的教学情况.

PT7:前面我们学习了相似三角形的定义和判定,大家都知道了相似三角形的特点是什么啊?

学生:对应边成比例,对应角相等.

PT7:很好,这位同学学得很好,今天我们再来看看相似三角形还有什么特点.先来看看有这样一个问题,农夫甲用10米长的篱笆围成一个三角形的农场,农夫乙看到了说,"你这个农场太小了,我要围成比你大一倍的农场."于是他用了20米的篱笆,围了一个外形和农夫甲一样的农场.问农夫乙围起来农场的每条边和农夫甲的农场有什么关系?面积有什么关系?

学生:可以先画一个特殊的三角形,比如边长是3,3,4的三角形,如果是相似三角形的,边长肯定要对应成比例,所以按照比例逐渐扩大,边长是6,6,8的时候,周长刚好是20.

PT7:也就是从这个特殊的三角形,你推出了如果周长扩大一倍,边长也扩大一倍.

学生:对.

PT7:这位同学说得很好,下面我们就来看看相似三角形的边长之比和周长之比是否相等.

(演示一般三角形的推导过程)

PT7:现在我们知道了相似三角形的周长之比等于边长之比,那两个相似三角形的面积之比是怎样的呢?农夫乙的大一倍是否是真的呢?要知道在公元前的古希腊学者毕达哥拉斯就知道了两个相似三角形的面积之比和边长之比的关系,那我们是否也能思考一下,看看古人是怎么想的呢?大家想一下,也可以相互之间讨论一下.

(学生思考)

PT7:有人做出来了吗?

学生:面积之比等于边长之比的平方.

PT7:为什么呢?能上来写一下你的推导过程吗?

(学生板演)

PT7:很好,你的想法和古希腊大师毕达哥拉斯一样,看来你也会和他一样成为一个伟大的人.下面我们一起来看看这个推导过程.

(然后是举例,用两个非应用题的类型让学生应用熟悉相似三角形的性质)

2. 职前教师学科内容知识的变化情况

在上一轮的研究中,职前教师在备课过程中就能积极搜寻知识点的数学史素材,从数学史中获取有价值信息,增强教学知识,丰富教学设计.这表明,数学史已经改变了教师的教学知识,即使在数学史课程前后,职前教师的教学知识变化变得不明显了.因此,在本次对职前教师的访谈过程中,研究者不但咨询数学史课程对职前教师的影响,还对职前教师在备课过程中对数学史的接触情况进行了解.

在本次数学史课堂教学中,研究者利用一节课时间,向职前教师介绍了相似三角形的相关历史、教材中的相似三角形内容、相似三角形性质与应用的教与学研究情况、历史上有关相似三角形的题目及其解决过程等内容.课后三天内,研究者对参与研究的10位职前教师分别进行一对一的访谈.

从访谈结果来看,相似三角形的有关历史,对职前教师学科内容知识(SMK)的影响较小,这和该知识的特点以及所提供的数学史素材有关.从知识点上看,学生需要掌握的主要是相似三角形的周长和面积比与相似比之间的关系,而无论是职前教师在网络上搜索到的,还是研究者在数学史课堂上所介绍的,这些历史文献中都是以相似三角形的应用居多.虽然研究者还介绍了该知识点的教与学的研究情况,包括一些调查数据,但是这对职前教师学科内容知识的影响不大.从访谈可知,只对他们的专门内容知识(SCK)有一些影响.从历史中,他们了解了相似三角形更多的应用,这能帮助他们从多角度解释教学知识点.

3. 职前教师教学内容知识的变化情况

访谈中,职前教师更多谈论的是数学史料对他们如何上课的影响,这说明相似三角形的有关历史,对职前教师的教学内容知识(PCK)有影响,从访谈内容上分析,主要对内容与教学知识(KCT)和内容与学生知识(KCS)这两个方面有较大的影响,而对内容与课程知识(KCC)的影响较小.

(1) 在内容与教学知识(KCT)方面,数学史对职前教师有较大的帮助.

职前教师从自身的学习经历中得知,相似三角形的应用是该节学习的难点,但是在接触数学史以前,对相似三角形应用的教学设计思路比较狭隘,无非是教材中的两个例子,然后再去找几个例子.但是这些例子,要么属于直接应用相似三角形的性质,要么属于具有一定生活背景的题目,存在性质雷同的弊端.而在了解了相似三角形的历史以后,可以选择的余地得到了拓展,职前教师可以根据学生的学习情况,选择不同的例子,而且这些例子都带有历史背景,也具有现实意义.学生在解决这些问题的同时,在精神上能得到较强的满足感,可以与历史的伟人或者经典相媲美.此外,在数学史课堂中了解了相似三角形性质与应用的教与学的情况后,职前教师对该知识点的教学重点和难点有了进一步的认识;领略了研究者所展示的优秀教学设计后,对如何教学有了更深的体会.因此,数学史对职前教师的内容与教学知识的提升有较大的帮助,从访谈和教学情况看,职前教师的内容与教学知识都达到了水平 3,而 PT2,PT6 和 PT7 的教学设计更为合理,也能说出更深刻的理由,可以认为他们达到了水平 4.以下展示 PT2 的访谈片段.

研究者:你在备课的时候,去查阅了相似三角形的数学史了吧?

PT2:这是当然,现在备课不搜索一下,心里不踏实.

研究者:(笑)那了解了数学史之后对教学有没什么帮助呢?

PT2:有啊,你看我的教学设计中有好几个历史上解题的例子呢.

研究者:嗯,看到了,但是如果没有这几个例子你也可以去找别的例子啊,教学资料网上应该还是比较多的啊?

PT2:网上是不少,但是都没有特色,历史上的一些解法不但适合这节课的教学,也具有人文意义,我都在边上注明了,在讲例题的时候,会顺便告诉学生这几个题目是哪个数学家当时做的,或者哪本经典的数学书上的,学生肯定感兴趣.而且我这种设计很有自己的特色.

研究者:嗯,看来你对融入数学史的教学有什么优势了解的还比较清楚.那昨天的数学史课对你教学有什么启示吗?有什么东西印象比较深刻的吗?

PT6:有啊,每次你讲到知识点的教与学的情况,以及分析别人的教学设计的时候,我觉得收获最大,特别是自己也写过这种教案,然后听你介绍别人的教案,有什么优缺点,这种感触最深刻.

研究者:嗯,一般自己对自己教学设计的优缺点比较难看出来的吧.

PT2:对,有时候觉得数学史很好,但是发现有时候间接用比直接用效果更好,但是对改编要怎么改,在什么时候用这些还不是很熟悉,听了你的介绍后就会好多了.而且,分析知识点的教与学情况,对增加我们的经验很有用,我们没有实践缺的就是这块内容,听了以后对该怎么教学很有帮助.

——PT2

(2) 在内容与学生知识(KCS)方面,职前教师也有所变化.

尽管在相似三角形的历史发展中题目的难度和出现的时间之间没有存在必然的联系,但是从总体上看,越早出现的题目解题难度会越低.由于职前教师对历史相似性比较了解,能从历史发展中获取学生学习的大致过程.而研究者在课堂上对这些历史题目进行归纳分析之后,职前教师对该知识点学生的学习过程有了更深刻的了解.在访谈中,多位职前教师认为有必要对例题的顺序进行交换,或者对例题进行改编.这说明了相似三角形的历史对职前教师的内容与学生知识有帮助.因此,虽然在数学史课程前后职前教师的内容与学生知识变化不大,但是从教学和访谈中可以看出,职前教师都达到了水平 3,其中 PT6 达到了水平 4.下面展示 PT6 的访谈片段.

研究者:了解了数学史之后,对相似三角形的性质与应用教学有什么变化吗?

PT6：可以选择的余地大了，原来课本上的例子少，而且这种形式的例题不太能吸引学生的眼球，用带有历史味道的例子，既有应用性又有人文价值．

研究者：嗯，看来你在这方面已经能得心应手了，还有吗？

PT6：还有就是从这些历史中可以更好地判断学生的学习过程．

研究者：此话怎讲？

PT6：大家都知道相似三角形的应用是教学的难点，上课中要多举例子，但是如果没有明确目的的一个例子又一个例子的拿出来，效果并不好，应该由易到难慢慢增加难度．

研究者：这个上课老师都知道的吧．

PT6：没错，道理都懂，但是没有接触数学史以前，老师对学生的学习特点了解会不太准确．而如果把相似三角形的题目按顺序整理，就如你上课中所归纳的那样，会发现学生的思维方式以及什么样的题目编排是最适合学生学习的．

研究者：嗯，从教学设计中可以看出，你给出的这几道题都是按照历史顺序，而且所求的东西都不同，看来是经过了深入思考的．

PT6：对．

——PT6

（3）职前教师在内容与课程知识(KCC)方面的变化不大．

从访谈来看，职前教师的谈话中几乎都没有涉及知识点联系的情况．但是，从研究者接触情况来看，经过近一个学期的参与，职前教师对教材内容更加熟悉，也了解相互之间的逻辑架构，但是对知识点的这种设置是否合理还不清楚．因此，可以认为职前教师的内容与课程知识达到了水平3．

6.6.3 研究小结

1. 教学知识的变化

同上轮一元二次方程解法的研究一样，在本轮的研究中，职前教师在模拟上课中都已经主动地去了解知识点的相关数学史知识．虽然在数学史课程前后职前教师的教学知识变化不大，但是也可认为数学史已经影响了职前教师的教学知识．从教学设计和访谈中，可以看出在本轮研究中，职前教师在相似三角形的性质和应用中的教学知识变化主要体现在教学内容知识方面，主要包含如下四点．

（1）历史上的相似三角形的例题和解法直接或者经过改编后用于了课堂教学，丰富了职前教师的教学方式，让教学设计更为合理；

（2）通过了解相似三角形的历史也让职前教师更加清楚地知道了相似三角形性质的巨大价值，增强了教学的信心；

（3）职前教师从相似三角形的历史发展知晓了学生在利用相似三角形性质进行解题过程中思维经历了怎样的过程，以及怎么呈现例题最适合学生的学习；

（4）通过展示相似三角形性质与应用的教与学情况，以及教学设计案例，可以让职前教师更清楚地了解教学设计的优劣.

2. 数学史素养的变化

从教学设计和访谈中,研究者发现,经过近一个学期的参与研究,10位职前教师都能在备课过程中主动去搜寻知识点的有关史料,特别是这两次研究让10位职前教师分别上讲台介绍数学史,促使他们去了解更多数学史知识,也了解的更为深入.职前教师也都能尝试在教学中融入数学史,而且融入教学的形式越来越多,融入的方式也越来越合理.

但是,从总体上说,由于职前教师接触数学史的时间还不长,了解知识点发展历史的渠道也比较窄(主要是网络和数学史课堂,而且在网上搜索数学史知识也仅限于了解国内的研究成果),在教学中融入数学史的方式多为直接融入,改编的能力还较弱,更重要的是他们的教学设计还没有经历过真实课堂教学的检验,学生的接受程度还未知,这也导致了职前教师未能更深入的通过反馈来调整教学设计. 虽然,职前教师每次教学设计时都进行了深入的思考,也能通过比较,进一步调整教学过程,但这些调整多属于职前教师的主观判断. 因此,可以认为他们的数学素养都已达到了反思阶段,还未进入稳定阶段. 除了个别职前教师(如PT6)已能将数学史融入内心深处,成了个人教学品质的一个稳定的部分.

这些现象从职前教师的教学、访谈中可以看出,从研究结束后所提交的研究心得中也可以看出. 在研究结束后,研究者要求参与研究的10位职前教师上交一份研究过程中的心得与体会,内容还得包括对五轮研究中数学史内容的喜好程度,对教学方式的偏爱情况等.

下面研究者分别展示几位职前教师的访谈片段和研究心得片段来说明.

研究者:你是参与研究的同学中唯一的男同胞,现在研究也基本结束了,谈点自己的想法吧? 你觉得课堂上的哪些内容印象最深?

PT1:都很有意思,也学到了很多,印象最深刻的应该是一元二次方程解法那次.

研究者:为什么? 能说点理由吗?

PT1:那次我要上台讲啊,花了很多时间准备,所以印象比较深.

研究者:看来逼一逼自己是有好处的. 从内容的类型上看,我们这几次应该有不同的,你觉得哪种类型听起来最有感触.

PT1:从逻辑上来看,前面两次的那种历史听起来更有意思,可以让大家知道这个是怎么曲折发展的,这类内容在书上、网上都很少看到. 后面几次讲的一些证明、应用也蛮有意思,有的可以直接用到教学中,但这些东西网上应该都能找到.

研究者:还有吗?

PT1:还有就是研究后,感觉听课更认真. 因为你自己刚对这个内容进行模拟上课,现在听到同这个有关的,就特别注意,而且你有时候讲到这个知识点的教学现状,可以让我们了解很多需要注意的地方,反正这样听了更有感触.

研究者:案例喜欢吗?

PT1:这个最有用了,不然都不知道该从哪里下手.而且你有时候提供的是一些不是特别好的案例,让我们辩论,这样也不错,就是时间短了点.

——PT1

研究者:你当时是被同学拉进来研究的,经过一学期的研究有什么感想吗?

PT8:这么说吧,开始听了你上课介绍的觉得新鲜,但是要不要去犹豫不决,同学叫了就答应了,后来开始要写教案就觉得后悔参加了,因为多了件事情,但是写了教案后听你上课讲的那些内容,感觉很有收获,特别是数学史原来可以这么用,而且上课中加点数学史对学生的影响是不同的,所以后来都能比较主动的在备课时候去找数学史.

研究者:也就是现在备课都会去看看数学史是怎样的?

PT8:对,看了以后踏实一点,能用的直接用上,不能用的多了解也有好处.

研究者:嗯,那在将数学史融入教学过程中有些什么心得体会吗?

PT8:有啊,开始时觉得数学史这么有用,网上找到就放进去,但是上课后被同学说这样太乱了,所以后来减少了一点,又觉得这样效果不明显,我不用也可以讲的清楚.但是后来觉得放和不放还是不同的,特别是放上以后可以顺便介绍一些数学史,说不定可以改变学生的数学情感.所以以后的教学设计都放点数学史.我看有些同学都将历史题目改编了,这样可以吗?

研究者:当然可以啊,大原则是要适合教学,只要有利于学生理解,什么都可以改编,当然改编的要合理.你可以改编了以后说,这是根据古代什么改编的.

PT8:嗯,知道了,我原来以为历史的东西不能顺便改动的呢.

研究者:现在对数学史在教学中怎么查、怎么用应该都有所了解了吧.

PT8:那是,大致怎么弄都知道了,也比较习惯了,如果哪天备课不看点数学史就会觉得比较心虚了呢.

——PT8

参与研究让我了解到了很多关于数学的历史、数学家的故事以及一些重要中学内容的发展历程.我觉得学数学史的好处有很多.例如,对于自身数学素质的发展.在学了一些数学史后,我觉得一些故事和一些内容的发展历程非常有趣.在看数学家的故事时,我明白了其实数学并不是那么恐怖.以前经常以为数学学得好的就是理解能力特别强,思维特别厉害的人.但其实,人类接受负数都经历了那么复杂的过程,那我们又有什么理由去埋怨自己的学生呢?数学史是在教会老师学会包容啊!而且,在教学中老师要是能够讲一些数学家的励志故事会很好地激起学生对数学的兴趣.让学生体会到,数学并不是一个没有血肉的学科,有很多英雄在这片土地上战斗着.

最后,要想将数学和实际联系在一起,就得多读一些数学史,古代人的数学发现都是从实际生产生活中获得的。就如相似三角形，我们在上课的时候无非是解一些乏味地带着实际的帽子的伪应用题。但有人却可以用相似三角形的性质去解金字塔的高、地球的半径，这是何等的奇妙啊！怪不得有人说，在理性的世界里，一些都是数学！

  我非常喜欢关于文明古国的数学故事。古人的思想文化在我们现代人看来都是非常了不得的。如用图像解二元一次方程的方法。数学不像人生：即使有人一直强调错误的东西，人也要自己经历了才会停止；而学数学就不用从最古老的方法开始学，现在直接就可以用公式法来解一元二次方程。而学了更精妙的方法后再来看古代的方法就觉得古方法是何其地巧妙。但即使是巧妙，我们也不会摒弃现在的方法而去追随古方法，原因是我们现在的思维程度已经足够驾驭现代的精妙的解法，并且古方法比较费时。但是了解古方法在锻炼思维的角度上却是有自己的好处的。我一直觉得现在学数学的大军都是按着一条路前行的，要是能从另外一个角度去看问题：如古方法，那可能会有不一样的精彩。在教育学生的时候不能一味地强调数学史的辉煌，这只是在欣赏数学，要引导学生在欣赏的同时能获得思维上的进步。

——PT6 的心得体会

  这一个学期《数学史》的学习，不论是对我自身的数学修养还是对今后教学都是获益匪浅的。特别是前两次研究中，你介绍的无理数的历史和负数的历史，让我对它们是怎么发展过来的有了清晰的认识；而在勾股定理的教学中，你的授课让我们受益良多，我想如果我们将来要教学的每一个知识点都能这么在大学里听两节，那对将来的工作太有帮助了；后面两次的教学内容也很好，让我的教学设计有了很多可以选择的素材。你让我们想想怎样的教学是最喜欢的，当然讲故事和看录像是最轻松的。当然，这是玩笑啦！不过如果内容有趣点上课会轻松点。每次课最后的讨论还是挺有帮助的，特别是结合案例的讨论，很有针对性，也让我收获很多。还有就是你让我们上去讲课，虽然这增加了我很多的工作量，我也曾"后悔"为什么要参与研究，但是不得不说这种经历让我得到了很大的锻炼。在此谢谢老师了！

  下面谈点我的收获，通过数学史的学习，有助于把握并突破这部分数学知识的重难点。另外，HPM 视角下的教学案例带给我的启示是：我们要学会用教材而不是教教材，教材的设计是固定的，但教师的思维是灵活的，在不违背课程标准以及教学目标的前提下，我们可以根据所教学生的实际情况对教材进行适当的处理。对于教材，我们只能参考，不能一味地相信，教材不是权威，它也会出错，记得有一堂课上老师列举了好几个教材出错的例子。另外，将数学史融入数学课堂需要我们对相关的数学史知识进行处理后再呈现给学生，目的在于学生容易接受并对数学产生兴趣。如某些历史名题可以作为课堂引例或习题，某些数学家的经历可以用故事的形式，经过我们思维的包装再呈现。

——PT7 的心得体会

首先还是非常高兴参加了这样的一个学习小组.给我较深的体会就是在写教案上锻炼了不少.相比班级的其他同学我觉得我们接触了更多的资源.这是让我非常得益的一点,将数学史的知识很好的融入教学过程中,可以让整个一节课变得很有"档次".让原本偏理性的数学变得很感性,有种可以让学生渐渐地被某个有趣的数学故事而喜欢上数学知识的魔力.个人认为,一位老师在学生心里的那份威信是支持学生专心投入学习的助推器,学生可能不会因为一位老师的课有意思而认真学习,可是他绝对会因为老师枯燥的讲课方式而让心中老师的威信渐渐地消失,最终丧失对学习的兴趣.而作为教师我们需要做的很多,但是我认为建立教师的威信会是其中非常重要的一条.教师在学生心中建立的威信使得学生相信老师.让两者之间建立起一种信任与依赖.这对于教学整个儿的效果绝对是大大的促进,而数学史可以帮助我们做到这一点.

于是自己后来便尝试将数学知识与数学史的故事相联结.我发现将数学史的故事融入教学中并不是一件易事.不是说简单地讲个故事就可以完事儿的.怎样的融合我觉得需要设计.对我来说,可能是本来的教师技能就不好,所以似乎像是基础没有打好所以在上面搭建的建筑都是站不稳的.经过几次尝试后,虽然数学史的融合经同学反应确实是有意思很多,但是个人还是感觉到对于整个儿的课堂的进行并没有益处.所以我的感觉是增加课堂吸引力没错,但是得有这个设计能力.并不是说一上课只要融入了数学史的故事就会增加教学效果,经过教师一定的设计将知识点与数学故事较好的融合才是上上之选.如果教师基本的技能还未掌握的话,我的经验是还是不要轻易尝试.先打好基础再想着亮点,玩儿点花样,这样一切才会是那么的顺理成章.

数学史让数学课变得很有味道.变得有厚度,深度,有内涵.仿佛是原本像是一块本就美味的蛋糕因为数学史故事而变得有弹性,口感更加有厚度,耐人寻味.或者说是蛋糕因为数学史故事的点缀成了一块漂亮香甜的草莓蛋糕.

一个学期的锻炼让我对于数学史的体会更加深,从开始只是观望,到后来自己一遍遍的尝试,我觉得这种经历是可贵的.如果没有参加这个学习小组,我觉得我应该就只是停留在观望欣赏阶段.几乎不会动手进行真的尝试.任何事情只有经过我们的亲身实践才会有最真切的感受.这些实践都是宝贵的.非常感谢老师给予我这种实践的机会.让我渐渐意识到自己存在的问题和缺乏的能力.怎样才能真正把数学史故事所带来的益处发挥到极致,我觉得我有了一定的了解,而不是像个门外汉似的到处磕磕碰碰.

——PT9 的心得体会

3. 研究的反思

随着该轮研究的结束,质性研究部分也告一段落,到了本轮研究的时候,职前教师已经具备了较高的数学史素养,都已将搜寻知识点的数学史作为备课的一个重要环节,也能从数学史中提升自己的教学知识,尤其是内容与教学知识和内容与学生知识.

但是在本轮研究中,职前教师的学科内容知识并没有太大的变化,结合职前教师的反馈,可认为这种现象和职前教师的数学素养提高、该知识点的史料类型都有关系,也和研究者本人对相似三角形的历史还不够了解有关.若能挖掘更多的、不同类型的历史素材,则能让职前教师从中得到更多的启示.

6.7 研究(二)的总结

6.7.1 职前教师学科内容知识和教学内容知识的变化情况

经过了一个学期的时间,10位职前教师每人都参加了六次的访谈,每位职前教师提交了五次的微格教室模拟教学视频和教学设计,两次的研究体会.研究中,还包括了研究者自己的反思日志.基于这些素材,对职前教师教学知识的变化情况进行了分析.下面分别从学科内容知识和教学内容知识两个方面,对数学史课程中职前教师教学知识的变化情况进行论述.

1. 数学史课程中职前教师学科内容知识的变化情况

在质性研究中发现,数学史课程对职前教师的学科内容知识产生了影响,但是在每一轮研究中职前教师学科内容知识的变化情况是不同的,具体变化情况如表6.7所示.

表6.7 质性研究中职前教师学科内容知识的变化情况

轮次	类别	PT1	PT2	PT3	PT4	PT5	PT6	PT7	PT8	PT9	PT10
第一轮	CCK	有变化,但不大									
	SCK	有变化,但不大									
	HCK	/	1→2	/	1→2	/	1→2	1→2	/	/	/
第二轮	CCK	有变化,但不大									
	SCK	有变化,但不大									
	HCK	有变化,但不大									

续表

轮次	类别	PT1	PT2	PT3	PT4	PT5	PT6	PT7	PT8	PT9	PT10
第三轮	CCK	\multicolumn{10}{c}{有变化,但不大}									
	SCK	1→2	1→2	1→2	1→2	1→2	1→2	1→2	1→2	1→2	1→2
	HCK	2→3	2→3	2→3	2→3	2→3	2→3	2→3	1→2	1→2	1→2
第四轮	CCK	没什么变化									
	SCK	1→3	1→3	1→3	1→3	1→3	1→3	1→3	1→3	1→3	1→3
	HCK	有变化,但不大									
第五轮	CCK	没什么变化									
	SCK	有变化,但不大									
	HCK	没什么变化									

从表6.7以及其他研究素材中可看出,在数学史课程前,10位职前教师对数学史课程能否影响学科内容知识都是持谨慎赞同的态度,但是在随后五轮的研究中,除了在第五轮中未发现明显变化以外,其他四轮的研究中都有职前教师的学科内容知识发生了变化,只是有的知识类别受数学史影响的幅度较小(如一般内容知识),而有的知识类别的变化幅度较大,甚至有了水平意义上的变化(如专门内容知识和水平内容知识). 因此,可认为数学史对职前教师的学科内容知识是有影响的.

从表6.7还可看出,在数学史课程中职前教师的学科内容知识的变化过程是不连续的,即它的变化情况与职前教师接触数学史的时间没有必然的联系,并不会因为随着学习数学史时间的增多,而使得数学史对学科内容知识的变化程度而变得越明显. 研究发现,职前教师学科内容知识的变化主要取决于在数学史课程中所接触到的该知识点历史发展素材的类型、丰富程度. 职前教师不同类别的学科内容知识,受数学史内容的影响也是不同的. 例如,在一般内容知识(CCK)方面,在前三轮的研究中,都受到了数学史的影响,有小幅的变化,但是在后两轮的研究中,则没有发现变化;在专门内容知识(SCK)方面,在前三轮的研究中都有变化,但是变化不大,但是在第四轮中职前教师普遍反映通过数学史掌握了多种解决一元二次方程的解法,有了导致专门内容知识水平意义上的变化,而到了第五轮,则没有发现有明显的变化;在水平内容知识(HCK)方面,在第一轮和第三轮的研究中都有职前教师发生了水平意义上的变化,在第二轮和第四轮的研究中有变化,但不大,而在第五轮的研究中则没有发现变化. 所以可认为,数学史对职前教师学科内容知识的影响是间断式,不具有累积性的特征,学科内容知识的变化与职前教师的数学史素养没有直接的联系.

因此,可以将数学史对职前教师学科内容知识的影响情况,归纳为以下两个方面的特征.

1) 水平内容知识受数学史影响相对较大,一般内容知识相对较小.

在学科内容知识的三个子类别中,职前教师的水平内容知识(HCK)在五轮的研究中,有四轮出现了变化,其中在两轮的研究中还出现了较大的变化,个别职前教师还出现了水平意义上的变化. 例如,在第一轮的研究中,职前教师从数学史中了解了无理数的基本发展过程,不但了解了无理数的概念是社会发展的必要,也从中知道了无理数名词的由来;了解了无理数的多个定义及其产生背景,不但可以从比较中感受到教科书上无理数定义的简便性,还可以认识到只有从根本上理解了无限不循环,才能更好地理解无理数;了解了无理数和其他知识的联系,不但清楚无理数和实数等势,还可以从高等数学的视角了解无理数. 在第三轮的研究中,职前教师从数学史中更清楚地知道了勾股定理和三角函数、向量、费马大定理、两点之间的距离等知识之间有着密切的联系. 在第二轮的研究中,职前教师从数学史中了解到负数的严格定义和整数理论有关,负数及其运算的出现是先于模型的解释的;在第四轮的研究中,职前教师从数学史中了解到一元二次方程没有负根的原因.

在研究中,职前教师的专门内容知识(SCK)也在研究中出现了变化,但是变化的幅度不是很大. 主要表现为,从数学的历史中,职前教师了解到可以用反证法来解释$\sqrt{2}$是无理数;了解到把负数中的负号当做减号来理解存在本质上的区别;了解了勾股定理的多种证明方法;也了解了一元二次方程的多种解法和相似三角形的多种应用. 而在研究中,职前教师的一般内容知识(CCK)的变化则较少被发现,只有在三轮研究中发现有幅度较小的变化. 例如,从数学史中,职前教师学会了证明$\sqrt{2}$是无理数的方法;知道负负得正可以在整数环的公理系中得以严格地证明;掌握了教材以外证明勾股定理正确性的多种方法.

出现这种现象主要是因为数学史所展现的内容大多是对知识点发展历程作一个简介,包括与知识点的发展中有关的数学知识,而很少涉及知识点的定理、定义和解答过程等基本知识. 因此,职前教师从中所获取的知识多属于对水平内容知识的范畴.

2) 学科内容知识的变化情况和知识点有关,与研究顺序没有直接联系.

从研究中可以发现,职前教师学科内容知识的变化情况和研究的顺序没有必然的联系,并不会因为已经学习了一些数学史知识,就会在后面研究的学科内容知识中表现出更大的变化. 而职前教师学科内容知识的变化情况与所研究知识点的性质、知识点数学史料的类型和丰富程度有关. 例如,在第一轮和第二轮研究中,研究者展示了无理数和负数的发展历程,这对职前教师的水平内容知识产生了影响,而因为无理数的发展过程中与其他知识的联系更为密切,因此在第一轮研究中职前教师的水平内容知识变化幅度比第二轮更大;在第三轮和第四轮中,研究者展示了历史上勾股定理的证明和一元二次方程的解法,由于勾股定理的证明与现代知识点联系较紧密,对职前教师的一般内容知识产生了影响,而一元二次方程的历史解法和教科书的上的内容需要建立间接的、较为曲折的联系,职前教师的一般内容知识在访谈中则没有发现有变化.在第五轮研究中,虽然职前教师已经学习过较多的数学史内容,但是研究者所展示的,包括职前教师自己通过网络所收集到的相似三角形的史料多为历史上利用相似三角形的性质来解决实际问题的素材,因此在访谈中,研究者并没有发现职前教师在学科内容知识方面有明显的变化.

从研究中可知,数学史对职前教师学科内容知识的变化与研究的先后顺序,即职前教师已经学习了多久的数学史没有必然的联系,而是与教学知识点有关数学史料的丰富程度(数量上)、类型(品种上)相关,也与所研究知识点的性质有关.例如,在第一轮研究中,研究者向职前教师讲述了无理数的产生、被人放弃、有人接受、概念逐步清晰、有应用价值、被人接受、进一步完善等过程,这种史料的类型比较多样,也比较丰富,所以对职前教师的学科内容知识影响大一些;第三轮的研究中,虽然勾股定理没有曲折的发展过程,但是被人研究得比较多,研究者展示了勾股定理的各种历史证明、勾股定理与其他知识的联系、历史价值、不同版本教科书的比较等信息,对职前教师的学科内容知识也产生了一定的影响;而在第四轮和第五轮的研究中,研究者展现的一元二次方程的解法和相似三角形的应用方面的史料比较单一,多为历史上的解法和应用,从学科内容知识角度说,这种类型的素材对其影响较小.

2. 数学史课程中职前教师教学内容知识的变化情况

量化研究显示,数学史内容可以影响职前教师的教学内容知识,而在本研究的质性研究部分,也证实了这一点.质性研究结果显示,在每轮研究的研究中,职前教师的教学内容知识都出现了变化,尤其是在内容与教学知识(KCT)和内容与学生知识(KCS)方面,都有职前教师的教学内容知识出现了较大的变化,具体的变化情况如表 6.8 所示.

表 6.8 质性研究中职前教师教学内容知识的变化情况

轮次	类别	PT1	PT2	PT3	PT4	PT5	PT6	PT7	PT8	PT9	PT10
第一轮	KCT	1→2	2→3	1→2	1→2	1→2	2→3	1→3	1→2	1→2	1→2
	KCS	/	2→3	1→2	2→3	/	2→3	1→2	/	1→2	/
	KCC	没什么正面变化,对 PT7 还有负面的影响									
第二轮	KCT	1→2	2→3	2→3	2→3	2→3	2→3	2→3	2→3	2→3	2→3
	KCS	2→3	2→3	2→3	2→3	2→3	2→3	2→3	2→3	2→3	2→3
	KCC	/	/	/	有变化	/	有变化	/	/	/	/

续表

轮次	类别	PT1	PT2	PT3	PT4	PT5	PT6	PT7	PT8	PT9	PT10
第三轮	KCT	2→3	3→4	2→3	2→3	2→3	3→4	2→3	2→3	2→3	2→3
	KCS	2→3	2→3	2→3	2→3	2→3	2→3	2→3	2→3	2→3	2→3
	KCC	有变化,但不大									
第四轮	KCT	3→3	4→4	3→3	3→3	3→3	4→4	4→4	3→3	3→3	3→3
	KCS	3→3	3→3	3→3	3→3	3→3	3→3	3→3	3→3	3→3	3→3
	KCC	1→2	1→2	1→2	1→2	1→2	1→2	1→2	1→2	1→2	1→2
第五轮	KCT	3→3	4→4	3→3	3→3	3→3	4→4	4→4	3→3	3→3	3→3
	KCS	3→3	3→3	3→3	3→3	3→3	4→4	3→3	3→3	3→3	3→3
	KCC	3→3	3→3	3→3	3→3	3→3	3→3	3→3	3→3	3→3	3→3

从表 6.8 以及其他研究素材中可看出,在数学史课程前,10 位职前教师对数学史课程能否影响教学内容知识都是持谨慎赞同的态度,但是在随后五轮的研究中,职前教师的教学内容知识都出现了变化,在每轮研究中都有职前教师出现了水平意义上的变化(后两轮的研究中,数学史课程前后职前教师的教学内容知识虽然变化不大,但是他们在课程前已经主动去了解知识点的数学史发展过程,可认为数学史对他们的教学内容知识已经产生了影响).因此可认为,数学史内容对职前教师的学科内容知识是有影响的.

从表 6.8 还可看出,在数学史课程中职前教师的教学内容知识的变化过程虽然不是绝对意义上的持续增加,但是从总体上,教学内容知识的变化是具有连续性的,即它的变化情况与职前教师接触数学史的时间存在一定的联系.主要原因是,随着学习数学史时间的增加,职前教师的数学史素养越来越高,不但对数学史的教育价值性越来越认同,而且对如何将数学史内容融入数学教学的能力也得到了很大的提升.在研究的后期,职前教师基本上都能在教学准备过程中主动地去搜寻与教学知识点有关的史料,有的直接用于教学,而有的间接影响了教学,因此可认为虽然数学史课堂前后职前教师的教学内容知识变化不大,但是数学史内容以及影响了职前教师的教学内容知识,而且这种影响具有累积性.例如,在内容与教学知识(KCT)方面,随着研究的深入,职前教师的内容与教学知识越来越高,有 3 位职前教师在后两轮的研究中还稳定在水平 4 阶段;在内容与学生知识(KCS)方面,虽然提高的幅度不如 KCT 来的明显,但是职前教师的内容与学生知识也是随着研究的深入稳步提高;而在内容与课程知识(KCC)方面,虽然在前三轮的研究中鲜有变化,但是在后两轮的研究中,职前教师对课程的内容安排、知识点的前后联系以及知识的难度都有了更深刻的认识.当然从访谈来看,这种认识更多的不是来源于数学史内容,而主要是随着研究的深入,职前教师的初中数学课程内容越来越熟悉,此外研究者在数学史课堂中介绍了研究知识点的教与学现状,对职前教师了解课程与内容知识也有帮助.综述分析,可认为在数学史课程中,职前教师教学内容知识的变化情况与职前教师学习的时间有关(确切地说是与职前教师的数学史素养有关).此外,在研究中也发现,职前教师教学内容知识的变化情况还与数学史内容的类型以及史料的丰富程度有关.

因此,可以将数学史内容对职前教师教学内容知识影响情况,主要归纳为以下两个方面.

1) 内容与教学知识受数学史影响相对较大,内容与课程知识相对最小.

教学内容知识的三个子类别,在五轮的研究中都有变化,其中内容与教学知识(KCT)变化最大,每轮研究中数学史都会对职前教师的内容与教学知识产生较大的变化.例如,在第一轮研究中,职前教师从数学史中了解到无理数被人接受经历了漫长的时间,从而对教学难点有了更清晰的认识,并能在了解了无理数的数学史发展史以后重新调整教学设计;在第二轮研究中,职前教师从数学史中了解到负负得正被人所接受经历了长期的发展过程,也有很多名人因为不能理解负负得正而对数学失去兴趣,从而对教学难点有更深刻的体会,从数学史课堂中掌握了多种负负得正的教学思路,并能在数学史课堂后将教学设计调整的更为合理;从第三轮研究开始,职前教师已陆续能自发的在备课中去了解知识点的相关数学史料,并能从中得到启示,更好地设计教学,一些数学史料被直接用于教学,一些数学史料则经过改编后间接地用于教学中.

内容与学生知识(KCS)在每一轮也有变化,职前教师能从知识点的发展历史中能初步估计学生的想法,能初步估计学生可能出现的困难和错误,这在第一轮和第二轮的研究中体现的比较明显.但是从第三轮研究开始,知识点的发展历程有了较大的区别,无论是勾股定理的历史、一元二次方程的历史还是相似三角形的历史,都不是在概念上、逻辑上持续的、累积地发展着的,而是片段式(或称为地域式)的、解法式的,这对职前教师理解知识点的内容与学生知识帮助并不大.从访谈中,虽然发现职前教师在内容与学生知识方面都有变化,但是其变化的原因更多是来自于研究者在数学史课堂中介绍知识点数学史过程中所顺便涉及的该知识点的教与学现状.这种现象也从另一个方面说明了,要在数学史课堂中更好地促进职前教师的教学知识,可以在教学内容中增加一些与知识点相关的教育性知识,而不是单纯的介绍数学的历史发展.这也可认为,为职前教师所开设的数学史和对一般大学生所开设的,旨在普及知识或者推广数学文化的数学史,应该是有区别的.或许为职前教师所开设的数学史课程名称,改为《数学史与数学教育》更为恰当.

研究发现,数学史内容对职前教师的内容与课程知识(KCC)变化不大,因为课程的内容与知识点的发展过程并不是完全吻合的,因此在第一轮研究中,还出现了一位职前教师的内容与课程知识受到了数学史的负面影响.但是从总体上说,从研究结果可以说明,了解了知识点的发展过程,对把握知识点与课程中前后知识的联系具有正面作用,这点在后两轮的研究中体现得尤为明显.

2) 教学内容知识的变化情况和知识点有关,和研究顺序也有关系.

虽然职前教师教学内容知识的变化和知识点的类型、史料的类型也有关,如研究中发现职前教师的内容与教学知识与史料的类型有很大的关系,但是从总体上说,职前教师的教学内容知识和职前教师的数学史素养有关系.特别是在内容与教学知识方面,越到研究的后期,职前教师能从知识点的发展史料中获得越多的启发.在前几轮的研究中,职前教师只是被动地接受数学史课堂中研究者所整理出来的数学史内容;在调整教学设计过程中,更多的是将史料作为例子添加到教学中,不但是直接地融入,其融入的形式和教学内容之间的契合度也是值得商榷的.如在第一轮研究中,大部分职前教师在听取了数学史课堂以后,将毕达哥拉斯和希帕索斯的例子添加到教学中,将$\sqrt{2}$是无理数的证明添加到教学中,但是这种融合体现了数学史对职前教师内容与教学知识的影响还比较浅层次.随着研究的深入,职前教师对数学史融入教学的体会也更深刻,在后几轮研究中,职前教师都能在备课中主动去了解知识点的发展历史,不但能在教学中直接应用数学史料,还能将其改编后用于教学.在他们的教学设计中,数学史不但能用于提升学生的学习兴趣,还能作为例子让学生解题,或者改编后让学生在课堂中合作探究解决,体验知识点的再发现.

此外,从访谈中研究者还发现,授课教师的教学理念,对数学史的态度对职前教师有着较大的影响.研究者经常借用前人的名言或者研究成果,向职前教师说明,利用历史相似性,可以从知识点的发展历史中判断学生在学习知识点时候会出现什么困难;已有的研究表明,数学史在短期内对学生的数学成绩不会有明显的提高,但是从长期看,融入数学史的数学教学对学生的数学情感会有较大的变化.随着研究的深入,研究者发现职前教师也逐渐接受了授课教师的这些观点,能从数学史中预估学生学习知识点出现的困难,能坚定教学中融入数学史的决心和信心.这些都说明了,职前教师教学内容知识的变化情况和研究的时间顺序,确切地说是职前教师的数学史素养存在着直接的联系.

6.7.2 课程内容和教学方式对职前教师教学知识的影响

1. 课程内容与教学知识变化的联系

数学具有悠久的历史,数学史的课程内容十分丰富,而课堂教学的时间是有限的,因此在数学史课堂中只能选取部分数学史内容进行教学.而同样的内容主题,会有不同类型的内容形式,也会有不同的内容组织方式.在5轮的研究中,研究者采用了多种内容形式和组织方式,如表6.9所示.

表 6.9 质性研究中课程内容汇总表

轮次	知识类型	内容形式	融入教学的案例情况
第一轮	演进史	知识性较强	文本案例
第二轮	演进史	知识性与趣味性	文本案例和视频案例
第三轮	综合史	知识性与趣味性	文本案例和视频案例
第四轮	枚举史	知识性与趣味性	文本案例和视频案例
第五轮	枚举史	知识性较强	文本案例

从职前教师的模拟教学、访谈、文本反馈等情况来看,课程内容的差异对职前教师教学知识的影响也是不同的.

1) 演进史对职前教师教学知识变化最大,枚举史变化最小.

大多数数学史书籍都是以编年史、地域史等形式出现,一些教师在讲授数学史课程时也多以通史形式介绍数学的历史. 但是,有学者(汪晓勤等,2006)认为在教育取向的数学史教学中,专题史是最适合的. 在五轮的研究中,研究者都是以专题史的形式向职前教师介绍知识点有关的历史,但是专题史的内容组织上也是有区别的. 在第一轮和第二轮的研究中,研究者以演进史的形式分别整理了无理数和负数的发展历程,在课堂教学中向职前教师进行了介绍;第三轮的研究中,研究者以综合史的形式介绍了勾股定理的历史发展、历史证明以及历史题目;在第四轮和第五轮的研究中,研究者以地域发展为主向职前教师分别介绍了不同地区一元二次方程的解法和相似三角形的运用,这种类型则属于枚举史.

从研究中,研究者发现职前教师对演进史的印象最为深刻,因为演进史能让职前教师较为完整的了解知识点的发展历程,这不仅可以了解知识点更多的内容,还可以将史料融入教学设计,更可以从知识点的发展历程中预估学生在学习过程中出现的困难,因此发展史对职前教师教学知识的变化最大. 综合史虽然不如发展史来的完整,但是不同地域数学的特点也给职前教师留下了深刻的印象,很多素材也能直接或间接地用于教学中. 而枚举史虽然所展现的内容和地域史类似,但是缺乏归纳总结,职前教师对此的印象不如前两者来的深刻,这也很难进一步促使其教学知识的转变. 因此,虽然一些史料也能用于教学设计中,但从总体上来讲,枚举史对职前教师教学知识的影响最小.

2) 知识性和趣味性兼具的内容最受职前教师欢迎.

数学史中不乏晦涩、难懂的内容,虽然这些内容若能弄懂,会让学习者印象深刻,但是这些内容的趣味性较弱,在数学史课堂教学中偶尔为之还可以,过多则会让学习者丧失学习的兴趣. 数学史中也有很多趣闻轶事,若能稍加改编则可将数学故事讲得跌宕起伏、趣味横生,课堂气氛十分热烈. 虽然这些内容可以让学习者印象深刻,或许还会将其用于自己将来的知识点教学中,但是这种数学史内容的知识性偏弱,未能领略到知识点的发展过程.因此,从访谈来看,职前教师最欢迎知识性和趣味性兼具的数学史内容.

职前教师认为,既有知识性又有趣味性的数学史知识,能让他们从中了解知识点的演变历程、定义和解法的逐步改进、与其他知识的联系、知识点的应用等信息,这可以让他们更深刻的体会所教学的知识点;也能让他们因为趣味性而对知识点的学习更有乐趣,印象更深刻,并对所教学知识点有了更多人文色彩方面的了解.

3) 数学史内容与 HPM 教学案例结合最适合职前教师学习.

在一学期的数学史教学中,研究者除了在这五轮的研究以外,还对其他方面的数学史进行了介绍,如有关毕达哥拉斯的形数,这部分内容其实可以在数列、数学归纳法的教学中采用,但是研究者在与职前教师的交流中发现,几乎没有职前教师会想到在数列或者数学归纳法中的教学中讲毕达哥拉斯的形数.而在这五轮的研究中,研究者都以专题史的形式讲授知识点的有关史料,并向学生展示这些知识点的教学案例,以及数学史融入该知识点的教学设计.结果发现,职前教师普遍认为这种形式让他们更好地了解了该如何在知识点的教学中融入数学史.并能通过与所展示的教学案例进行比较,更好地体会怎么教学才能更好地适合学生的学习,这种思考都有利于职前教师教学知识的提升.因此,在数学史课堂教学中,将数学史内容和 HPM 教学案例相结合最适合职前教师的学习.

其实有时候未必需要展示完整的教学案例,只要在介绍数学史的过程中,向职前教师说明这些内容是可以在将来某知识点的教学中融入的,就会对职前教师有很大的启发,特别是在课程初期的时候效果更明显.当然,若能在数学史内容教学之后再展示融入数学史的知识点教学设计,则可以在课堂中进行分析,并组织职前教师讨论,这将更有效的帮助职前教师将数学史内容转化成教学知识.

2. 教学方式与教学知识变化的联系

同样的教学内容,不同的教学方式,对学生的影响也是不一样的.在本次研究中,研究者尝试了不同教学方式,包括教师主讲、师生共讲、视频案例、课堂讨论等方式,详见表 6.10.

表 6.10　质性研究中教学方式汇总表

轮次	授课形式	布置作业情况	课堂讨论情况
第一轮	研究者主讲	有布置,但不检查	10 分钟左右
第二轮	研究者主讲	无	5 分钟左右
第三轮	研究者+2 位职前教师	有布置,也检查	20 分钟左右

续表

轮次	授课形式	布置作业情况	课堂讨论情况
第四轮	研究者+5位职前教师	有布置,也检查	5分钟左右
第五轮	研究者+5位职前教师	有布置,也检查	5分钟左右

研究发现,不同的教学方式,对职前教师教学知识的影响是不一样的,具体结论如下.

1) 课堂中组织数学史融入教学的讨论有利于职前教师教学知识的提升.

在数学史的教学中,若授课者一人独自讲授,则无法更好地了解听课者的感受,若通过问题的形式形成师生互动,则可以更好地吸引听课者的学习注意力,但是,若所问的问题仅与数学史内容有关,则对职前教师教学知识的帮助是有限的.本研究发现,若在课堂教学中余留部分时间,就今天所学的数学史知识如何融入中小学数学教学组织职前教师进行讨论,则对职前教师教学知识的提升有重要帮助.

在第一轮的研究中,研究者虽然准备了若干教学案例,但是由于课堂时间有限,研究者将大部分的案例让职前教师回去后阅读.但是发现大部分的职前教师下课后并没有认真看这些教学案例,这与职前教师对数学史课程的重视程度不够、职前教师对数学史教育价值的体会不深有关.于是,从第二轮研究开始,研究者在课堂中余留时间,组织职前教师进行讨论,针对如何融入、案例中的融入是否恰当、该如何更好地进行教学设计等进行讨论.由于研究者以学号为单位,将职前教师分为若干小组,发言计入小组的平时分,这保证了有一定的发言数量.但是随着研究的进行,这类讨论逐步热烈,无论是访谈中还是所提交的心得体会中,职前教师都普遍反映这种教学方式很"接地气",能很好地促进他们教学知识的提升,这些变化从职前教师的访谈和所提交的教学设计中都能得到体现.

2) 布置适当的作业有助于加深职前教师对数学史与数学教育的理解.

对学习者来说,单纯的听课,哪怕听课后有所反思,其进步也不会太大,课程对学习者的价值也很难得到有效的彰显.要从课程中获得更大的进步,就得付出更多的努力,但是靠学习者自发的去努力学习,这并不能保证大家都会自觉.因此,研究发现若通过布置适当的作业,给职前教师施加一定的压力,就会更好地促使职前教师去了解更多的数学史,去尝试教学中融入数学史,去思考如何才能从数学史中更好地吸收有价值的教学营养.

在本研究中,研究者让职前教师在每轮研究前撰写知识点的教学设计并在微格教室中模拟上课,这虽然增大了职前教师的工作量,起初也遭到了部分职前教师的抱怨.但是,一旦职前教师自己花费精力完成了知识点教学设计的撰写后,他们发现在数学史课堂中听到相关内容后,会比其他同学听得更认真,更有体会,数学史的课堂教学也变得更有价值.参与研究的职前教师,在研究结束后的心得体会中,都表示该种形式给他们在教学方面带来了很大的帮助.此外,在后两轮的研究中,研究者分别安排5位职前教师在课堂中介绍一种历史方法,也很好的促使职前教师去了解更多的数学史知识.因此,在数学史课堂中,布置适当的、与数学史点融入数学教学有关作业让职前教师去完成,这对加深职前教师对数学史与数学教育的理解有很大的帮助.

3) 视频案例可以帮助职前教师更好地将数学史内容转化成教学知识.

对职前教师来说,最欠缺的就是实践教学的经验,本研究中也发现,虽然微格教室的模拟上课可以提高职前教师的教学技能,但是对他们了解内容与学生的知识是没有帮助(有时候反而起到负面影响)的,职前教师对真实的教学情境还缺乏更多的了解和体会.而视频案例可以呈现课堂教学的真实情境,在视频中展示教师融入数学史的教学过程,可以让职前教师更为清晰的了解数学史和数学教育的结合形式、教学中的融入时机、教师的知识串联、学生的学习反应等信息.这不仅可以让职前教师感受到数学史带来的良好教学效果,从而激发职前教师的尝试教学的热情,更可以让职前教师的教学知识得到提升,从案例中体会教学内容、教学过程,更好地促进数学史内容转化成自身的教学知识.

在本研究中,每当研究者在数学史课堂教学中播放教学案例,都能很快吸引全体同学的注意力,并聚精会神地看着.研究者通常播放一个片段,然后让职前教师进行讨论,要求他们从正反两个方面进行评价,这也进一步促进了职前教师对数学史融入数学教学进行深入的思考,从而达到提升教学知识的目的.当然,目前数学史融入数学教学的优秀视频案例还不多,因此有几次研究者就播放没有融入数学史的教学案例,要求职前教师对此进行评价,并讨论如何在这个教学视频中从直接和间接两个方面融入数学史.研究发现,随着职前教师数学史素养的提升,在学期的后期,职前教师能说出越来越好的意见.这些都说明了视频案例的教学方式,对职前教师教学知识的提升是有帮助的.

第 7 章 研究结论与建议

本研究以数学史课程为例,关注教师教育课程对职前教师教学知识的影响,并探索如何在教师教育课程中发展职前教师的教学知识. 研究采用了量化研究和质性研究相结合的方式,研究过程中还使用了文献分析、量化测评、访谈、视频分析、教学设计分析等方法. 本章将对研究结果、研究启示、研究局限和研究展望作一个归纳总结.

7.1 研究结论

7.1.1 课程前后职前教师教学知识的变化程度

1. 职前教师学科内容知识和教学内容知识的变化

1) 学科内容知识和教学内容知识的变化程度.

在量化研究中,研究对象(即实验班)的职前教师在数学史课程前后学科内容知识有显著变化,而作为比较的控制班职前教师的学科内容知识也有显著变化,因此从量化研究的方式上不能得出数学史课程对职前教师的学科内容知识的变化有影响的结论. 但是从质性研究中,可以发现,数学史内容对一些职前教师的学科内容知识产生了影响. 例如,有职前教师认为了解了某知识点的历史后,对所要教学的知识点有了更全面的了解,不仅可以了解知识点之间的联系,也可以知道一些数学名词的来历等. 而且在数学史课程后的数学史教育价值的调查中,也发现职前教师对数学史可以提高职前教师学科内容知识的认同感达到了 4.26 分(满分 5 分). 因此,可以认为数学史课程对提高职前教师的学科内容知识是有帮助的.

而在教学内容知识方面,在量化研究中,研究对象的职前教师在数学史课程前后教学内容知识有显著变化,而作为比较的控制班职前教师的学科内容知识则没有显著变化,因此从量化研究的方式上可以得出数学史课程对职前教师的教学内容知识变化有影响的结论. 而且在质性研究中,也证实了这一点. 例如,有职前教师认为了解了某知识点的历史后,能更好地预测学生在学习知识点时的困难;如果知道了和知识点有关的历史人物或者历史事件,就可以在教学中向学生进行介绍,增进学生对所学知识点的理解;如果了解了某知识点的发展历史,对哪个年级的学生将该知识点讲到哪个难度就够有了一定的帮助等. 此外,在数学史课程后的数学史教育价值性的调查中,职前教师对了解了数学史有助于知识点的教学,可以给教学设计提供更多的选择等方面的认同度分别达到了 4.38 分和 4.33 分. 因此本研究可认为,数学史课程对职前教师教学内容知识的影响比学科内容知识大.

综上所述,可以认为数学史课程对提高职前教师的教学内容知识和学科内容知识都有帮助,但是对教学内容知识的影响程度大于学科内容知识.

2) 学科内容知识和教学内容知识的具体变化.

在质性研究中发现,在职前教师学科内容知识的三个子类别中,水平内容知识受数学史影响相对较大,专门内容知识次之,而一般内容知识受影响相对最小. 从数学史中职前教师能了解一些知识点的基本发展过程、知识点之间的联系、教材中知识点呈现方式的合理性等,这些都促进了水平内容知识的提高. 在五轮的研究中,职前教师的水平内容知识在四轮中出现了变化,其中在两轮的研究中还出现了较大的变化,个别职前教师还出现了水平意义上的变化. 专门内容知识也在五轮的研究中出现了变化,但是总体上变化幅度不是很大. 主要变化包括职前教师通过数学史课程掌握了一些历史中的数学解法,并可以将其与现代的解法进行比较以更好体会现代解法的优越性,而且也可以通过数学史了解历史中对数学概念理解的常见错误等. 而在研究中,一般内容知识的变化则较少被发现,只有在三轮研究中发现有幅度较小的变化,如一些职前教师认为从数学史课程中掌握了可以用反证法证明$\sqrt{2}$是无理数,从课程中知道了负负得正可以在整数环的公理系中得以严格地证明等知识. 出现这种现象主要是因为,数学史所展现的内容大多是对知识点发展历程作一个简介,包括与知识点的发展中有关的数学知识,而很少涉及知识点的定理、定义和解答过程等基本知识. 因此,职前教师从中所获取的知识多属于对水平内容知识的范畴.

而在职前教师教学内容知识的三个子类别在五轮的研究中都出现了变化,其中内容与教学知识受数学史影响相对较大,内容与学生知识次之,而内容与课程知识受影响相对最小. 职前教师普遍反映,每一轮的研究中,都能从数学史史料中获得知识点该怎么教会有更好的启示,如从知识点的历史发展过程中更好地判断和把握教学的重点和难点、知识点产生和发展的必要性、知识点发展过程中的奇闻轶事等. 而且自第三轮研究开始,职前教师已陆续能自发的在备课中去了解知识点的相关数学史料,并能从中得到启示,更好地设计教学,一些数学史料被直接用于教学,一些数学史料则经过改编后间接地用于教学中. 而在内容与学生知识方面,职前教师认为可以从知识点的发展历程中初步估计学生的想法,初步估计学生可能出现的困难和错误,这在前两轮的研究中(演进史)方面体现的尤为明显. 而由于数学课程的内容与知识点的发展过程并不是完全吻合,况且职前教师没有教学实践的经验,对课程知识的了解还不多,所以数学史对内容与课程知识的影响较小.

此外,研究还表明,数学史课程与其他专业课程,尤其是实践性较强的课程相结合,可以增加理论在实践中尝试的机会,对课程知识也会更深刻的理解,从而更有利于职前教师将课程内容转化为教学知识.

7.1.2 课程中职前教师的教学知识的变化过程

1. 学科内容知识和教学内容知识的变化过程

1) 学科内容知识变化的特点.

研究发现,在数学史课程中职前教师的学科内容知识的变化过程是不连续的,即它的变化情况与职前教师接触数学史的时间长短没有必然的联系,并不会因为职前教师学习数学史时间越多,而使得数学史对职前教师学科内容知识的变化程度而变得越明显.研究发现,职前教师学科内容知识的变化主要取决于在数学史课程中所接触到的该知识点历史发展素材的类型、丰富程度,而与其他因素联系不大.此外,研究发现在学习数学史课程过程中,职前教师学科内容知识的三个不同类别,受数学史内容的影响也是不同的.

例如,在一般内容知识(CCK)方面,在前三轮的研究中,都受到了数学史的影响,有小幅度的变化,但是在后两轮的研究中,则没有发现有变化;在专门内容知识(SCK)方面,在前三轮的研究中都有变化,但是变化不大,但是在第四轮中职前教师普遍反映通过数学史掌握了多种解决一元二次方程的解法,有了导致专门内容知识水平意义上的变化,而到了第五轮,虽然有一些变化,但不大;在水平内容知识(HCK)方面,在第一轮和第三轮的研究中都有职前教师发生了水平意义上的变化,在第二轮和第四轮的研究中有变化,但不大,而在第五轮的研究中则没有发现变化.

因此可认为,数学史对职前教师学科内容知识的影响是间断式,不具有累积性的特征,学科内容知识的变化与职前教师的数学史素养没有直接的联系.

2) 教学内容知识变化的特点.

研究发现,在数学史课程中职前教师的教学内容知识的变化过程虽然不是绝对意义上的持续增加,但是从总体上,教学内容知识的变化是具有连续性的,即它的变化情况与职前教师接触数学史的时间存在一定的联系.主要原因是随着学习数学史时间的增加,职前教师的数学史素养越来越高,不但对数学史的教育价值性越来越认同,而且对如何将数学史内容融入数学教学的能力也得到了很大的提升.例如,在前几轮的研究中,职前教师只是在数学史课堂中被动地接受研究者所整理出来的数学史内容;在调整教学设计过程中,更多的是将史料作为例子添加到教学中,不但是直接的融入,其融入的形式和教学内容之间的契合度也是值得商榷的.随着研究的深入,职前教师对数学史融入教学的体会也更深刻.在后几轮研究中,职前教师都能在备课中主动去了解知识点的发展历史,不但能在教学中直接应用数学史料,还能将其改编后用于教学.因此,虽然在数学史课堂前后职前教师的教学内容知识变化不大,但是也可认为数学史内容影响了职前教师的教学内容知识.

在他们的教学设计中,数学史不但能用于提升学生的学习兴趣,还能作为例子让学生解题,或者改编后让学生在课堂中合作探究解决,体验知识点的再发现.

研究发现在学习数学史课程过程中,职前教师教学内容知识的三个不同类别,受数学史内容的影响也是不同的. 如在内容与教学知识(KCT)方面,随着研究的深入,职前教师的内容与教学知识越来越高,有 3 位职前教师在后两轮的研究中还稳定在水平 4 阶段;在内容与学生知识(KCS)方面,虽然提高的幅度不如 KCT 来的明显,但是职前教师的内容与学生知识也是随着研究的深入稳步提高;而在内容与课程知识(KCC)方面,受到数学史的影响较小,例如,在前三轮的研究中职前教师的内容与课程知识鲜有变化,虽然在后两轮的研究中,职前教师对课程的内容安排、知识点的前后联系以及知识的难度都有了更深刻的认识,但是这些变化主要是由于随着研究的深入,职前教师的初中数学课程内容越来越熟悉,此外研究者在数学史课堂中介绍了研究知识点的教与学现状,对职前教师了解课程与内容知识也有帮助,而与数学史内容没有直接的联系,这与职前教师实践经历有关.

综述分析可看出,在数学史课程中,职前教师教学内容知识的变化具有连续性,随着数学史学习时间的增多,职前教师的数学史素养在不断提升,因此从数学史中获取如何教学的知识也随着增多,不但有直接用于教学的数学史料,也有间接影响教学的数学史内容.

此外,在研究中也发现,职前教师教学内容知识的变化情况还与以下两个因素有关.

(1)课程的内容,在本研究中指数学史内容的类型以及史料的丰富程度. 研究表明演进史类型的数学史内容有利于提升职前教师的内容与学生知识和内容与教学知识,而综合史和枚举史类型的内容在提升职前教师的内容与教学知识方面则更突出;

(2)授课教师的教育理念,在本研究中指授课教师对数学史教育性的理解. 本研究中,授课教师常强调历史相似性和数学史对数学教学与学生情感态度的影响,结果发现这些理念也被职前教师广泛接受,并融入到实践中.

2. 课程内容和教学方式对职前教师教学知识变化的影响

1)课程内容对教学知识变化的影响.

不同类型的教学内容,对学生的影响是不一样的,数学史有各种类型,也可以有不同的内容组织形式. 在本研究中,关于数学史课程内容与职前教师教学知识联系的研究结论,主要归纳如下.

(1)演进史对职前教师教学知识变化最大,枚举史变化最小.

在第一轮和第二轮的研究中,研究者以演进史的形式分别整理了无理数和负数的发展历程,在课堂教学中向职前教师进行了介绍;第三轮的研究中,研究者以综合史的形式介绍了勾股定理的历史发展、历史证明以及历史题目;在第四轮和第五轮的研究中,研究者以地域发展为主向职前教师分别介绍了不同地区一元二次方程的解法和相似三角形的运用,这种类型则属于枚举史.

研究发现职前教师对演进史类型的数学史内容的印象最为深刻,因为演进史能让职前教师较为完整地了解知识点的发展历程,这不仅可以了解知识点更多的内容,还可以将史料融入教学设计,更可以从知识点的发展历程中预估学生在学习过程中出现的困难,因此发展史对职前教师教学知识的变化最大.综合史虽然不如发展史来的完整,但是也包含了简短的发展历程,而且不同地域数学的特点也给职前教师留下深刻的印象,很多素材也能直接或间接的用于教学中,有利于提升职前教师的内容与教学知识.而枚举史虽然所展现的内容和地域史类似,但是缺乏归纳总结,职前教师对此的印象不如前两者来的深刻,这也很难进一步促使其教学知识的转变.因此,虽然一些史料也能用于教学设计中,但从总体上来讲,枚举史对职前教师教学知识的影响是最小的.

(2) 知识性和趣味性兼具的内容最受职前教师欢迎.

数学史中不乏晦涩、难懂的内容,虽然这些内容若能弄懂,会让学习者印象深刻,但是这些内容的趣味性较弱,在数学史课堂教学中偶尔为之还可以,过多则会让学习者丧失学习的兴趣.数学史中也有很多趣闻轶事,若能稍加改编则可将数学故事讲的跌宕起伏、趣味横生,课堂气氛十分热烈.虽然这些内容以可以让学习者印象深刻,或许还会将其用于自己将来的知识点教学中,但是这种数学史内容的知识性偏弱,未能领略到知识点的发展过程.因此,研究的访谈和课堂观察可以发现,职前教师最欢迎知识性和趣味性兼具的数学史内容.

既有知识性又有趣味性的数学史知识,既能让职前教师从中了解到知识点的演变历程、定义和解法的逐步改进与其他知识的联系、知识点的应用等方面的信息,这可以让他们更深刻的体会所教学的知识点;也能因为内容的趣味性而让职前教师对知识点的学习更有乐趣,印象更深刻,并对所教学知识点有了更多人文色彩方面的了解.

(3) 数学史内容与HPM教学案例结合最适合职前教师学习.

研究发现,职前教师普遍认为在数学史的教学过程中,介绍数学史融入数学教学的案例可以让职前教师更好地了解数学史的教育价值以及如何在教学中使用数学史.若在展示教学案例以前,职前教师对该知识点已经进行了教学设计,则会有更深的感触.他们会通过与所展示的教学案例进行比较,更好地体会怎么教学才能更好地适合学生的学习,这种思考都有利于职前教师教学知识的提升.研究者的课堂观察发现,职前教师的课堂讨论中,涉及教学案例的讨论内容是最多的,也最容易激发职前教师的思考，从而促进数学史内容向教学知识的转化．因此，在数学史课堂教学中，将数学史内容和 HPM 教学案例相结合最适合职前教师的学习．

2）教学方式对教学知识变化的影响．

在本次研究中，研究者尝试了不同教学方式，包括教师主讲、师生共讲、视频案例、课堂讨论等方式．通过了解职前教师的感受，并结合访谈中职前教师教学知识的变化情况，有了以下的研究结论．

（1）课堂中组织数学史融入教学的讨论有利于职前教师教学知识的提升．

研究发现，若在课堂教学中余留部分时间，就今天所学的数学史知识如何融入中小学数学教学组织职前教师进行讨论，则对职前教师教学知识的提升有重要帮助．在第一轮的研究中，研究者虽然准备了若干教学案例，但是由于课堂时间有限，研究者将大部分的案例让职前教师回去后阅读．但是发现大部分的职前教师下课后并没有认真看这些教学案例，这与职前教师对数学史课程的重视程度不够、职前教师对数学史教育价值的体会不深有关．于是，从第二轮研究开始，研究者都尽量在课堂中余留时间，组织职前教师进行讨论，针对如何融入、案例中的融入是否恰当、该如何更好地进行教学设计等进行讨论．由于研究者以学号为单位，将职前教师分为若干小组，发言计入小组的平时分，这保证了有一定的发言数量．但是随着研究的进行，这类讨论逐步热烈，无论是访谈中还是所提交的心得体会中，职前教师都普遍反映这种教学方式很"接地气"，能很好地促进他们教学知识的提升，这些变化从职前教师的访谈和所提交的教学设计中都能得到体现．

因此，在数学史课堂教学中留部分时间进行课堂讨论，对职前教师教学知识的发展是很有利的．

（2）布置适当的作业有助于加深职前教师对数学史与数学教育的理解．

本研究中，研究者让职前教师在每轮研究前撰写知识点的教学设计或者在微格教室中模拟上课，这虽然增大了职前教师的工作量，起初也遭到了部分职前教师的抱怨．但是，一旦职前教师自己花费精力完成了知识点教学设计的撰写后，他们发现在数学史课堂中听到相关内容后，会比其他同学听得更认真，更有体会，数学史的课堂教学也变得更有价值．参与研究的职前教师，在研究结束后的心得体会中，都表示该种形式给他们在教学方面带来了很大的帮助．此外，在第三轮的研究中，让两位职前教师上台讲解证明过程，在后两轮的研究中，研究者分别安排 5 位职前教师在课堂中介绍一种历史方法，这些都很好的促使职前教师去了解更多的数学史知识，从而有了更深刻的体会．

因此，在数学史课堂中，布置适当的、与数学史融入数学教学有关的作业让职前教师去完成，无论是针对职前教师个人的还是针对职前教师小组的，这对加深职前教师在数学史与数学教育方面的理解是有很大帮助的．

(3) 视频案例可以帮助职前教师更好地将数学史内容转化成教学知识.

对于职前教师来说,最欠缺的就是实践教学的经验,而视频案例可以呈现课堂教学的真实情境,在视频中展示教师融入数学史的教学过程,可以让职前教师更为清晰的了解数学史和数学教育的结合形式,教学中的融入时机,教师的知识串联,学生的学习反应等等信息.这不仅可以让职前教师感受到数学史带来的良好教学效果,从而激发职前教师的尝试教学的热情,更可以让职前教师的教学知识得到提升,从案例中体会教学内容、教学过程,更好地促进数学史内容转化成自身的教学知识.

在本研究中,每当研究者在数学史课堂教学中播放教学案例,都能很快吸引全体同学的注意力,并聚精会神地看着.研究者通常播放一个片段,然后让职前教师进行讨论,要求他们从正反两个方面进行评价,这也进一步促进了职前教师对数学史融入数学教学进行深入的思考,从而达到提升教学知识的目的.当然,目前数学史融入数学教学的优秀视频案例还不多,因此有几次研究者就播放没有融入数学史的教学案例,要求职前教师对此进行评价,并讨论如何在这个教学视频中从直接和间接两个方面融入数学史.研究发现,随着职前教师数学史素养的提升,在学期的后期,职前教师能说出越来越多好的意见.这些都说明了视频案例的教学方式,对职前教师教学知识的提升是有价值的.

7.2 研究启示

7.2.1 基于教学知识发展的教师教育课程建设

本研究表明了数学史课程对职前教师教学知识的发展有重要的作用,但是不是所有的教师教育课程都能促进职前教师的教学知识?有哪些课程对职前教师教学知识的发展更大?这些都需要后续的研究作为判断依据,而本研究的方法可以为后续研究提供有益参考.本研究以数学史课程为例,研究教师教育课程与职前教师教学知识的联系,通过研究就基于教学知识发展的数学史课程建设得到以下几个方面的启示.

1. 课程的目的与性质

开设一门课程的目的可能会有很多,如果为职前教师开设数学史课程,则提高职前教师的教学知识是课程的一个重要目的,在本研究中,可以将该课程名称改为"数学史与数学教育"会更恰当,而且在教学过程中可以根据需要讲授一些数学教育内容,而不必单纯的介绍数学的历史发展.例如,在研究中研究者发现个别职前教师的内容与学生知识变化不是直接来源于数学史知识,而是研究者在数学史课堂中介绍知识点数学史过程中所顺便涉及的该知识点的教与学现状.这种现象也从另一个方面说明了要在数学史课堂中更好地促进职前教师的教学知识,可以在教学内容中增加一些与知识点相关的教育性知识,而不是单纯地介绍数学的历史发展.

在课程性质上,目前有开设数学史课程的高等院校多为选修课程,虽然多数学生会选此课程,但是鉴于该课程的选修性质,会让一些学生在潜意识里对这种课程不重视,至少将其与必修课程的重要性相区别.因此,随着数学史教育价值的日益突出,有必要将数学史在师范类课程体系中设置成必修课程.

在现有开设的数学史课程中,多数院校将学时数设置为36学时,即每周2学时.而数学史内容浩如烟海,很难在36学时内把所有内容讲到位,而在现实的教师教育体系中也很难再增加学时数,因此,数学史课程的建设理念应该是不求面面俱到,而应该让职前教师通过数学史课程的学习进一步体会数学史的教育价值,更重要的是要学会获取与教学相关的数学史知识的技能,并更好地培养数学史融入数学教学的能力.

基于这个课程建设理念,结合以上对教学内容与教学方式的研究结论,可以将数学史课程分为教学和研讨两个部分.教学部分是教师讲授,用部分课时讲述数学史的教育价值与数学史的发展历程;而研讨部分则选取一些数学史内容边讲授,边组织学生进行数学史融入数学教学的研讨,而主讲的内容需要做到两个相关:一是要和史料的重要性、趣味性相关;二是要和学生将来的教学内容相关.由于研究者所教学的实验班学生大部分毕业后的就业单位是初中,因此研究者在数学史课程教学中选取了5个初中知识点,在数学史课程中组织学生进行教学设计并研讨.

2. 课程内容

通过研究,可认为基于教师教学知识发展的数学史课程可以包括如下内容(以36学时为例),以供参考.

第一讲:数学史的教育价值(2学时)

第二讲:数学发展简史(6学时)

主要目的是让职前教师对数学的发展有个基本的了解.

第三讲:古希腊的数学(6学时)

其中2~3学时用于讲述无理数的专题发展史、无理数教与学的现状,并组织学生研讨;

第四讲:古代印度数学(4学时)

其中2~3学时用于讲述负数的专题发展史、负负得正的教与学现状,并组织学生研讨;

第五讲:古代阿拉伯数学(4学时)

其中2~3学时用于讲述一元二次方程解法的专题历史、一元二次方程解法的教学现状,并组织学生研讨;

第六讲:古代中国数学(6学时)

其中2~3学时用于讲述勾股定理的专题历史、勾股定理的教学现状,并组织学生研讨;

第七讲:近代欧洲数学(6学时)

其中2~3学时用于讲述相似三角形应用的专题历史、相似三角形应用的教学现状,并组织学生研讨;

第八讲:现代数学(2学时)

以上的数学史课程教学内容只是一个大致的框架,包含了河谷文明时期的数学、古希腊数学、古代中国数学、近代欧洲数学和现代数学等数学历史中较为重要的内容.授课者在教学中可以根据需要随时增加或者减少,如很多女生希望研究者多介绍女性数学家,研究者就专门介绍了一次女性数学家的专题,发现学生很喜欢听;在介绍《九章算术》过程中,研究者发现学生对开平方和开立方很感兴趣,就多花了点时间进行介绍并让学生在课堂中练习;此外,若有合适的数学史方面的视频也可以在教学中播放,提高学生的学习兴趣.

3. 数学史融入数学教学的教学设计流程

在研究过程中,研究者对职前教师组织10位职前教师对数学史融入数学教学进行了五轮的探索,要求职前教师撰写融入数学史的教学设计.起初一些职前教师大多无从入手,也有一些职前教师以为在平常的教学设计中增加一些数学史素材就可以了,为此研究者特地对他们讲解融入数学史的教学设计应该关注知识点的逻辑的面向、历史的面向和学生的认知面向三个部分,具体包括以下四个步骤:

(1) 列出知识点的逻辑关系,即在什么知识的基础上,准备通过什么途径得到什么结论;

(2) 厘清知识点的重点和难点;

(3) 分析学生的知识基础和习惯的思维方式;

(4) 找出和知识点相关的数学史料,并按照历史进程、相关人物传记、历史题目、历史解法等几种方式进行分类.

这四个步骤完成后,就可以进行融入数学史的数学教学设计.研究者发现,经过五轮研究的摸索之后,大多数参与研究的职前教师对数学史融入数学教学的教学设计有了比较稳定的操作模式,从理论分析上看,契合度还是比较好的.研究者将其归纳为以下流程,具体如图7.1所示.

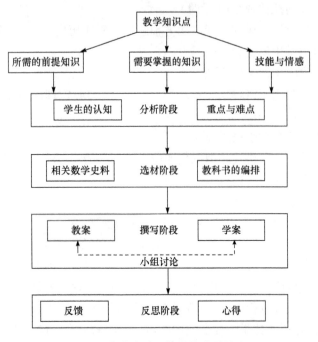

图 7.1　数学史融入数学教学设计流程

7.2.2　教师教育中发展教师教学知识

本研究表明了数学史课程与职前教师教学知识的发展有重要的联系，对于其他教师教育课程，它们与教师教学知识之间有怎样的关联？要准确的了解这些信息，需要做专门的研究，本研究可以为其提供有益参考。但是，从本研究中我们也可以得到启示，就是教师教育课程无论在何种程度上，对教师的教学知识都会有影响，那么该如何在教师教育中发展教师的教学知识，本节将从授课教师和听课学生两个角度来说明。

1. 对授课教师的启示

1）组织合理的课程内容。

课程内容是教学的基础，决定了要向学生传达哪些信息，但是在教学过程中哪些内容或者内容的哪些方面对师范生最有价值呢？以数学师范生的专业基础课"中学数学教学法"为例，如果过多的介绍教育理论，对学生来讲"不实用"，但若过多的分析教学案例，则容易让学生陷入"见木不见林"的境地中，若是两者结合，则该如何结合？两者之间的什么比例是最合适的？用什么判断标准？这些问题在以往更多的是借助于教师个人的经验，从本研究中，我们得到启示，授课教师在选取内容的时候做到以下几点,则可以让教学紧扣教师的教学知识.

(1) 思考内容与教学知识的联系.

在选取教学内容的时候,授课教师应该思考,这个内容与教师的哪部分教学知识有关系.能否发展教师的一般内容知识、专门内容知识、水平内容知识、内容与教学知识、内容与学生知识,以及内容与课程知识.如果课程内容与某一类别的教师知识有较大联系,在备课以及授课过程中就要重点强调,并引导学生这部分知识的发展.例如,在数学史课程的教学过程中,就古希腊数学史这部分有很多的内容,在备课过程中,研究者就思考有哪些知识点、该怎么组合才能更好地促进职前教师教学知识的发展,为此研究者在简要介绍其发展过程以外,重点介绍了中小学数学知识点相关的有理数、无理数、初等几何、公理化思想等概念的发展过程,并用案例形式说明了课程理论知识如何融入中小学知识点的教学.

(2) 多选取学生所缺乏的教学知识有关的内容.

在教学知识的 6 个子类别中,哪个对教学是最重要的,这个还需要研究加以论证.也许,各子类别对教学的重要性是不同的,但是对教师来说,某一方面的教学知识严重缺乏也是有缺陷的.因此,在教学过程中,授课教师要随时关注学生的教学知识动态,对于其薄弱的环节要给予加强.从教学内容的角度上说,授课教师要根据学生的特点,多选取学生所欠缺的教学知识内容,在教学中重点讲授.例如,在数学史课程的教学过程中,研究者发现职前教师对内容与课程知识方面比较欠缺,就在讲授课程内容的过程中,着重强调这个知识点的发展过程中,哪一部分的内容现在哪个年级学习,以及这个知识点在发展过程中与哪些知识点有紧密联系等.

2) 选取合适的教学方式.

同样一门课程,不同的教师授课对学生的影响也是不同的,除了教师本身的教学艺术以外,是否有针对性地进行教学也是一个重要方面.一门课的教学方式有很多种,例如,在课程中有的教师选择了自己主讲,其优势是可以向学生传递更多信息;有的教师选择了学生分组讨论,其优势是学生可以将教学知识转化为自身知识,但是这占用更多的时间.因此,该如何选择合适的教学方式,为什么做这种选择?在以往更多的是出于教师的经验和直觉,而通过本研究,可认为基于教学知识发展可以成为教学方式选择的重要依据.

在备课过程中,授课教师就要思考,这部分知识内容和学生基础最适合哪种教学方式,而要更好地提高学生的教学知识则更应该采用何种方式?两者之间是否存在差异?该怎么协调等.一般来讲,授课教师主讲比较有利于促进学科内容知识的发展,案例展示、课堂讨论等教学方式更有利于教学内容知识的发展.此外,在教学过程中,也要结合课程内容,积极引导学生在教学知识方面的思考,并促进他们教学知识的发展.

2. 对学习学生的启示

对于在教师教育中学习的学生，无论其身份是职前教师还是在职教师，在学习过程中都要努力将课程内容与教学知识相联系，时刻提醒自己，这部分的课程内容与将来教学的哪个部分有关系？该如何更好地将课程知识转化为教学知识，帮助自己将来的教学？通过本研究表明，除了积极参与课堂讨论，认真撰写课程内容融入教学的案例以外，学习的学生还需要提醒自己在一般内容知识、专门内容知识、水平内容知识、内容与教学知识、内容与学生知识、内容与课程知识这几个方面的发展.

例如，在数学史课程的学习过程中，学生要分析哪些课程内容是可以促进学科内容知识方面的，哪些是可以促进教学内容知识方面的，课程学习后要通过不断的反思、练习和实践，将这些知识内化为自身教学知识的一部分.

7.2.3 教学实践中发展教师教学知识

尽管本研究是在教师教育中，而且研究对象也是职前教师的，但是研究过程和结果对于在教学实践中发展教学知识的教师也有启示作用. 应该看到，教师教育虽然十分重要，但是相比教师的教学实践，它的时间还是比较短暂的，一般都只有3～4年的时间，而教师的教学实践伴随着从工作到退休，一般长达30多年. 而从教师成长的角度上说，工作的前10年对教师的发展是最关键的，如果在参加工作的前10年能在教学实践中不断的提升自己的教学知识，对提升教师的专业化程度有着重要的帮助.

在教学实践中，教师的成长主要有听课、集体讨论、教学的自我反思这三个方面. 无论是听课还是集体讨论，对教师来说都是一个学习的过程，需要教师在事后进行进一步的思考，思考这个过程对自己的帮助，具体到对自己教学哪个方面的帮助，并将其与教学知识相联系. 而在教学的自我反思中，教师需要从备课到教学过程都进行反思，思考自己在教学过程中，在一般内容知识、专门内容知识、水平内容知识、内容与教学知识、内容与学生知识、内容与课程知识这6个方面的表现如何，哪一部分的知识还比较欠缺，该如何进一步加强等问题. 这会让教师的成长更有针对性, 更有效率.

7.3 研究局限

教育研究属于社会科学研究的范畴，它的研究会受到各种主客观因素的影响，研究结果也不如数学定理那样具有很强的确定性和普遍性. 本研究虽然花费了研究者很大的精力，自认为已经作了较好的准备，但是从研究过程来看还是存在较多的不足. 总体上说, 可以归纳为以下四个方面.

1) 量化测试问卷的科学性.

虽然目前对知识的测量还没有十分有效的方法, Ball 等的研究中也是采用选择题的方式测量教师的 MKT, 而且 PISA 也都用试题的方式测量学生的数学素养, 但是如何让试题更加科学, 能通过题目更好地体现出被测者的教学知识是研究者需要尽量达到的. 在本研究中, 虽然参阅了国内外很多文献, 也征求过专家的意见, 经历了预研究的检验, 但是本研究的教师教学知识测试题目还有进一步推敲和探讨的空间.

2) 干扰因素的排除.

在研究过程中, 尤其是在量化研究中, 如何排除其他课程的干扰, 使得职前教师教学知识的变化是归结于数学史课程这一因素的, 是十分重要的. 在本研究中研究者虽然找到了一个条件比较符合的控制班作为比较, 另外将问卷设置的尽量与其他课程的内容不相关(也尽量与数学史课程内容不相关). 但是知识是一个复杂的系统, 它的获取渠道是多维的, 而非单一的. 因此, 在研究过程中, 干扰因素总是存在的.

3) 研究者的数学史素养.

在数学史的授课过程中, 研究者整理了 5 个知识点的专题史, 在数学史教学中向职前教师讲解, 并研究职前教师接受了这些数学史知识以后, 教学知识的变化情况. 这其中存在两个方面的限制: 一方面是受到研究条件的限制, 所获得的数学史素材只能是部分的, 并未能反映知识点发展的全貌; 另一方面是由于研究者数学史素养还不足, 这导致了在史料的选取和归类方面存在偏差, 在对史料的诠释方面也不透彻. 这些都直接导致职前教师对知识点发展的理解, 进而影响教学知识的变化程度.

4) 课堂讨论的不足.

由于在数学史授课过程中遇到节假日少了几节课, 后来又因为要开设全校公开课调整了一下教学内容, 导致计划变动. 而此时, 为了让准备的内容能在课堂中讲完, 研究者压缩了课堂讨论时间. 从对职前教师的访谈情况来看, 布置任务让学生收集数学史料或者完成融入数学史的教学设计, 并在课堂中相互展示和讨论对职前教师教学知识的影响是比较大的, 而且结合教学案例的课堂讨论普遍都比较热门, 因此由于时间的限制, 在本研究过程中压缩了课堂讨论的时间是不明智的.

7.4 研究展望

教师教学知识对教师的教学是十分重要的, 如何通过职前教师教育提升教师的教学知识是师范教育的工作重点, 因此深入研究师范教育课程与职前教师教学知识影响的联系是很有必要的；本研究为如何从教师教学视角设置教师教育专业课程的研究范式作了尝试．此外，为了更好地发挥数学史在数学教育中的价值，对师范教育中数学史课程与职前教师发展的联系进行研究也是十分重要的．而要做好这些方面的研究，可以在以下三个方面做一些突破．

1) 设计更为科学的教学知识测试量表．

通过以上分析可以得知，要做到这点是比较困难的，但却是十分重要的，研究者除了对教学知识有很深入的了解以外，还要借助团队的力量，有严格的研究方法，让量表的产生尽量体现教学知识的本质．

2) 突出个案研究的重要性．

个案研究虽然具有特殊性，其研究结果难以推广，但是对于知识这种复杂性的问题，采用个案研究往往更能反映出知识变化的本质特征，并更容易判断导致知识变化的原因．在本研究中虽然也采取了个案研究，但是研究者在研究过程中发现人数还是太多，由于精力限制很难面面俱到，今后的研究中选取 2~3 人进行深入的观察、访谈，更为可行．

3) 开发更多的 HPM 教学案例．

在数学史的学习过程中，职前教师往往十分认同数学史的教育价值，但是对如何获取教学所需要的数学史素材以及该如何将数学史融入教学中是比较迷茫的．为此，研究者在课堂教学中，尽量采用案例的形式向职前教师介绍数学史在教学实践中的应用．但是，研究过程中，研究者发现要收集合适的素材还比较困难，因此在今后的研究中开发更多、更好的 HPM 教学案例，对 HPM 的进一步发展具有重要的作用．

参考文献

包吉日木图. 2007. 中学数学教学中融入数学史的调查研究. 内蒙古师范大学硕士学位论文.
卞新荣. 2011. 多元文化下的勾股定理——数学文化研究性学习教学案例. 数学通报, 50(12): 9-14.
卜以楼. 2011. 也谈"有理数乘法"的教学设计. 中小学数学(初中), (1-2): 81-83.
蔡国忠. 2012. "探索勾股定理"教学设计. 数学学习与研究, (8): 90-91.
蔡文俊. 2009. 高等院校数学史课程设置的历史分析与理性思考. 职业与教育, (14): 115-116.
陈德前. 2010. "勾股定理"(第一课时)教学设计. 中国数学教育, (z2): 52-56.
陈光敏. 2011. 解一元二次方程应注意的问题. 中国科教创新导刊, (33): 60.
陈国泰. 2000. 析论教师的实际知识. 教育资料与研究(台湾), 34: 57-64.
陈国鑫. 2012. 基于问题的视角分析教材——以北师大版"有理数的乘法"为例. 数学教学研究, 31(8): 63-65.
陈洪鹏. 2011. 勾股定理研究. 辽宁师范大学硕士学位论文.
陈康金, 顾明华, 傅岳新. 2013. 谈有理数乘法创设情境中的"世界性难题". 数学之友, (16): 43-44.
陈亭玮. 2011. 资深高中数学教师教学知识与教学构思的个案研究. 台湾师范大学硕士学位论文.
陈向明. 2000. 质的研究方法与社会科学研究. 北京: 教育科学出版社.
陈向明. 2003. 实践性知识: 教师专业发展的知识基础. 北京大学教育评论, 1(1): 104-112.
陈向明. 2009. 对教师实践性知识构成要素的探讨. 教育研究, (10): 66-73.
陈月兰, 杨秀娟. 2008. 初中生对无理数概念的理解. 上海中学数学, (6): 11-13.
陈志梅. 2011. 我看一堂课的引入——以浙教版《有理数的乘法(1)》为例. 新课程(教研版), (4): 68.
戴根元. 2012. 学好相似三角形性质的四条建议. 中学生数学, (24): 4-5.
邓凯. 2009. 勾股定理解题出错探源. 八年级数学, (10): 16-18.
董涛. 2008. 课堂教学中的 PCK. 华东师范大学博士学位论文.
董涛, 董桂玉. 2006. 数学教师教学知识发展途径调查分析. 当代教育科学, (11): 36-37.
杜瑞芝, 刘琳. 2004. 中国、印度和阿拉伯国家应用负数的历史的比较. 辽宁师范大学学报(自然科学版), 27(3): 274-278.
范宏业. 2005. 一元二次方程的六种几何解法. 数学教学, (10): 25-28.
范宏业. 2006. 基于图式理论的一元二次方程应用题教学研究. 华东师范大学硕士学位论文.
范良火. 2003. 教师教学知识发展研究. 上海: 华东师范大学出版社.
范良火. 2005a. 数学(七年级下册). 2版. 杭州: 浙江教育出版社.
范良火. 2005b. 数学(八年级下册). 杭州: 浙江教育出版社.

范良火. 2006a. 数学(七年级上册). 2版. 杭州:浙江教育出版社.
范良火. 2006b. 数学(八年级上册). 2版. 杭州:浙江教育出版社.
范良火. 2006c. 数学(九年级上册). 杭州:浙江教育出版社.
范良火. 2006d. 数学(九年级下册). 杭州:浙江教育出版社.
房思娟,张晓莹,左效平. 2010. 例析勾股考点新题型. 中学数学杂志,(2):61-63.
冯璟. 2010. 职前和在职数学教师对无理数概念的理解. 华东师范大学硕士学位论文.
冯璟,陈月兰. 2010. 无理数的认识——对64名职前数学教师的调查研究. 中学数学月刊,(2):
    6-8.
冯茜,曲铁华. 2006. 从PCK到PCKg:教师专业发展的新转向. 外国教育研究,33(12):58-63.
傅海伦,贾如鹏. 2005. 试析我国高校数学史教育发展及研究现状. 高等理科教育,(4):9-11.
高珊. 2008. 北京市小学教师数学学科知识的调查与分析. 首都师范大学硕士学位论文.
巩子坤. 2006. 有理数运算的理解水平及其教与学的策略研究. 西南大学博士学位论文.
巩子坤. 2009. 调查与理论分析:"负负得正"何以不易理解. 数学教学,(8):7-11.
巩子坤. 2010. "负负得正"何以能被接受. 数学教学,(3):3-7.
巩子坤. 2011. 课程目标:理解的视角——以有理数乘法运算为例. 教育研究,(7):88-94.
龚玲梅,黄兴丰,汤炳兴,等. 2011. 职前数学教师学科知识的调查研究——以函数为例. 常熟理
    工学院学报(教育科学),(12):96-99.
顾泠沅. 2003. 教学改革的行动与诠释. 北京:人民教育出版社.
郭朝红. 2001. 高师课程设置:前人研究了什么. 高等师范教育研究,5(3):9-46.
郭良菁. 1996. 高等师范教育中的课程教育问题探讨. 华东师范大学学报(教育科学版),(3):
    57-63.
郭迷斋. 2008. 学习相似三角形的认知实验研究. 首都师范大学硕士学位论文.
郭玉霞. 1996. 教师的务实知识. 高雄:高雄符文图书出版社.
韩春见. 2009. 利用勾股定理及其逆定理解题的常见错误. 初中生,(14):16-18.
韩继伟,黄毅英,马云鹏,等. 2011. 初中教师的教师知识研究:基于东北省会城市数学教师的调
    查. 教育研究,(4):91-95.
韩继伟,林智中,黄毅英,等. 2008. 西方国家教师知识研究的演变与启示. 教育研究,(1):
    88-92.
何本南. 2009. 无理数在教与学中的误区及其对策. 中小学数学(初中版),(6):11-12.
洪万生. 2005. PCK vs HPM:以两位高中数学教师为例. 数学教育会议文集,香港教育学院数
    学系.
侯怀有,陈士芬. 2010. 勾股定理别名的来历. 数学大世界(初中版),(z1).
侯怀有,徐爱功. 2010. 走出认识无理数的误区. 语数外学习:八年级,(10):24.
皇甫华,汪晓勤. 2007. 一元二次方程:从历史到课堂. 湖南教育(数学教师),(12):42-44.
黄细把. 2012. 盘点中考中的勾股定理. 中学生数理化,(3):28-29.
黄兴丰. 2009. 介绍Ball研究小组"数学教学需要的学科知识"之研究. 台湾数学教师期刊,
    (18):32-49.
黄兴丰,龚玲梅,汤炳兴. 2010. 职前后中学数学教师学科知识的比较研究. 数学教育学报,

19(6):46-49.

黄燕苹.2009.用折纸探索勾股定理的古典证法.第三届数学史与数学教育国际研讨会论文集: 292-297.

黄毅英,许世红.2009.数学教学内容知识——结构特征与研发举例.数学教育学报,18(1):5-3.

黄友初.2013.HPM 在教育中的实然困境与应然向度.教师教育研究,25(5):55,81-85.

黄友初.2014a.欧美数学素养教育研究.比较教育研究,36(6):47-52.

黄友初.2014b.数学文化教育性的诠释和教学性的缺失.中学数学教学参考,2014,7(上旬): 56-58.

黄友初,朱雁.2013.HPM 研究现状与趋势分析.全球教育展望,42(2):116-123.

黄云鹏.2011.数学史与高等数学教学相融合建构学科教学知识.西安工程大学学报,25(3): 443-446.

黄云鹏.2012.数学师范生 PCK 建构与数学史、高等数学教学的融合关系的思考.陕西教育(高教),(9):93-95.

贾冠军.2001.论高师数学教育专业《数学史》课程教材的建设.菏泽师专学报,23(4):51-52.

贾馥茗,杨深坑.1988.教育研究方法的探讨与应用.台北:师大书苑公司.

姜福东.2012.一元二次方程常见错误分析.初中生必读,(3):27-30.

教育部.2003.普通高中数学课程标准(实验).北京:人民教育出版社.

蒋玉珉.2005.现代教师教育制度内涵的若干思考.中国高教研究,(5):14-15.

景敏.2006.中学数学教师教学内容知识发展策略研究.华东师范大学博士学位论文.

孔德.1996.论实证精神.黄建华,译.北京:商务印书馆.

孔凡哲,李寒月,芦淑坤.2006.理解无理数.中学生数理化(初中版),(9):4-5.

孔莹.2013.创设问题情境,教好勾股定理.黑河教育,(6):45.

李伯春.2000.一份关于数学史知识的调查.数学通报,39(3):39-40.

李长吉,沈晓燕.2011.教师知识研究的进展和趋势.当代教师教育,4(3):1-6.

李道路,孙朝仁.2004."有理数的乘法"教学实录及评析.中学数学杂志(初中),(6):15-19.

李广平,杨兴军.2005.教师知识研究的兴起背景分析.中小学教师培训,(9):13-15.

李国强.2010.高中数学教师数学史素养及其提升实验研究.西南大学博士学位论文.

李红婷.2005.课改新视域:数学史走进新课程.课程.教材.教法,(9):51-54.

李继闵.1989.刘徽关于无理数的论述.西北大学学报,19(1):1-4.

李庆辉.2009.《勾股定理》教学设计比较研究.中国信息技术教育,(17):44-46,55.

李渺,宁连华.2011.数学教学内容知识(MPCK)的构成成分表现形式及其意义.数学教育学报,20(2):10-14.

李渺,万新才,杨田.2011.初中农村教师数学知识状况及来源的调查研究——以勾股定理为例.数学教育学报,20(5):47-51.

李渺,喻平,唐剑岚,等.2007.中小学数学教师知识调查研究.数学教育学报,16(4):31-34.

李琼.2009.教师专业发展的知识基础——教学专长研究.北京:北京师范大学出版社.

李琼,倪玉菁.2006.教师知识研究的国际动向:以数学学科为例.外国中小学教育,(9):6-12.

李琼,倪玉菁,萧宁波.2005.小学数学教师的学科知识:专家与非专家教师的对比分析.教育学报,1(6):57-64.

李琼,倪玉菁,萧宁波.2006.小学数学教师的学科教学知识:表现特点及其关系的研究.教育学报,2(4):58-64.

李群英.2005.高中数学教师和高一新生数学史素养调查与分析.http://www.guangztr.edu.cn/a/kcyj/kgdt/gzjy/2011/0610/248.html.2012-06-11.

李金富,丁云洪.2013.中美数学教材设计的一项比较研究——以"勾股定理及其逆定理"为例.西南师范大学学报(自然科学版),38(6):174-178.

李俊平.2013.《勾股定理》教学案例分析.教学实践与研究(B),(8):53-56.

李伟,郭亚丹.2010.基于高中数学新课程的高师数学史课程的教学改革探索.六盘水师范高等专科学校学报,22(6):70-71,77.

李文玲,张厚粲,舒华.2008.教育与心理定理研究方法与统计分析.北京:北京师范大学出版社.

李亚平,黄荣金.2009.从国际比较研究的视角来看中国职前数学教师教育.浙江教育学院学报,(1):37-44.

李永新.2004.高师数学史课程教学的目的与要求.平顶山师专学报,19(5):88-90.

李祖选.2009.《有理数的乘法》教学案例分析.教育教学论坛,(2):102-104.

廖冬发.2010.数学教师学科教学知识结构缺陷与完善途径的研究.西南大学硕士学位论文.

廖哲勋.2001.论高师院校本科课程体系的改革.课程教材教法,(1):56-59.

林晓明.2013.初中数学"有理数与无理数"教学案例.数理化学习,(2):91.

林碧珍,谢丰瑞.2011.TEDS—M2008:台湾小学数学职前教师培育研究.台湾新竹教育大学数理教育研究所.

林一钢.2009.中国大陆学生教师实习期间教师知识发展的个案研究.上海:学林出版社.

刘柏宏.2007.探究历史导向微积分课程与发展学生数学观点之关系.科学教育学刊,15(6):703-723.

刘超.2006.勾股定理最早证明新考.韶关学院学报(社会科学版),27(10):1-4.

刘超.2009.负数的历史及其启示.中学生数学,(20):24-25.

柳笛.2011.高中数学教师学科教学知识的案例研究.华东师范大学博士学位论文.

刘继征.2009.例析相似三角形的性质应用.数学大世界,(7-8):34-35.

刘丽娟.2011.《相似三角形的性质(1)》教学设计与反思.新课程(教研),(12):79-81.

刘旻,齐晓东.2006.东西方对负数认知的历史比较.西安电子科技大学学报(社会科学版),16(4):55-56.

刘清华.2004.教师知识的模型建构研究.西南师范大学博士学位论文.

刘伟.2009.历史的光辉——探索勾股定理.数学教学通讯(教师版),(9):31-34.

刘现伟.2009.与勾股定理有关的古题.中学生数理化(八年级),(z2):55-57.

刘玉.2012.用中考的眼光审视相似三角形的教学.黑龙江教育(中学),(5):42-44.

刘延东.2009.国家发展希望在教育,办好教育希望在教师.人民教育,(19):2-5.

刘圆圆.2010.相似三角形的性质(1)学案.中小学数学(初中),(4):15-16.

刘喆,高凌飚.2011.西方数学教育中数学素养概念之辨析.中国教育学刊,(7):40-43,51.

龙宝新. 2009. 对当前我国教师教育中存在的"钟摆"倾向的反省. 教师教育研究, 21(1): 1-5.
卢德华. 2011. 对《用配方法解一元二次方程》教案的质疑. 中小学数学(中学版), (5): 45-46.
卢钰松, 林远华. 2012. 参与式教学法在"数学史"课程教学中的探究与实践. 科技信息, (5): 3, 6.
卢秀琼, 张光荣, 傅之平. 2007. 农村小学数学教师知识发展现状与对策研究. 课程教材教法, 27(9): 60-64.
陆晓霞. 2011. 初中数学《相似三角形的性质及应用》的教学案例分析. 数学学习与研究, (22): 77.
陆昱任. 2004. 论数学素养之意涵及小学阶段评量工具之开发. 台湾师范大学硕士学位论文.
罗红英. 2013. 地方高师院校数学史教学中存在的问题与对策. 曲靖师范学院, 32(6): 87-89.
罗增儒. 2000. "有理数的乘法"的课例与简评. 中学数学教学参考, (1-2): 21-26.
马云鹏, 赵冬臣, 韩继伟. 2010. 教师专业知识的测查与分析. 教育研究, (12): 70-76, 111.
蒙显球. 2013. 无理数经典案例, 精彩课堂教学. 数学教学研究, (6): 15-17.
尼克·温鲁普, 简·范德瑞尔, 鲍琳·梅尔. 2008. 教师知识和教学的知识基础. 北京大学教育评论, 6(1): 21-38.
欧桂瑜. 2012. 基于教科书视角的"导入"比较研究——以北师大版与人教版的有理数乘法为例. 数学教学研究, 31(10): 50-52.
潘亦宁. 2008. 无理数发展简史. 中学数学杂志, (4): 64-66.
庞雅丽. 2011. 职前数学教师的MKT现状及其发展研究. 华东师范大学博士学位论文.
庞雅丽, 李士锜. 2009. 初三学生关于无理数的信念的调查研究. 数学教育学报, 18(4): 38-41.
庞雅丽, 徐章韬. 2010. 基于数学史的无理数概念的教学设计. 湖南教育(下), (2): 40-43.
彭翕成, 张景中. 2011. 地板砖引发的勾股定理万能证明. 中学数学, (6): 56-58.
彭玉瑞, 邢勇. 2006. 走出无理数概念上的十个误区. 初中数学教与学, (4): 35.
皮亚杰, 加西亚. 2005. 心理发生和科学史. 姜志辉, 译. 上海: 华东师范大学出版社.
蒲淑萍. 2013. HPM与数学教师专业发展: 以一个数学教育工作室为例. 华东师范大学博士学位论文.
齐黎明, 刘芸. 2011. "勾股定理"的教学设计与反思. 中学数学(初中版), (4): 7-9.
钱旭升, 童莉. 2009. 数学知识向数学教学知识转化的个案研究——基于新手与专家型教师的差异比较. 长春理工大学学报(高教版), 4(3): 155-157.
邱承雍. 2010. 关于无理数几个说法的剖析. 中学生数学, (10): 6.
邱华英, 汪晓勤. 2005. 一元二次方程的几何解法. 中学数学杂志(初中版), (3): 58-60.
曲欣欣. 2011. PCK理论对我国高师英语教育类课程改革的启示. 华东师范大学硕士学位论文.
是伯元, 王仕永. 1990. 师专数学史课程的教学实践与认识. 郧阳师专学报《自然科学版》, (1): 101-104.
宋辉. 2008. 浅析有理数乘除法常见错误. 初中生辅导, (25): 29-31.
宋毓彬, 谭亚洲. 2010. 相似三角形易出现的几种典型错误. 中学生数学, (14): 5-6.
苏意雯. 2004. 数学教师专业发展的一个面向: 数学史融入数学教师之实作研究. 台湾师范大学

博士学位论文.

孙颉刚,黄兴丰.2011.数学系师范生函数教学知识的调查研究.常熟理工学院学报(教育科学),(12):96-99.

汤炳兴,黄兴丰,龚玲梅,等.2009.高中数学教师学科知识的调查研究——以函数为例.数学教育学报,18(5):46-50.

唐恒钧.2004.多元文化中的无理数.中学数学杂志,(8):63-64.

唐耀庭.2010.例析勾股定理的实际应用.数学大世界(初中版),(z2):60-62.

唐一鹏,胡咏梅.2013.我国义务教育阶段教师工资制度框架设计.教师教育研究,25(4):20-25.

陶福志.2010.相似三角形性质(2)教学案例.新课程学习,(12):168-169.

佟巍,汪晓勤.2005.负数的历史与"负负得正"的引入.中学数学教学参考,(1-2):126-128.

童莉.2008.初中数学教师数学教学知识的发展研究——基于数学知识向数学教学知识的转化.西南大学博士学位论文.

王宝宗.2012.初中相似三角形情境命题与小问题设置.数学学习与研究,(4):34.

王重鸣.2001.心理学研究方法.北京:人民教育出版社.

王建军,黄显华.2001.教育改革的桥梁:大学与学校伙伴合作的理论与实践.香港:香港教育研究所.

王进敬.2011.数学史融入初中数学教学的行动研究.华东师范大学硕士学位论文.

王进敬,汪晓勤.2011.运用数学史的"相似三角形应用"教学.数学教学,(8):22-25,32.

王静.2013.数学的现实情境一定有效吗——关于《有理数乘法》的教学反思.文理导航,(2):24.

王立军.2011.学习一元二次方程应注意的几个问题.新课程(中学),(2):105-106.

王林全.2005.现代数学教育研究概论.广州:广东高等教育出版社.

王南林.2006.有理数的乘法法则——几种课标教科书的比较研究.中学数学教学,(1):9-10.

王胜彬.2010.利用勾股定理解题的常见错误.初中生,(18):30-31.

王少非.2000.案例法的历史及其对教学案例开发的启示.教育发展研究,(10):42-45.

王西辞,王耀杨.2009.勾股定理及其相关历史发展:为了数学教育目的的考察.第三届数学史与数学教育国际研讨会论文集,85-93.

王秀芳.2011.教师知识的现状、问题及对策研究.西北师范大学硕士学位论文.

王艳玲.2007.近20年来教师知识研究的回顾与反思.全球教育展望,36(2):39-43.

王玉琴.2011."有理数的乘法"教学设计.新课程学习,(10):40-41.

汪恩.2013.MPCK视角下的"勾股定理".中学数学(初中版),(14):60-63.

汪二梅.2011.相似三角形教学中的错题研究.数学学习与研究,(22):102,104.

汪晓勤.2006.HPM视角下一元二次方程概念的教学设计.中学数学教学参考,(12):50-52.

汪晓勤.2007a.HPM视角下一元二次方程解法的教学设计.中学数学教学参考,(1-2):114-116.

汪晓勤.2007b.相似三角形:从历史到课堂.中学数学教学参考(初中版),(9):54-55.

汪晓勤.2012.HPM的若干研究与展望.中学数学月刊,(2):1-3.

汪晓勤.2013a.HPM与初中数学教师的专业发展:一个上海的案例.数学教育学报,22(1):18-22.

汪晓勤. 2013b. 数学史与数学教育研究. 数学教育研究导引(二),(1):403-422.
汪晓勤,方匡雕,王朝和. 2005. 从一次测试看关于学生认知的历史发生原理. 数学教育学报,14(3):30-33.
汪晓勤,张小明. 2006. HPM研究的内容与方法. 数学教育学报,15(1):16-18.
吴大勋. 2012. 一元二次方程误解列举分析. 语数外学习,(6):40.
吴骏. 2013. 基于数学史的统计概念教学研究——以平均数、中位数和众数为例. 华东师范大学博士学位论文.
吴骏,黄刚,熬艳花. 2010. 职前教师数学知识准备状况的调查研究. 曲靖师范学院学报,29(6):90-93.
吴明崇. 2002. 国中数学专家教师教学专业知识内涵个案之研究. 台湾师范大学硕士学位论文.
吴卫东,彭文波,郑丹丹,等. 2005. 小学教师教学知识现状及其影响因素的调查研究. 教师教育研究,17(4):59-64.
吴远梅,邹兴平. 2008. "无理数"的认识误区. 数理天地(初中版),(5):8.
邬云德. 2005. "有理数的乘法法则"探究性学习的教学设计与反思. 中学数学教学,(2):5-7.
吴忠智. 2012. 初中数学《一元二次方程》教学设计与反思. 科技资讯,(23):193.
肖绍菊. 2001. 数学史课程的实践及意义. 黔东南民族师专学报,19(6):50-51.
萧文强. 1992. 数学史和数学教育:个人的经验和看法. 数学传播(台湾),16(3):1-8.
萧文强. 1998. $\sqrt{2}$是无理数的六个证明. 高等数学研究,(9):45-46.
谢红英,刘超. 2013. 中外初中数学教材中"负负得正"内容的比较研究. 中学数学(初中版),(4):68-70.
熊志新,陈纯明. 2007. 中考中的勾股定理. 中学生数理化(初中版)(中考版),(7-8):50-51,54.
徐碧美. 2003. 追求卓越——教师专业发展案例研究. 北京:人民教育出版社.
许淑清. 2003. 融入数学史教学对国二学生数学学习成效影响之研究——以"商高定理"单元为例. 高雄师范大学硕士学位论文.
徐晓芳. 2010. 对"贱"行数学文化的思考. 中小学数学(高中),(1-2):34-36.
徐章韬. 2009. 师范生面向教学的数学知识之研究——基于数学发生发展的视角. 华东师范大学博士学位论文.
阎光才. 2005. 教育过程中知识的公共性与教育实践——兼批激进建构主义的教育观和课程观. 北京大学教育评论,3(2):52-58.
严虹. 2011a. 面向中学的高师《数学史》课程案例研究——以"中学导数概念引入"专题为例. 数学教学研究,30(8):61-64.
严虹. 2011b. 面向中学的高师《数学史》课程案例研究——以"概率论的起源"专题为例. 数学学习与研究,(13):47-48.
严虹,项昭. 2010. 高师院校《数学史》课程设置状况的调查与分析. 考试周刊,(45):57-59.
严虹,项昭. 2012. 面向中学的高师《数学史》课程案例研究——以"三等分角问题"专题为例. 数学教学研究,31(12):54-58,65.
严虹,项昭,吕传汉. 2012. 面向中学的高师数学史课程的探索与实践. 数学教育学报,21(6):74-76.

严振君.2010.高师数学师范生对数系知识的理解研究.苏州大学硕士学位论文.
杨翠蓉,胡谊,吴庆麟.2005.教师知识的研究综述.心理科学,28(5):1167-1169.
杨鸿.2010.教师教学知识的统整研究.西南大学博士学位论文.
杨小丽.2011.勾股定理的PCK内涵解析.数学通报,50(3):40-43,59.
杨小微.2002.教育研究的原理与方法.上海:华东师范大学出版社.
杨秀娟.2007.初中生对无理数概念的理解.华东师范大学硕士学位论文.
姚瑾.2013.初中生对一元二次方程的理解.华东师范大学硕士学位论文.
叶澜.2001.教师角色与教师发展新探.北京:教育科学出版社.
殷丽霞.2001.师专数学教育专业开设《数学史》课程必要性研究.池州师专学报,15(3):51-53.
俞宏毓.2010.高等院校数学史教学改革初探.绍兴文理学院学报,30(7):91-94.
于志洪,吕同林.2013.应用勾股定理时常见错误剖析.数学大世界(初中版),(z1):31-32.
于志洪,张春林.2008.相似三角形常见错解剖析.数理化学习(初中版),(1):17-20.
曾名秀.2011.资深高中数学教师教学相关知识的个案研究.台湾师范大学硕士学位论文.
曾小平,石冶郝.2012.负数的本质与有理数乘法法则——从数学的角度解析"负负得正".教学月刊(中学版),(1):9-11.
查志刚.2012.中外名人与"负负得正".中学数学杂志,(12):61-63.
张红,孙立坤,李昌勇.2010.高观点下的初等数学与数学教师MPCK的优化案例剖析.数学通报,48(7):22-24,40.
张红霞.2009.教育科学研究方法.北京:教育科学出版社.
章勤琼.2012.国家课程改革背景下中澳数学教师专业行动能力比较研究.西南大学博士学位论文.
张建双,徐聪.2012.数学史教学中东西方负数发展的比较.通化师范学院学报,33(6):55-56.
张维忠,汪晓勤.2006.文化传统与数学教育现代化.北京:北京大学出版社.
张怡.2011.同课异构本是双生花——"有理数的乘法"课例构思实录.数学学习与研究,(2):81.
张宇.2013.初中数学一元二次方程教学案例研究.海南师范大学硕士学位论文.
张元龙.2011.对教师教育有关概念的认识.教师教育研究,23(1):6,7-11.
张志前.2011.解一元二次方程的错误例析.初中生,(z6):65-67.
周成旻.2011.一元二次方程教后反思.考试周刊,(84):81.
周红林.2011.地方院校数学史课程的教学实践与思考.咸宁学院学报,31(6):49-52.
周红艳.2009.关于勾股定理与毕达哥拉斯定理发现的比较研究.华中科技大学硕士学位论文.
周增钦,易倩善,何小亚.2007.负数历史简述.中学生数学,(2):17-18.
周正.2012.初中数学教师PCK的课堂案例研究——以七年级数学为例.上海师范大学硕士学位论文.
郑金洲.2002.案例教学:教师专业发展的新途径.教育理论与实践,(7):43-59.
钟启泉.2001.教师"专业化":理念、制度、课题.教育研究,(12):12-16.
钟启泉.2004."实践性知识"问答录.全球教育展望,33(4):3-6.
朱卿.2008.一元二次方程的教学设计.中小学数学(初中版),(4):13-16.

朱晓民. 2010. 语文教师教学知识发展研究. 北京:教育科学出版社.

朱学志. 1984. 关于在高等师范院校开设"数学史、数学方法论"课的几点看法. 数学通报,(3):20-23,29.

朱哲. 2006. 数学史中勾股定理的证明. 数学教学,(3):43-46.

朱哲. 2008. 数学教科书中"勾股定理"编写存在的问题——以人教社版、华师大版和北师大版教科书为例. 中学数学杂志,(6):4-6.

朱哲. 2010. 数学教科书中勾股定理单元的编写与教学实验研究. 西南大学博士学位论文.

朱哲,张维忠. 2011. 中日新数学教科书中的"勾股定理". 数学教育学报,20(1):84-87.

邹施凯. 2013. 授人以鱼不如授人以渔——《有理数的乘法》的教学设计. 中学数学(初中版),(7):76-79.

左效平. 2013. 2012年勾股定理中考题选粹. 中学生数理化,(3):24-26.

Alpaslan M, Ubuz B. 2012. Pre-service Mathematics Teachers' Conceptions Regarding Elementary Students' Difficulties in Fractions. 12th International Congress on Mathematical Education:4757-4765.

An S, Kulm G, Wu Z. 2004. The Pedagogical Content Knowledge of Middle School Mathematics Teachers in China and the US. Journal of Mathematics Teacher Education,7:145-172.

Arcavi A, Bruckheimer B, Ben-Zvi R. 1982. Maybe a mathematics teacher can profit from the study of the history of mathematics. For the Learning of Mathematics,3(1):30-37.

Arcavi A, Isoda M. 2007. Learning to listen: From historical sources to classroom practice. Educational Studies in Mathematics,66(2):111-129.

Armento B J. 1977. Teacher Behaviors Related to Student Achievement on a Social Science Concept Test. Journal of Teacher Education,28(2):46-52.

Aubrey C. 1996. An investigation of teachers' mathematical subject knowledge and the processes of instruction in reception classes. British Educational Research Journal,22(2):181-197.

Australian Association of Mathematics Teachers. 1997. Numeracy = Everyone's Business. The Report of the Numeracy Strategy Development Conference, Perth, April, Australian Association of Mathematics Teachers, Adelaide.

Bagni G T, Furinghetti F, Spagnolo F. 2004. History and epistemology in mathematics education// Cannizzaro L, Pesci A, Robutti O, ed. Research and Teacher Training in Mathematics Education in Italy: 2000-2003. Milano: Ghisetti & Corvi:207-221.

Bain J D, Mills C, Ballantyne R, et al. 2002. Developing refection on practice through journal writing: impacts of variations in the focus and level of feedback. Teachers and Teaching: Theory and Practice, 8(2):171-196.

Ball D L. 1988. Knowledge and Reasoning in Mathematical Pedagogy: Examining what prospective teachers bring to teacher education. Unpublished doctoral dissertation, Michigan State University, Michigan.

Ball D L. 1989. Teaching mathematics for understanding: What do teachers need to know about the subject matter// National Center for Research on Teacher Education, ed. COMPETING

VISIONS of TEACHER KNOWLEDGE: PROCEEDINGS FROM an NCRTE SEMINAR for EDUCATION POLICYMAKERS MI: National Center for Research on Teacher Education: 79-99.

Ball D L. 1990a. Prospective elementary and secondary teachers' understanding of division. Journal for Research in Mathematics Education, 21(2): 132-144.

Ball D L. 1990b. The mathematical understandings that prospective teachers bring to teacher education. Elementary School Journal, 90(4): 449-466.

Ball D L. 1991. Research on teaching mathematics: Making subject matter knowledge part of the equation // Brophy J ed. Advances in Research on Teaching: Vol. 2 Teachers' Subject Matter Knowledge and Classroom Instruction. Greenwich: JAI Press: 1-48.

Ball D L. 1993. Halves, pieces, and twoths: Construction and using representational contexts in teaching fractions // Carpenter T P, Fennema E, Ronberg T A, ed. Rational Number: An Integration of Research. Hillsdale, NJ: Lawrence Erlbaum.

Ball D L. 1997. What do students know? Facing challenges of distance, context, and desire in trying to hear children // Biddle B J, et al, ed. International Handbook of Teachers and Teaching. Netherlands: Kluwer Academic Publishers: 769-818.

Ball D L. 1999. Crossing boundaries to examine the mathematics entailed in elementary teaching// Lam T, ed. Contemporary Mathematics. RI: American Mathematical Society: 15-36.

Ball D L. 2000a. Bridging practices: Interweaving content and pedagogy in teaching and learning to teach. Journal of Teacher Education, 51(3): 241-247.

Ball D L. 2000b. Working on the inside: Using one's own practice as a site for studying teaching and learning// Kelly A, Lesh R, ed. Handbook of Research Design in Mathematics and Science Education. NJ: Lawrence Erlbaum Associates: 365-402.

Ball D L. 2002. Knowing mathematics for teaching: Relations between research and practice. Mathematics and Education Reform Newsletter, 14(3): 1-5.

Ball D L. 2005. Who knows mathematics well enough to teach third grade? First Annual Richard Andrews Lecture, University of Missouri, College of Education, Columbia, MO, March 9.

Ball D L. 2005. Who knows mathematics well enough to teach third grade? First Annual Richard Andrews Lecture, University of Missouri, College of Education, Columbia, MO, March 9.

Ball D L. 2006. Who knows math well enough to teach third grade-and how can we decide? Presentation to the Wolverine Caucus, Lansing, MI, March 15.

Ball D L. 2010. Knowing mathematics well enough to teach it: From teachers' knowledge to knowledge for teaching. Presented at the Institute for Social Research Colloquium, Ann Arbor, MI.

Ball D L, Bass H. 2000. Interweaving content and pedagogy in teaching and learning to teaching: Knowing and using mathematics//Boaler J, ed. Multiple perspectives on the teaching and learning of mathematics, Westport, CT: Ablex: 83-104.

Ball D L, Bass H. 2003. Toward a practice-based theory of mathematical knowledge for teaching// Davis B, Simmt E, ed. Proceedings of the 2002 Annual Meeting of the Canadian Mathematics Education Study Group. Edmonton, AB: CMESG/GCEDM:3-14.

Ball D L, Bass H. 2009. With an eye on the mathematical horizon: Knowing mathematics for teaching to learners' mathematical future. Paper presented on a keynote address atthe 43rd Jahrestagung für Didaktik der Mathematik held in Oldenburg, Germany, March 1-4.

Ball D L, Bass H, Delaney S, et al. 2005. Conceptualizing mathematical knowledge for teaching. Presentation made at the annual meeting of the American Educational Research Association, Montréal, Quebec, April 14.

Ball D L, Bass H, Hill H C, et al. 2006. What is special about knowing mathematics for teaching and how can it be developed? Presentation at the Teachers' Program and Policy Council, American Federation of Teachers, Washington, D. C.

Ball D L, Cohen D K. 1999. Developing practice, developing practitioners: Toward a practice-based theory of professional education// Sykes G, Darling-Hammond L, ed. Teaching as the learning profession: Handbook of policy and practice. San Francisco: Jossey Bass:3-32.

Ball D L, Hill H C, Bass H. 2005. Knowing Mathematics for Teaching—Who knows mathematics well enough to teach third grade, and how can we decide? American Educator, 29(1):14-17, 20-22, 43-46.

Ball D L, Rowan B. 2004. Introduction: Measuring instruction. The Elementary School Journal, 105(1):3-10.

Ball D L, Sleep L, Boerst T, et al. 2009. Combining the development of practice and the practice of development in teacher education. Elementary School Journal, 109, 458-476.

Ball D L, Lubienski S, Mewborn D. 2001. Research on teaching mathematics: The unsolved problem of teachers' mathematical knowledge // Richardson V, ed. Handbook of Research on Teaching . 4th ed. New York: Macmillan;433-456.

Ball D L, Thames M H, Phelps G. 2008. Content knowledge for teaching: What makes it special? Journal of Teacher Education, 59 (5): 389-407.

Ball D L, Wilson S W. 1996. Integrity in teaching: Recognizing the fusion of the moral and the intellectual. American Educational Research Journal, 33(1):155-192.

Barbin E. 2000. Integrating history: research perspectives // Fauvel J, van Maanen J, ed. HISTORY in Mathematics Education: The icmi Study. Dordrecht: Kluwer Academic Publishers: 63-90.

Baturo A, Nason R. 1996. Student teachers' subject knowledge within the domain of area measurement. Educational Studies in Mathematics, 31:235-268.

Begle E G. 1972. Teacher knowledge and student achievement in Algebra. SMSG Reports, No. 9 Stanford: School Mathematics Study Group.

Begle E G. 1979. Critical variables in mathematics education: Findings from a survey of the empirical literature. Washington, DC: Mathematical Association of America and National Council of Teachers of Mathematics.

Boshuizen H P A, Schmidt H G, Custers E J F M, et al. 1995. Knowledge development and restructuring in the domain of medicine: the role of theory and practice. Learning and Instruction, 1995 (5): 269-289.

Bromme R. 1994. Beyond subject matter: A psychological topology of teachers' professional knowledge//Biehler R, Scholz R, Strasser R, et al, ed. Didactics of Mathematics as a Scientific Discipline. The Netherlands: Kluwer Academic: 73-88.

Bromme R, Tillema H. 1995. Fusing experience and theory: the structure of professional knowledge. Learning and Instruction, 5: 261-267.

Brown J S, Collins A, Duguid P. 1989. Situated cognition and the culture of learning. Education Research, 18(1): 32-42.

Brown S, McIntyre D. 1993. Making Sense of Teaching. Buckingham: Open University Press.

Carter K. 1990. Teachers' Knowledge and Learning to Teach // Houston W R, ed. Handbook of Research on Teacher Education. New York: MacMillan: 291-310.

Carter K, Sabers D, Cushing K, et al. 1987. Processing and using information about students: A study of expert, novice and postulant teachers. Teaching and Teacher Education, 3: 147-157.

Calderhead J. 1988. The Development of Knowledge Structures in Learning to Teach // Calderhead J, ed. Teachers' Professional Learning. Philadelphia: The Falmer Press: 51-64.

Calderhead J, Miller E. 1986. The Integration of Subject Matter Knowledge in Student Teachers' Classroom Practice. CA: Reed's Limited.

Calderhead J, Shorrock S B. 1997. Understanding Teacher Education. Washington: The Falmer Press.

Cannon T. 2008. Student teacher knowledge and its impact on task design. Unpublished master's thesis. Brigham Young University, Provo, Utah.

Carter K. 1990. Teachers' Knowledge and Learning to Teach // Houston W R, Harberman M, Sikula J, ed. Handbook of Research on Teacher Education. New York: Macmillan Publishing Company.

Charalambous Y C. 2008. Preservice Teachers' Mathematical Knowledge for Teaching and Their Performance in Selected Teaching Practices: Exploring a complex relationship. Unpublished doctoral dissertation, State University of Michigan, East Lansing, MI.

Charalambos Y C, Panaoura A, Philippou G. 2009. Using the history of mathematics to induce changes in preservice teachers' beliefs and attitudes: insights from evaluating a teacher education program. Educational Studies in Mathematics, 71: 161-180.

Clabaugh G K, Rozycki E G. 1996. Foundations of education and the devaluation of teacher preparation // Murray F B, ed. The Teacher Educator's Handbook. San Francisco: Jossey-Bass: 395-418.

Clandinin D J, Connelly F M. 1987. Teachers' personal knowledge: what counts as 'personal' in studies of the personal. Journal of Curriculum Studies, 19(2): 487-500.

Clandinin D J, Connelly F M. 1995. Personal and professional knowledge landscapes: a Matrix of relation // Clandini F M, Connelly D J, ed. Teachers' Professional Knowledge Landscapes. New York: Teachers and College Press:25-35.

Clark K M. 2006. Investigation teachers' experiences with the history of logarithms: a collection of five case studies. Unpublished doctoral dissertation, University of Maryland.

Clark K M. 2012. History of mathematics: illuminating understanding of school mathematics concepts for prospective mathematics teachers. Educational Studies in Mathematics, 81(1): 67-84.

Cochran K F, DeRuiter J A, King R A. 1993. Pedagogical content knowing: An integrative model for teacher preparation. Journal of Teacher Education, 44(4): 263-272.

Cochran-Smith M, Zeichner K M. 2005. Teacher education. The report of the AERA Panel on Research and Teacher Education. Mahwah: Lawrence Erlbaum.

Conelly F M, Clandinin D J. 1985. Personal practical knowledge and the modes of knowing: Relevance for teaching and learning // Eisner E, ed. Learning and Teaching the Ways of Knowing Chicago: University of Chicago Press:174-198.

Cronbach L J, Ambrom S R, Dornbusch S M, et al. 1980. Toward reform of program evaluation. San Francisco: Jossey Bass.

D' Ambrosio U. 1999. Literacy, Materacy and Techonoracy: A New Trivium for Today. Mathematical Thinking and Learning, 1(2):131-153.

Delaney S, Ball D L, Hill H C, et al. 2008. "Mathematical knowledge for teaching": Adapting U. S. measures for use in Ireland. Journal of Mathematics Teacher Education, 11(3): 171-197.

De Lange, J. 2006. Mathematical literacy for living from OECD-PISA Perspective. Tsukuba Journal of Educational Study in Mathematics,25:13-35.

Department of Education and Skills. 2011. Literacy and Numeracy for learning and life: The National Strategy to Improve Literacy and Numeracy among Children and Young People 2011-2020, Department of Education and Skills, Marlborough Street, Dublin 1, Ireland.

Ding Meixia. 2007. Knowing Mathematics for Teaching: a Case Study of Teacher Responses to Students' Errors and Difficulties in Teaching Equivalent Fractions. Unpublished doctoral dissertation, Texas A&M University.

Doyle W. 1977. Paradigms for research on teacher effectiveness // Shulman L S, ed. Review of Research in Education. Washington: American Educational Research Association:163-198.

Doyle W. 1986. Classroom organization and management // Wittrock M C, ed. Handbook of Research on Teaching. New York: Macmillan:392-425.

Driel D H V, Beijaard D, Verloop N. 2001. Professional development and reform in science education: the role of teachers' practical knowledge. Journal of Research in Science Teaching, 38(2):137-158.

Elbaz F. 1981. The teacher's "practical knowledge": Report of a case study. Curriculum Inquiry, 11(1):43-71.

Elbaz F. 1983. Teacher Thinking: A Study of Practical Knowledge. London: Croom Helm.

Elbaz F. 1991. Research on teachers knowledge: The evolution of a discourse. Journal of Curriculum Studies, 23(1):1-19.

Ernest P. 1989. The impact of beliefs on the teaching of mathematics // Ernest P, ed. Mathematics Teaching: The State of the Art. New York: The Falmer Press:249-254.

Even R. 1993. Subject-matter knowledge and pedagogical content knowledge: Prospective secondary teachers and the function concept. Journal for Research in Mathematics Education, 24(2):94-116.

Fauvel J. 1991. Using history in mathematics education. For the Learning of Mathematics, 11(2): 3-6.

Feikes D, Pratt D, Hough S. 2006. Developing knowledge and beliefs for teaching: focusing on children's mathematical thinking // Alatorre S, Cortina J L, Sáiz M, et al, ed. Proceedings of the 28th annual meeting of the North American Chapter of the International Group for the Psychology of Mathematics Education. México:Universidad Pedagógica Nacional:811-813.

Fennema E, Franke L M. 1992. Teachers' knowledge and its impact // Grouws D A, ed. Handbook of Research on Mathematics Teaching and Learning. New York: Macmillan:147- 164.

Fenstermacher G D. 1994. The Knower and the known: the nature of knowledge in research on teaching // Darling-Hammond L, ed. Review of Research in Education. Washington: American Educational Research Association.

Furinghetti F. 2007. Teacher education through the history of mathematics. Educational Studies in Mathematics, 66(2):131-143.

Goodwin D M. 2007. Exploring the relationship between high school teachers' mathematics history knowledge and their images of mathematics. Unpublished doctoral dissertation, University of Massachusetts Lowell.

Grossman P L. 1990. The Making of a Teacher: Teacher Knowledge and Teacher Education. New York: Teachers College Press.

Grossman P L. 1995. Teachers' Knowledge // Anderson L W, ed. International Encyclopedia of Teaching and Teacher Education. 2nd ed. Cambridge: Cambridge University:20-24.

Grossman P L, Schoenfeld A, Lee C. 2005. Teaching subject matter // Darling-Hammond L, Bransford J, ed. Preparing Teachers for a Changing World: What Teachers Should Learn and be able to do. San Francisco:Jossey-Bass:201-231.

Grossman P L, Stodolsky S S. 2000. Changing students, changing teaching. Teachers College Record,102, 123-172.

Gudmundsdottir S, Shulman L S. 1989. Pedagogical knowledge in social studies // Lowyck J, Clark C M, ed. Teacher Thinking and Professional Action Leuven: Leuven University Press: 23-34.

Gulikers I, Blom K. 2001. 'A History Angle', A survey of recent literature on the use and value of history in geometrical education. Education Studies in Mathematics, 47(2):223-258.

Harbison R W, Hanushek E A. 1992. Educational Performance for the Poor: Lessons from Rural Northeast Brazil. Oxford: Oxford University Press.

Harper E. 1987. Ghosts of diophantus. Educational Studies in Mathematics, (18):75-90.

Hashweh M. 1985. An exploratory study of teacher knowledge and teaching: the effects of science teachers' knowledge of their subject matter and their conceptions of learning on their teaching. Unpublished doctoral dissertation, Stanford Graduate School of Education, Stanford, CA.

Hashweh M Z. 2005. Teacher pedagogical constructions: are configuration of pedagogical content knowledge. Teachers and Teaching: theory and practice,11(3):273-292.

Heiede T. 1996. History of mathematics and the teacher// Calinger R, ed. Vita Mathematica, Washington: M. A. A. , 23:1-243.

Hiebert J, Gallimore R, Stigler J w. 2002. A knowledge base for the teaching profession: What would it look like and how can we get one? Educational Researcher, 31(5):3-15.

Hill H C. 2007. Mathematical Knowledge of Middle School Teachers: Implications for the No Child Left Behind Policy Initiative. Educational Evaluation and Policy Analysis,29(2):11-95.

Hill H C. 2010. The nature and predictors of elementary teachers' mathematical knowledge for teaching. Journal for Research in Mathematics Education, 41(5), 513-545.

Hill H C, Ball D L. 2004. Learning mathematics for teaching: Results from California's mathematics professional development institutes. Journal of Research in Mathematics Education, 35(5): 330-351.

Hill H C, Ball D L, Blunk M L, et al. 2007. Validating the Ecological Assumption: The Relationship of Measure Scores to Classroom Teaching and Student Learning. Measurement: Interdisciplinary Research and Perspectives,5(2-3):107-118.

Hill H, Ball D L, Schilling S G. 2008. Unpacking "pedagogical content knowledge": Conceptualizing and measuring teachers' topic-specific knowledge of students. Journal for Research in Mathematics Education, 39(4), 372-400.

Hill H C, Blunk M L, Charalambous C Y, et al. 2008. Mathematical Knowledge for Teaching and the Mathematical Quality of Instruction: An Exploratory Study. Cognition and Instruction, 26: 430-511.

Hill H C, Schilling S G, Ball D L. 2004. Developing measures of teachers' mathematics knowledge for teaching. The Elementary School Journal, 105(1): 11-30.

Hill H C, Rowan B, Ball D L. 2005. Effects of teachers' mathematics knowledge for teaching on student achievement. American Educational Research Journal, 42(2): 371-406.

Holmes Group. 1986. Tomorrow's Teachers. East Lansing:The Holmes Group.

Holmes Group. 1990. Tomorrow's Schools. East Lansing:The Holmes Group.

Holmes Group. 1995. Tomorrow's Schools of Education. East Lansing:The Holmes Group.

Holmes V L. 2012. Depth of Teachers' Knowledge: Frameworks for Teachers' Knowledge of Mathematics. Journal of STEM Education, 13(1):55-71.

Horng W S. 2004. Teacher's professional development in term of the HPM: A story of Yu // Furinghetti F, Kaijser S, Tzanakis C,ed. Proceedings HPM 2004 & ESU 4:ICME10 satellite meeting of the HPM Group & Fourth European Summer University on the history and epistemology in mathematics education(Uppsala):346-357.

Hoyle E, John P D. 1995. Professional knowledge and professional practice. London: Cassell.

Hsieh F-J. 2000. Teachers' teaching beliefs and their knowledge about the history of negative numbers // Horng W-S, Lin F-L, ed. Proceedings of HPM 2000 conference,I:88-97.

Iglesias J L. 2002. Professional-bassed learning in initial teacher education. Prospects, 32(3): 319-332.

Jakobsen A, Thames M H, Ribeiro C M,et al. 2012. Using Practice to Define and Distinguish Horizon Content Knowedge. 12th International Congress on Mathematical Education: 4800-4809.

Jahnke H N. 1994. The Historical Dimension of Mathematical Understanding: Objectifying the Subjective. Proceedings of the 18th International Conference for the Psychology of Mathematics Education,I:139-156.

Jankvist U T. 2009. A categorization of the "whys" and "hows" of using history in mathematics education. Educational Studies in Mathematics, 71: 235-261.

Jankvist U T, Kjeldsen T H. 2011. New avenues for history in mathematics education——mathematical competencies and anchoring. Science & Education, 20(9):831-862.

Jankvist U T,Mosvold R,Fauskanger J,et al. 2012. Mathematical Knowledge for Teaching in Relation to History in Mathematics Education . 12th International Congress on Mathematical Education:4210-4217.

Jeffery H, Marshall, Alejandra Sorto M. 2012. The effects of teacher mathematics knowledge and pedagogy on student achievement in rural Guatemala. International Review of Education, 58(2):173-197.

Jenkins O F. 2010. Developing teachers' knowledge of students as learners of mathematics through structured interviews. Journal of Mathematics Teacher Education, 13(2): 141-154.

Jones K. 2000. Teacher Knowledge and Professional Development in Geometry. Proceedings of the British Society for Research into Learning Mathematics, 20(3): 109-114.

Kagan. 1992. Professional growth among preservice and beginning teachers. Review of Educational Research, 62(2):129-169.

Kahan J A, Cooper D A, Bethea K A. 2003. The role of mathematics teachers' content knowledge in their teaching: A framework for research applied to a study of student teachers. Journal of Mathematics Teacher Education, 6:223-252.

Katz V. 1998. History requirements for secondary mathematics certification.

Keijzer R, Kool M. 2012. Mathematical Knowledge for Teaching in The Netherlands. 12th International Congress on Mathematical Education:4810-4819.

Keiser J M. 2004. Struggles with Developing the Concept of Angle: Comparing Sixth-grade

Students' Discourse to the History of Angle concept. Mathematical Thinking and Learning, 6(3): 285-306.

Kersting N. 2008. Using video clips of mathematics classroom instruction as item prompts to measure teachers' knowledge of teaching mathematics. Educational and Psychological Measurement, 68(5): 845-861.

Kilpatrick J. 2001. Understanding mathematical literacy: the contribution of research. Educational Studies in Mathematics, 47(1):101-116.

Kleickmann T, Richter D, Kunter M, et al. 2013. Teachers' Content Knowledge and Pedagogical Content Knowledge: The Role of Structural Differences in Teacher Education. Journal of Teacher Education, 64(1) :90-106.

Krauss S, Brunner M, Kunter M, et al. 2008. Pedagogical content knowledge and content knowledge of secondary mathematics teachers. Journal of Educational Psychology, 100:716-725.

Kwon M. 2012. Mathematical Knowledge for Teaching in the Different Phases of Teaching Profession. 12th International Congress on Mathematical Education:4820-4827.

Lai M Y, Ho S Y. 2012. Preservice Teachers' Specialized Content Knowledge on Multiplication of Decimals. 12th International Congress on Mathematical Education, 4781-4790.

Lappan, Theule-Lubienski. 1994. Training teachers or educating professionals? What are the issues and how are they being resolved// Robitaille D F, Wheeler D H, Kieran C, ed. Selected Lectures from the 7th International Congress on Mathematical Education. Sainte-Foy: Les Presses de L'Universite Laval;249-261.

Lave J. 1988. COGNITION in PRACTICE. Cambridge: Cambridge University Press.

Learning Mathematics for Teaching Project. 2006. A Coding Rubic for Measuring the Quality of the Mathematics in Instruction. Ann Arbor: Author, University of Michigan.

Learning Mathematics for Teaching Project. 2008. Mathematical Knowledge for Teaching(mkt) Measures. Ann Arbor: Author, University of Michigan.

Learning Mathematics for Teaching Project. 2011. Measuring the mathematical quality of instruction. Journal of Mathematics Teacher Education, 14(1): 25-47.

LeCompte M D, Preissle J, Teschm R. 1993. Ethnography and Qualitative Design in Educational Research. New York: Acaedmic Press.

Leinhardt G. 1987. Development of an expert explanation: An analysis of a sequence of subtraction lesson. Cognition and Instruction, 4(4):225-282.

Leinhardt G. 1988. Situated knowledge expertise in teaching // Caldhear J, ed. Teachers' professional learning. London:Falmer Press,141-148.

Leinhardt G, Putnam R T, Stein M K, et al. 1991. Where subject knowledge matters // Brophy J E, ed. Advances in research on teaching: Teachers' subject matter knowledge and classroom instruction (2). Greenwich: JAI Press;87-113.

Li Y, Kulm G. 2008. Knowledge and confidence of preservice mathematics teachers: The case of fraction division. ZDM-The International Journal on Mathematics Education, 40:833-843.

Lindenskov L, Wedege T. 2001. NUMERACY AS an ANALYTICAL TOOL in MATHEMATICS EDUCATION and RESEARCH. Roskilde: Centre for Research in Learning Mathematics.

Liu Di, Kang R. 2012. A Comparative Study of Chinese and U. S. Preservice Teachers' Mathematical Knowledge for Teaching(MKT) in Planning and Evaluation Instruction. 12th International Congress on Mathematical Education:4838-4846.

Liu P H. 2009. History as a platform for developing college students' epistemological beliefs of mathematics. International Journal of Science and Mathematics Education,(7): 473-499.

Ma L. 1996. Profound understanding of fundamental mathematics: What is it, why is it important, and how is it attained? Unpublished doctoral dissertation, Stanford University, Stanford.

Ma L. 1999. Knowing and Teaching Elementary Mathematics: Teachers' Understanding of Fundamental Mathematics in China and the United States. Hillsdale: Lawrence Erlbaum Associates.

Marks R. 1990. Pedagogical content knowledge: From a mathematical case to a modified conception. Journal of Teacher Education, 41(3):3-11.

Marshall G L, Rich B S. 2000. The Role of History in a Mathematics Class. Mathematics Teacher, 93(8): 704-706.

McBride C C, Rollins J H. 1977. The effects of history of mathematics on attitudes toward mathematics of college algebra students. Journal for Research in Mathematics Education, 8(1):57-61.

Mclean S V. 1992. Developing personal practical knowledge in early childhood teacher education: use of personal narratives. Paper presented at the World Congress of the Organisation Mondiale Pour l'Education Prescholaire, World Organization for Early Childhood Education.

McNamara D R. 1991. Subject knowledge and its applications: problems and possibilities for teacher educators. Journal of Teacher Education, 42(4):24-249.

Mewborn D S. 2003. Teaching, teacher's knowledge, and their professional development // Kilpatrick J, Martin W G, Shifter D, ed. A research companion to principles and standards for school mathematics. Reston: National Council of Teachers of Mathematics:45-52.

Mosvold R, Jakobsen A, Jankvist U T. 2014. How Mathematical Knowledge for Teaching May Profit from the Study of History of Mathematics. Science & Education,23:47-60.

Mullens John E, Murnane Richard J, Willett John B. 1996. The contribution of training and subject matter knowledge to teaching effectiveness: A multilevel analysis of longitudinal evidence from Belize. Comparative Education Review, 40(2):139-157.

Murray F B. 1996. Beyond natural teaching: the case for professional education. The Teacher Educator's Handbook, San Francisco: Jossey-Bass.

Mullock B. 2006. The pedagogical knowledge base of four TESOL teachers. Modern Language Journal, 90:48-66.

National Council of Teachers of Mathematics. 1989. Curriculum and evaluation standards for school mathematics. Reston: Author.

National Council of Teachers of Mathematics. 2007. Mathematics teaching today: Improving practice, improving student learning. 2nd ed. Reston: Author.

OECD. 2004. Learning for Tomorrow's World First Results from PISA 2003. OECD Publishing.

OECD. 2007. Assessing Scientific, Reading and Mathematical Literacy: A Framework for PISA 2006. OECD Publishing.

OECD. 2010. PISA 2009 Assessment Framework: Key competencies in reading, mathematics and science. OECD Publishing.

OECD. 2013. PISA 2012 Assessment and Analytical Framework: Mathematics, Reading, Science, Problem Solving and Financial Literacy. OECD Publishing.

Olanoff D E. 2011. Mathematical Knowledge for Teaching Teachers: The Case of Multiplication and Division of Fractions. Unpublished doctoral dissertation, Syracuse University, New York.

Olson J. 1988. Making sence of Teaching: Cognition vs Culture. Journal of Curriculum Studies, 20(2):167-170.

Patton M Q. 2002. QUALITATIVE RESEARCH & EVALUATION METHODS. 3rd ed. California: Sage Publications.

Peterson Penelope L, Carpenter Thomas, Fennema, et al. 1989. Teachers' knowledge of students' knowledge in mathematics problem solving: Correlational and case analyses. Journal of Educational Psychology, 81(4):558-569.

Petrou M, Goulding M. 2011. Conceptualising teachers' mathematical knowledge in teaching // Rowland T, Ruthven K, ed. Mathematical Knowledge in Teaching. Dordrecht: Springer:9-25.

Porter A, Brophy J. 1988. Synthesis of research on good teaching: Insights from the work of the institute for research on teaching. Educational Leadership, 45(8):74-85.

Pugalee David K. 1999. Constructing a model of mathematical literacy. The Clearing House, 73(1):19-22.

Radford L. 2000. Historical formation and student understanding of mathematics // Fauvel J, van Maanen J, ed. History in Mathematics Education. Dordrecht: Kluwer Academic Publishers:143-170.

Ribeiro C M, Carrillo J. 2012. The Role of MKT in Classroom Practice. 12th International Congress on Mathematical Education:4870-4878.

Ronald Keijzer, Marjolein Kool. 2012. Mathematical Knowledge for Teaching in The NETHERLANDS. 12th International Congress on Mathematical Education, 2012:4810-4819.

Schilling S G, Hill H C. 2007. Assessing Measures of Mathematical Knowledge for Teaching: A Validity Argument Approach. Measurement: Interdisciplinary Research and Perspectives, 5(2-3):70-80.

Schubring G. 2000. History of mathematics for trainee teachers // Fauvel J, van Maanen J, ed. History in Mathematics Education: the ICMI study. Dordrecht: Kluwer Academic Publishers: 91-142.

Schon D A. 1983. The Reflective Practitioner. London: Basic Books.

Shulman L S. 1986. Those who understand: Knowledge growth in teaching. Educational Researcher, 15(2):4-14.

Shulman L S. 1987. Knowledge and teaching: Foundations of the new reform. Harvard Educational Review, 57(1):1-22.

Simon M A. 1993. Prospective elementary teachers' knowledge of division. Journal for Research in Mathematics Education, 24(3): 233-254.

Sirotic N, Zazkis R. 2007. Irrational Numbers: The Gap Between Formal and Intuitive Knowledge. Educational Studies in Mathematics, 65: 49-76.

Sleep L. 2009. Teaching to the Mathematical Point: Knowing and Using Mathematics in Teaching. Unpublished doctoral dissertation, State University of Michigan, East Lansing, MI.

Smith D C, Neale D C. 1989. The construction of subject matter knowledge in primary science teaching. Teaching and Teacher Education, 5(1):1-20.

Stacey K. 2002. Adding It Up: Helping Children Learn Mathematics. ZDM, 34 (6):297-298.

Stump S L. 2001. Developing preservice teachers' pedagogical content knowledge of slope. Journal of Mathematical Behavior, 20(2): 207-227.

Tamir P. 1991. Professional and Personal Knowledge of Teachers and Teacher. Educators. Teaching and Teacher Education, 7(3):263-268.

Thanheiser E, Browning C, Grant T, et al. 2009. Preservice elementary school teachers' content knowledge in mathematics. Proceedings of the 31st Annual Meeting of the North American Chapter of the International Group for the Psychology of Mathematics Education Vol. 5. Atlanta: Georgia State University: 1599-1606.

Thompson A G, Thompson P W. 1996. Talking about rates conceptually, Part 2: Mathematical knowledge for teaching. Journal for Research in Mathematics Education, 27:2-24.

Thompson P W, Thompson A G. 1994. Talking about rates conceptually, Part 1: A teacher's struggle. Journal for Research in Mathematics Education, 25:279-303.

Tirosh D. 2000. Enhancing prospective teachers' knowledge of children's conceptions: The case of division of fractions. Journal for Research in Mathematics Education, 31(1): 5-25.

Tirosh D, Even R, Robinson N. 1998. Simplifying algebraic expressions: Teacher awareness and teaching approaches. Educational Studies in Mathematics, 35:51-64.

Tzanakis C, Arcavi A. 2000. Integrating history of mathmatics in the classroom: an analytic survey // Fauvel J, van Maanen J, ed. History in Mathematics Education. Dordrecht: Kluwer Academic Publishers:201-240.

Valente W R. 2010. Trends of the history of mathematics education in Brazil. ZDM Mathematics Education, 42:315-323.

Veal W R, Makinster J G. 1999. Pedagogical content knowledge taxonomies. Electronic journal of science education, 3(4). http://ejse.southwestern.edu/article/viewArticle/7615/5382.

Verloop N Driel J V, Meijer P. 2001. Teacher Knowledge and the Knowledge base of teaching. International Journal of Educational Research, 35:441-461.

Wilson S M, Shulman L S, Richert A E. 1987. 150 different ways of knowing: Representations of knowledge in teaching // Calderhead J, ed. Exploring Teachers Thinking. London:Cassell: 104-124.

Yasemin C G. 2012. Teachers' mathematical knowledge for teaching, instructional practices, and student outcomes. Unpublished doctoral dissertation, University of Illinois, Urbana, Illinois.

Yinger R, Hendricks-lee, Martha. 1993. Working knowledge in teaching // Christopher D, James C, Pam D, ed. Research on Teacher Thinking: Understanding Professional Development:100-123.